卫星通信与应急卫星通信系统

刘颖　王权　熊越　编著

西安电子科技大学出版社

内 容 简 介

本书对卫星通信系统的基础理论、核心组成、关键技术、各类应急卫星通信系统组成特点等内容进行了比较系统、全面的阐述。全书共7章，内容包括卫星通信概述、通信地球站与通信卫星、卫星通信关键技术、卫星通信链路、VSAT应急卫星通信系统、应急卫星移动通信系统和高通量卫星通信系统。书中包含大量实例和图表，便于读者理解卫星通信的原理、组成、技术以及各类应急卫星通信系统的特点和业务模式。

本书适合通信与信息专业的高年级本科生、研究生以及从事卫星通信专业研究、设计、试验、运营、制造等工作的技术人员阅读。

图书在版编目(CIP)数据

卫星通信与应急卫星通信系统 / 刘颖，王权，熊越编著. —西安：西安电子科技大学出版社，2023.4

ISBN 978-7-5606-6815-4

Ⅰ. ①卫… Ⅱ. ①刘… ②王… ③熊… Ⅲ. ①卫星通信系统 Ⅳ. ①TN927

中国国家版本馆CIP数据核字(2023)第028982号

策　　划　刘玉芳
责任编辑　杨　薇
出版发行　西安电子科技大学出版社(西安市太白南路2号)
电　　话　(029) 88202421　88201467　　邮　　编　710071
网　　址　www.xduph.com　　电子邮箱　xdupfxb001@163.com
经　　销　新华书店
印刷单位　咸阳华盛印务有限责任公司
版　　次　2023年4月第1版　2023年4月第1次印刷
开　　本　787毫米×1092毫米　1/16　印张13
字　　数　307千字
印　　数　1～2000册
定　　价　40.00元
ISBN　978-7-5606-6815-4 / TN

XDUP 7117001-1

前　言

本书比较系统地介绍了卫星通信系统的基本理论、核心组成、关键技术以及各类应急卫星通信系统的组成特点，力求兼顾理论性、系统性、方向性和实用性。

全书共 7 章。第 1 章为卫星通信概述，对卫星通信系统的概念、特点以及应急卫星通信系统的发展现状和发展趋势进行了阐述；第 2 章为通信地球站与通信卫星，对通信卫星以及地球站的组成、性能指标和选址布局进行了介绍，并详细阐述了地球站各组成部分；第 3 章为卫星通信关键技术，对卫星通信体制、信道编码技术、调制技术、多址技术、信道分配技术等进行了阐述，并详细介绍了 DVB 卫星通信协议；第 4 章为卫星通信链路，详细阐述了卫星通信链路计算原理及方法，为卫星链路研究提供了参考与依据；第 5 章为 VSAT 应急卫星通信系统，对 VSAT 卫星通信系统的组网、通信体制和 VSAT 应急通信网进行了介绍，并展开叙述了一种典型的 VSAT 应急卫星通信车设计；第 6 章为应急卫星移动通信系统，对卫星移动通信的组成、特性以及技术体制进行了阐述，并介绍了几种常见的静止轨道卫星移动通信系统；第 7 章为高通量卫星通信系统，对高通量卫星通信系统的特点、关键技术以及应急应用场景进行了阐述，展望了技术发展路线。

本书由武警工程大学刘颖、李宝兴、王华剑和航天恒星科技有限公司王权、熊越共同编著。刘颖编写第 1～5 章，并负责全书的内容安排和稿件整理工作；王权编写第 6 章；熊越编写第 7 章；李宝兴完成了全书的图表绘制工作；王华剑负责书稿的校核工作。

在编写本书的过程中我们参阅了大量国内外著作和文献，在此对这些参考文献的作者、译者表示感谢！

由于本书涉及知识广且新，而编者学识水平有限，书中难免存在疏漏之处，敬请广大读者和专家批评斧正。

编　者

2022 年 9 月

目　录

第 1 章　卫星通信概述

1.1　卫星通信的概念和特点

1.1.1　卫星通信的概念

卫星通信是地球站之间或航天器与地球站之间利用人造卫星作为中继的一种微波通信方式。由于微波具有视距传输特性，受到地球曲率的影响，地球上两个微波站之间的通信距离一般不超过 50 km。为了增加通信距离，就必须采用多中继站接力形式，实现超视距或远距离通信，这种通信方式叫微波中继通信。卫星通信是一种特殊的微波中继通信，即微波中继站——人造地球卫星从地面搬到外层空间，因此，卫星实现远距离地球站之间的中继通信更为有效。

对卫星通信来说，由于作为中继站的卫星处在地球外层空间，因此卫星通信属于宇宙无线电通信的范畴。在宇宙通信中，空间站是指设在地球大气层外的宇宙飞行器(如人造地球卫星、宇宙飞船等)或其他天体(如月球、行星等)上的通信站，地球站是设在地球地面上、海洋上或大气层中的通信站(以大气层为界，包括中央站、地方站、陆上移动站、空中移动站、海上移动站等)。宇宙通信通常有空间站之间、地球站与空间站之间、地球站及其他航天器之间利用空间站转发等三种通信形式，通常把人造地球卫星作为空间站的第三种通信形式，称为卫星通信。随着空间技术及通信技术的发展，卫星通信、宇宙通信以及深空通信等之间的界限越来越模糊。一个典型的卫星通信系统如图 1-1 所示。

图 1-1　典型的卫星通信系统

发射地球站通过定向天线向通信卫星发射无线电信号，经过卫星转发器接收、变频及放大等过程，再由卫星天线转发到接收地球站，当接收地球站收到信号后，就完成了两站间的信息传递。一般来说，从地球站发射信号到通信卫星经过的通信路径称为上行链路，从通信卫星发射信号到地球站所经过的通信路径称为下行链路。

1.1.2 卫星通信系统的特点

卫星通信系统以通信卫星为中继站，与其他通信系统相比较，卫星通信系统有如下特点：

(1) 覆盖区域大，通信距离远。

由于卫星中继站在高空，特别是静止轨道卫星在赤道平面上空约 35 786.6 km，可覆盖地球表面的 42.46%，一次中继通信距离可达 18 000 km，因此，利用三颗静止轨道卫星即可实现全球覆盖(除南北极形成的盲区)。不论是远隔重洋的通信，还是近到几公里的通信，信号传输路径都是由一端地球站经卫星再传送到另一端地球站，这是微波中继通信、蜂窝移动通信、光纤通信等通信方式所不可比拟的，可见两端地球站间的通信距离与建设成本无关。

(2) 通信频带宽，通信容量大。

卫星通信采用微波频段，过去以 C、Ku 频段为主，近年来已扩展到 Ka 频段甚至 V 或 U 频段。在卫星通信中，C、Ku 频段可用带宽一般为 500 MHz，Ka 频段可用带宽为 2 GHz。再通过多点波束频率复用和极化复用，单颗卫星实际可用带宽可达几十吉赫(GHz)。随着技术的不断发展，卫星转发器单信道的传输速率也越来越高，单颗卫星实际通信总容量也可达 10 Gb/s 以上。如 IPSTAR 系列卫星的通信总容量达到了 45 Gb/s，是全球第一颗超大容量宽带卫星。

(3) 通信质量好，可靠性能高。

静止轨道卫星通信系统的电波传播路径绝大部分是在穿透大气层以外的宇宙空间，差不多处于理想的真空状态，因此电波传播稳定，有“恒参信道”之称。其传输信号通常只经过卫星一次转接，故噪声影响较小，通信质量好，通信可靠性可达 99.8%以上。

(4) 通信组网机动、快速、灵活。

卫星通信是以广播方式进行的，只要是在卫星的覆盖范围内，各地球站都可采用 FDMA、TDMA、CDMA 及 SDMA 等多址连接方式建立各种通信网络。并且，卫星通信的建立不受地理条件限制，无论现代化大城市还是边远落后地区，无论是飞机、船舰、汽车，还是个人，只要哪里有卫星资源可利用，地球站就可以快速灵活地建到哪里，通信网可立即扩展到哪里。特别是近年来 VSAT 小型地球站问世，组网建设更为方便，基本无须土建施工，可以将 VSAT 小站安放在用户的楼顶上或就近处，直接为用户服务。

(5) 卫星通信网络抗毁能力强。

事实证明，在面对地震等自然灾害或国际海底光缆的故障时，卫星通信是一种无可比拟的重要通信手段。即使将来有较完善的自愈备份或路由迂回的陆地光缆及海底光缆网络，明智的网络规划者与设计师还是能够理解卫星通信作为传输介质应急备份与信息高速公路混合网基本环节的重要性与必要性。此外，即便是在发生磁爆或核爆的情况下，卫星通信也能维持正常。

但是卫星通信特别是静止轨道卫星通信也有一些缺点和有待解决的问题。

(1) 寿命短、成本高。

实现卫星通信需要有高可靠性、长寿命的通信卫星，由于一个通信卫星内要装数以万计的电子元件和机械部件，为了提高通信卫星的可靠性和延长其寿命，必须选用宇航级的元器件，并做大量的寿命和可靠性测试，这就大大增加了通信卫星的生产成本。此外，通信卫星的发射和维护成本也是相当大的一笔开支。尽管花费巨大，但目前通信卫星的寿命并不长，低轨道通信卫星的寿命一般在 5 年左右，同步轨道通信卫星的寿命一般在 10～15 年。

(2) 保密抗干扰能力弱。

卫星通信具有广播特性，一般来说传输的信息比较容易被窃听。因此，对于非公开信息应加强安全保密防范技术。静止轨道卫星的轨道位置及工作频率公开，通常采用透明转发器，因此卫星易受到有意或无意干扰，严重时会导致通信中断。

(3) 传输时延大。

利用静止轨道卫星进行通信时，信号传播距离远，信号经卫星一次转接的时延约为 270 ms。双向通信时，信息传播历经往返，距离加倍，这时电波传播需要约 0.5 s 的时间。卫星线路的传输时延并不能克服，打卫星电话往往会让人感到对方应答慢，反应迟钝。此外，在终端二/四线转换处，如果平衡网络不平衡，对发话人就会形成回声干扰，即发话人过 0.5 s 后会听到自己的讲话，会有很不自然的感觉，一般可以通过回声抵消技术得以解决。

1.2　卫星通信频率和轨道资源

频率资源和轨道资源是卫星通信的重要资源，通信卫星频率和轨道的选取与通信系统要完成的任务紧密相关。同时，频谱和轨道的选取会影响通信系统的成本、性能和复杂程度，因此，频谱和轨道的选取是卫星通信系统设计的重要方面。

1.2.1　卫星通信的频谱

卫星通信业务的频率分配是一个相当复杂的过程，它要求在国际进行协调和规划。卫星通信业务的频率分配是在国际电信联盟(ITU)的管理下进行的。为了使频率规划工作更容易实施，ITU 将整个地球划分为三个区域：

区域Ⅰ，包括欧洲、非洲和亚洲的蒙古国；区域Ⅱ，包括南、北美洲；区域Ⅲ，包括除区域Ⅰ外的亚洲其他地区和大洋洲。

在这些地区，频率被分配给各种卫星业务，但同一种给定的业务在不同区域可能使用不同频段。在同一地区卫星通信工作频段的选择是个十分重要的问题。它将影响到系统的传输容量、地球站及转发器的发射功率、天线尺寸及设备的复杂程度等。选择工作频段时主要考虑如下因素：

(1) 天线系统接收的外界噪声要小；

(2) 电波传输损耗及其他损耗要小；

(3) 设备重量要轻，耗电要省；

(4) 可用频带要宽，以满足通信容量的需要；

(5) 与其他地面无线系统(如微波中继通信系统、雷达系统等)之间的相互干扰要尽量小；

(6) 要能充分利用现有技术设备，并便于与现有通信设备配合使用等。

综合考虑上述各方面的因素，卫星通信应将工作频段选在电波能穿透电离层的特高频或微波频段。ITU 给出的频段表示方法见表 1-1，卫星通信常用的频段划分方法见表 1-2。

表 1-1 ITU 给出的频段表示方法

频段	频率范围/kHz	频段	频率范围/MHz	频段	频率范围/GHz
VLF 频段	3～30	HF 频段	3～30	SHF 频段	3～30
LF 频段	30～300	VHF 频段	30～300	EHF 频段	30～300
MF 频段	300～3000	UHF 频段	300～3000	THF 频段	300～3000

表 1-2 卫星通信常用频段划分方法

频段	频率范围/GHz	用途	频段	频率范围/GHz	用途
L 频段	1～2	MSS、GEO 卫星测控	Ku 频段	10～18	FSS、BSS
S 频段	2～4	MSS、GEO 卫星测控	Ka 频段	20～40	FSS
C 频段	4～7	FSS、MSS 的馈电链路	V 频段	40～75	星间链路
X 频段	7～10	军事			

3 GHz 以下的卫星通信频率区域定义了 VHF 和 UHF 两个频段。VHF 频段中，100 MHz 以下频段不能用于空间通信。UHF 频段中，卫星通信频段范围主要是 300～1000 MHz。实际上，VHF 和 UHF 两个频段的绝大部分已经被地面无线通信所占用，因此通常只用于低轨道小卫星数据通信系统、静止轨道卫星的遥测与指令系统或军用卫星通信系统。更高的频段又进一步划分为更为常用的 L、S、C、Ku 和 Ka 等频段。

卫星通信频率选择在 1～10 GHz 范围内最佳，这一频段称为“微波窗口”。L 波段和 S 波段受天气影响小，对发射功率和天线的方向性要求较低，一般用于移动卫星通信及导航系统中的低速通信(速率为若干 kb/s)。

根据无线电波穿透大气层时电波衰减情况来看，最理想的频段在 C 频段，在这个频段，可用带宽约在 500 MHz。C 频段虽然具有较小的雨衰，但存在如下问题：一是在静止轨道上卫星间隔至少为 2°，通信卫星拥挤；二是地面站天线多选用抛物面天线，天线口径一般大于 2 m；三是该频段与地面微波中继通信互相干扰，市区选址困难，一般用于民用固定通信业务。

虽然降雨等对 Ku、Ka 波段信号的传输影响比对 C 波段的影响大得多，但其相同尺寸天线的增益也大，天线波束宽度尖锐，卫星间隔小，有利于实现点波束、多波束通信，且不存在与地面微波通信干扰的问题，建站选址容易。例如，Ka 波段上行频率范围为 27.5～31 GHz，下行频率为 17.2～21.2 GHz，该频段可用带宽则增大到 3.5 GHz，为 C 波段的 7 倍(6/4 GHz 时的带宽为 500 MHz)，因此有较大吸引力。

在卫星通信系统中，某一频段内的上行链路频率往往比下行链路频率高很多，这主要是基于两方面考量：第一，卫星通信选用的频率越高，卫星链路的损耗也就越大；

第二，射频功率放大器的效率是随着频率的升高而下降的，而地球站较卫星更能容忍链路的高损耗和功放的低效率。因为卫星是功率受限系统，而地球站发射功率可以根据应用场合来进行配置，通常大型地球站发射功率比卫星发射功率大几十倍。上下行链路频率的习惯性表示为：L 频段 1.6/1.5 GHz，C 频段 6/4 GHz，Ku 频段 14/12 GHz，Ka 频段 30/20 GHz 等。

目前，固定业务使用的频段多为 C 和 Ku 频段，但 30/20 GHz 的 Ka 波段也逐步被开发利用。在波段可用带宽内，又被分成很多个卫星转发器带宽。例如，可将 C 波段的 500 MHz 带宽划分成 12 个转发器带宽，每个转发器的额定带宽为 36 MHz，中心频率的间隔为 40 MHz。

1.2.2　通信卫星轨道

1. 卫星轨道的分类

卫星的轨道类型是由其完成任务的需要而定的；反之，卫星轨道的特征也决定了其任务特性。从不同的视角来看，对卫星轨道的分类也有很多种。

1) 按形状分类

按形状可将通信卫星轨道分为圆形轨道和椭圆轨道。圆形轨道上的卫星围绕地球等速运动，是通信卫星最常用的轨道；椭圆轨道在近地点附近的运行速度快，在远地点的运行速度慢，可以利用在远地点速度慢这一特点，来满足特定区域的通信需要，特别是通过调整轨道参数，使其满足地球高纬度区域的通信需要。

2) 按轨道高度分类

理论上，轨道平面可以有任何方向和任何形式，轨道参数是由卫星进入轨道的初始条件决定的，实际上由于范·艾伦辐射带的存在，卫星轨道的高度也是有窗口的。按卫星轨道的高度分，有低轨(LEO)、中轨(MEO)和高轨(HEO)三种轨道窗口。

范·艾伦辐射带分为内、外两层。范·艾伦辐射带是由地球磁场俘获太阳风中的带电粒子所形成的带电粒子捕获区，如图 1-2 所示。其中，内辐射带里的高能质子多，外辐射带里的高能电子多。范·艾伦内带的高度为距地面 2000～8000 km，并在 3700 km 的高度达到辐射最大值；范·艾伦外带的高度为距地面 15 000～20 000 km，在 18 500 km 的高度达到辐射最大值。由于辐射带会对电子元器件造成伤害，因此在选择卫星轨道时应尽量避开范·艾伦带。

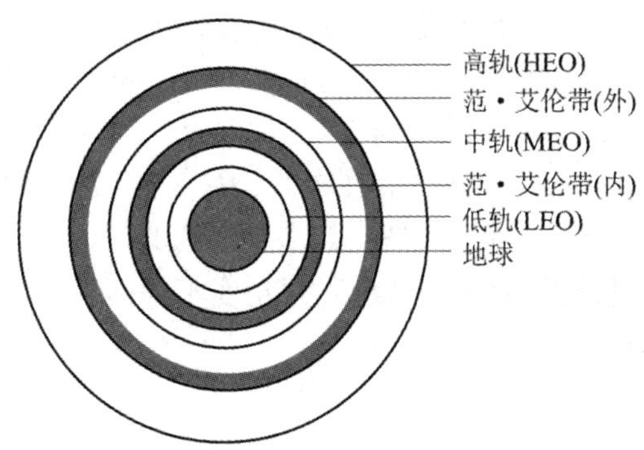

图 1-2　范·艾伦辐射带

低轨系统的卫星轨道高度为700～2000 km，卫星对地球的覆盖范围小，一般用于特种通信，或由多颗卫星组成星座，卫星之间由星间链路连接，可以实现全球的无缝覆盖通信。例如，“铱”系统就是轨道高度为780 km，由66颗卫星组成的星座通信系统。低轨星座系统具有信号传播衰减小、时延短、可实现全球覆盖的优点，但实现的技术复杂，运行维护成本高。此外，随着轨道的降低，大气阻力就变成了影响卫星轨道参数的重要因素。一般来讲，卫星轨道高度低于700 km时，大气阻力对轨道参数的影响就比较严重，修正轨道参数会影响到卫星的寿命。轨道高度高于1000 km时，大气阻力的影响就可以忽略。当前，LEO卫星系统的轨道也在不断降低，如“星链”卫星通信系统其轨道高度低至450 km，所需部署的卫星数量也更多，其中仅一期规划就有近4000颗。

中轨系统的卫星轨道高度为8000～20 000 km，具有低轨和高轨系统的折中性能，中轨卫星组成的星座也能实现全球覆盖，信号传播衰减、时延和系统复杂度等介于低轨和高轨系统之间。其中，ICO就是一个由12颗卫星组成的中轨系统。

高轨系统一般选用高度为35 786 km的同步卫星轨道(GSO)，卫星位于赤道平面，是最常用的轨道。高轨卫星的单颗卫星覆盖范围大，传播信道稳定，理论上有3颗卫星便可覆盖除南北两极之外的所有地区。但高轨卫星系统的信号传播衰减大、时延长，并且只有一个轨道平面，容纳的卫星数量有限。目前运营的Intelsat、Inmarsat、Thuraya等系统都是高轨系统。大椭圆轨道可以为高纬度地区提供高仰角的通信，对地理上处于高纬度的地区也是一种选择。

3) 按轨道倾角分类

按轨道倾角可将通信卫星轨道分为赤道轨道、极轨道和倾斜轨道。赤道的轨道倾角为0°，当轨道高度为35 786 km时，卫星运动速度与地球的自转速度相同，从地球上看，卫星处于“静止”状态，这也是通常所讲的静止轨道。当卫星轨道倾角与赤道成90°时，卫星穿越两极，因此也叫极轨道。当卫星轨道倾角不是0°或90°时，称为倾斜轨道。倾斜轨道又有顺行轨道和逆行轨道之分。

对于顺行轨道，即卫星的运动方向与地球的自转方向相同的轨道，轨道倾角为0°～90°；对于逆行轨道，即卫星的运动方向与地球自转方向相反的轨道，轨道倾角为90°～180°。多数卫星都在顺行轨道上发射，因为地球的旋转速度能够为卫星提供部分轨道速度，所以有利于节约发射能量。

4) 按星下点轨迹分类

如果在卫星和地心之间作一条连线，该连线与地面的交点就叫做星下点，将这些星下点连接起来就是星下点轨迹。由于在卫星围绕地球转动的同时，地球本身也在自转，所以卫星绕地球运行的星下点轨迹不一定每一圈都是重复的。将星下点轨迹在M个恒星日绕地球N圈后重复的轨道叫做回归/准回归轨道(这里MN是整数)，其余的轨道叫做非回归轨道。$M=1$为回归轨道；$M>1$为准回归轨道。需要注意的是，轨道类型之间一般还会有混合交叉，所以这里的分类只是针对卫星轨道观察角度不同而言的。

2. 典型卫星通信轨道

1) 地球同步轨道

卫星的轨道周期与地球自转周期相等时就称此轨道为地球同步轨道。地球同步轨道卫星的星下点轨迹是以赤道为中心的 8 字形，随着轨道倾角不同，8 字的大小也不同，如图 1-3 所示。随着倾角的变小，8 字的形状变小，当 $i=0°$ 时，星下点轨迹就简化为一个点，卫星永久保持在该位置，从地球上看去，卫星好像固定在天空，这时的轨道叫做对地静止轨道。

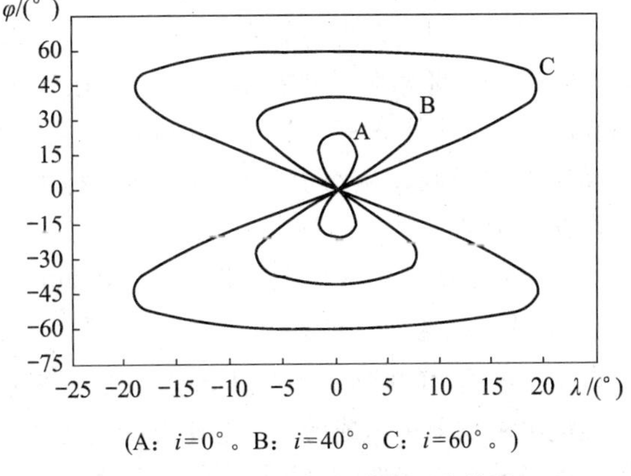

(A：$i=0°$。B：$i=40°$。C：$i=60°$。)

图 1-3　不同倾角时的星下点轨迹

对地静止轨道具有众多优良性能，是卫星通信中最常用的轨道类型之一。其主要优点如下：

(1) 从地球站看上去，卫星是静止不动的，因此地球站只需要一副天线和相对简单的跟踪系统，对于小型固定地球站甚至不需要跟踪系统，因此降低了地球站的制造成本。

(2) 单颗卫星的覆盖范围大。除去 76° N 和 76° S 以上的两极地区，理论上采用彼此间隔 120° 的 3 颗静止卫星就可以覆盖整个地球表面。

(3) 卫星到地球站的距离基本固定，因此信号传播时延和多普勒频移的变化小，便于系统设计并简化技术复杂度。

由于静止卫星的轨道面与赤道平面重合，同时静止卫星的高度和速度都是固定的，因此一般只用星下点在赤道上的经度来描述卫星位置即可。由于静止轨道只有一条，是稀缺资源，要想使用就必须按照 ITU-R 的有关规则和程序进行申请和协调。

尽管静止轨道的优点众多，但其易受星蚀和日凌中断的影响，如图 1-4 所示。卫星和太阳之间的直视路径被地球或月球遮挡，从而造成太阳能电池失效或效率降低的现象就是星蚀。对于静止轨道卫星而言，地球引起的星蚀发生在春分和秋分前后的 23 天。在开始与结束阶段，每次星蚀持续时间约 10 min，在春分或秋分日达到最大，星蚀最大持续时间约 71.5 min。月球引起的星蚀平均每年 2 次，每次平均约为 40 min。为了实现卫星的不间断服务，需要有一个蓄电池储能装置，以维持卫星在星蚀期间的正常工作。由于受蓄电池储能的限制，在星蚀期间就必须关掉部分转发器，以保证执行重要任务的转发器正常工作。

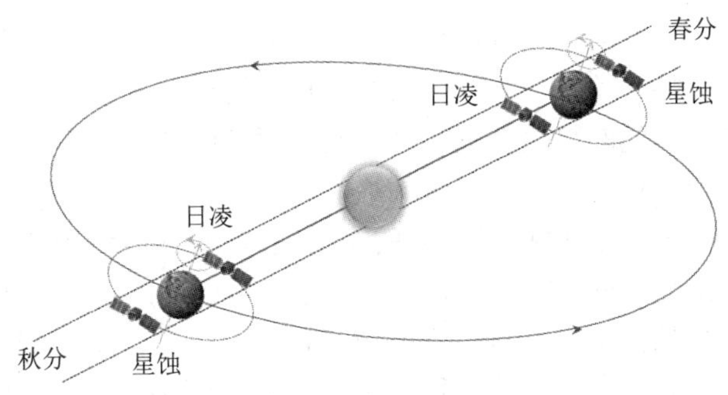

图 1-4　星蚀和日凌中断

在春分和秋分期间，卫星不仅穿越地球的阴影部分，也穿越地球和太阳之间的直射区域，这时太阳、卫星及地球站在一条直线上，地球站的天线在对准卫星的同时也对准了太阳。太阳是一个非常强的电磁波辐射源，在 4～50 GHz 频段内的等效噪声温度是 6000～10 000 K，远远大于净空噪声温度(290 K)。太阳带来的噪声使得地球站接收到的卫星信号信噪比大大降低，从而引起通信中断，称为日凌中断。对于北半球的地球站，日凌中断发生在春分之前或秋分之后；对于南半球的地球站，日凌中断发生在春分之后或秋分之前。每次各有 5 天，每天持续时间约 10 min。

2) 倾斜圆轨道

具有一定倾角的圆形轨道是构成星座的卫星移动通信系统中常用的轨道。一般来讲，星座系统是由多颗卫星组成的，卫星相互配合可以完成单颗卫星难以实现的功能。20 世纪 70 年代，英国的 J. G. Walker 给出了全球覆盖的星座设计方法。为纪念 J. G. Walker 对星座系统设计作出的贡献，把采用倾斜圆轨道的卫星星座称为 Walker 星座。

通常采用 Walker 代码($T/P/F$)来表示星座结构，其中 T 为系统中的总卫星数，P 为轨道面数，F 是相邻轨道面卫星之间的相位因子。Walker 星座中每个轨道面的卫星数是 T/P，各轨道面在赤道面上均匀分布，每个轨道面内的卫星也是均匀分布的。F 的意义就是当第一个轨道面上第一颗卫星处于升交点时，下一个轨道面上的第一颗卫星超过升交点 F 个相位角。用轨道高度、轨道倾角和 $T/P/F$ 就可以描述 Walker 星座。

星座系统轨道高度的选择要有效避开范 • 艾伦带。轨道高度越高，单颗卫星对地面的覆盖区域越大，系统需要的卫星数量就越少，但卫星的轨道高度越高，电波传播的损耗加大。轨道越低，系统需要的卫星就越多，信号传播损耗小，但当轨道高度低于 700 km 时，大气阻力加大，这会影响卫星的寿命。

现在投入使用的星座系统有低轨星座和高轨星座，轨道高度在 600～2000 km 的一般称为低轨星座，轨道高度在 5000～20 000 km 的一般称为中轨星座。“铱”系统的轨道高度是 780 km，全球星系统的轨道高度是 1414 km，它们都是低轨星座；ICO 系统的轨道高度是 10 390 km，是中轨系统。此外，GPS、北斗、Galileo 等全球定位系统的卫星轨道高度是 20 200 km，也属于中轨星座系统。

3) 大椭圆轨道

大椭圆轨道是指轨道倾角不为零的椭圆轨道，也称为倾斜椭圆轨道。倾斜椭圆轨道对区域通信是非常有用的，服务范围为轨道的远地点下面的区域，对于区域通信，这种轨道需要的卫星数量较少，并且在该区域可以高仰角看到卫星，建立的通信链路可以保持较长的时间。为了能够建立持续的通信链路，需要在相同的轨道平面上提供几个合适相位的卫星，使这些卫星保持一定的间隔绕地球转动。当一颗卫星在地球站能看见的远地点区域消失后，由另一颗卫星取而代之出现在该区域。

大椭圆轨道下，卫星能提供持续稳定的通信服务的条件就是其轨道在平面内不会旋转，轨道的远地点永远处于同一半球内，这就要求轨道近地点辐角不变。实际上，各种摄动因素会引起轨道参数的改变。当轨道倾角为 63.4° 时，地球影响轨道近地点辐角变化率为零，轨道平面趋于稳定，这时的轨道称为冻结道轨。典型的大椭圆轨道有 MOLNYA 轨道(闪电轨道)和 TUNDRA 轨道(冻原轨道)两种，如图 1-5 和图 1-6 所示。

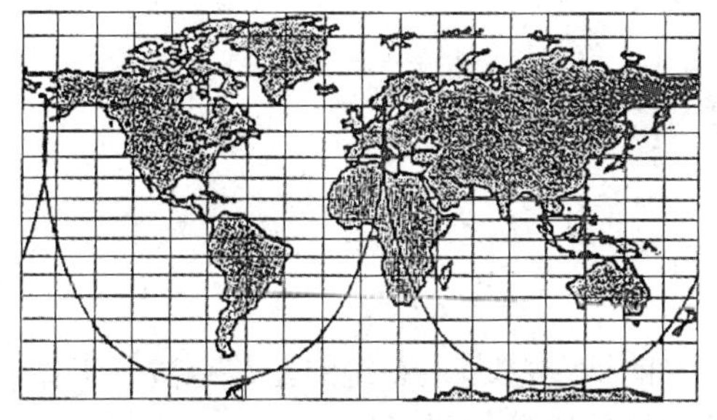

图 1-5　MOLNYA 轨道星下点轨迹

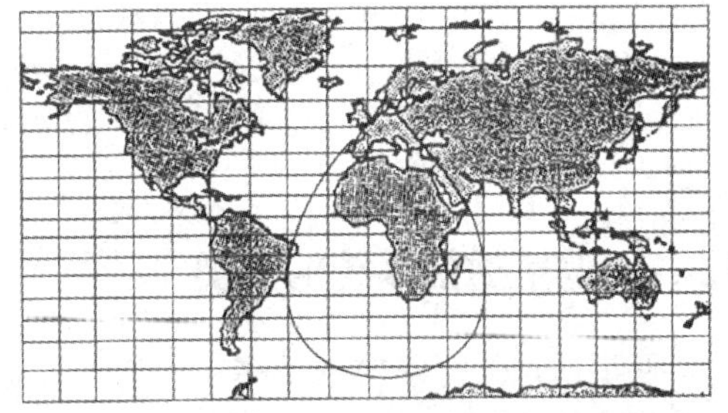

图 1-6　TUNDRA 轨道在地球表面的轨迹

MOLNYA 轨道的名字来自苏联建立的 MOLNYA 通信系统，轨道周期为半个恒星日，即 11 h 58 min 2 s，属于回归轨道。轨道的近地点高度为 1250 km，远地点处于北纬 63° 以上的区域，轨道高度为 39 105 km。高仰角的可视时间可达 8 h，升交点相差 120° 的 3 颗卫星即可实现对该区域的连续覆盖。TUNDRA 轨道周期等于一个恒星日，属于回归轨道。轨道的近地点高度为 25 231 km，远地点高度为 46 340 km。高仰角的可视时间可能大于 12 h，因而升交点相差 180° 的两颗卫星就可满足需求。

倾斜椭圆轨道的主要应用是覆盖高纬度地区。在高纬度地区，地球站相对卫星有一个大的仰角且卫星运动速度较慢。相比低仰角系统，大仰角系统中建筑物和树林对卫星信号遮蔽最小，地面或建筑物的反射造成的多径效应小，由地球站天线引起的噪声温度和来自地面无线电系统的干扰较小，信号穿越大气的倾斜路径短，大气中的降雨、雾、雪等对信号传播的影响小。

这种轨道的缺点也是很明显的。为实现在特定地理区域的连续通信服务，轨道上需要多颗卫星，地球站需要采用两副天线在卫星之间做周期性切换，这将提高空间段和地球站的技术复杂度和成本；卫星沿轨道运动时，卫星与地球站之间的距离是时变的，这种变化带来信号传播时延的起伏，也会产生较大的多普勒频移。此外，这种轨道使卫星在轨道上运行时每一圈穿越范·艾伦带 4 次，在该带内，高能辐射使卫星的半导体元件效能降级甚至降低卫星的使用寿命。

4) 极轨道和太阳同步轨道

极轨道是指卫星的轨道倾角是 90°，可以覆盖地球两极区域。极轨道卫星受各种摄动力的影响较小，理论上极轨道有无数条。极轨道卫星一般用于特种通信，或用在对地球两极的冰川、海洋气象和其他环境进行遥感、遥测的卫星。一般极轨道是高度为 800～900 km 的圆形轨道。

太阳同步轨道指的是卫星的轨道平面和太阳始终保持相对固定的取向，轨道的倾角接近 90°。为使轨道平面始终与太阳保持固定取向，轨道平面每天平均向地球公转方向(自西向东)转动 0.9856°，即每年 360°。太阳同步轨道卫星总是在相同的当地时间从相同的方向经过同一纬度。例如，卫星从南向北经过北纬 40° 的当地时间是上午 9 点，以后也总是在这一时间经过北纬 40°，这样的卫星就像太阳一样，在同一季节里总是在当地同一时间从相同方向出现，因此称为太阳同步轨道。只要设计好轨道和发射时间，就可以使某一地区在卫星经过时总处于阳光照射下，太阳能电池不会中断工作。利用太阳同步轨道卫星可以方便地实现对地球上某地的持续观察和监视，由于太阳同步轨道也经过地球两极地区，实际上太阳同步轨道的很多性能和极轨道类似。

1.3　卫星通信系统

1.3.1　卫星通信系统的分类

卫星通信的分类方法很多，一般可以按照卫星的运动状态、系统的覆盖范围、卫星转发器处理能力、多址方式、使用频段及通信业务种类的不同来进行区分。

按照通信卫星的轨道和相对于地球的运动状态，可以将卫星通信分为静止轨道卫星通信和非静止轨道卫星通信，非静止轨道卫星通信又可以分为低轨卫星通信、中轨卫星通信及高轨卫星通信等。

按照覆盖范围，可以将卫星通信分为全球卫星通信、区域卫星通信和国内卫星通信等。

按照通信卫星对信号的处理情况，可以将卫星通信分为两大类：一类是基于透明转发的卫星通信，卫星只对接收信号进行简单的变频和放大处理，卫星转发器可以适应不同类型、不同体制的卫星通信系统；二是基于星上处理的卫星通信，卫星需要对接收信号进行解调再生、交换等复杂处理，卫星转发器和地面系统进行一体化设计，卫星转发器一般只能处理特定体制的通信信号，不具有通用性。

按照多址方式，可以将卫星通信划分为频分多址卫星通信、时分多址卫星通信、码分多址卫星通信、时分多址卫星通信和混合多址卫星通信等。

按照卫星通信使用的频段，可以将卫星通信划分为UHF频段卫星通信、L频段卫星通信、S频段卫星通信、C频段卫星通信、Ku频段卫星通信、Ka频段卫星通信、激光卫星通信等。

按照通信业务种类，可以将卫星通信分为固定卫星业务(FSS)通信、移动卫星业务(MSS)通信、广播卫星业务(BSS)通信等。固定卫星业务是利用卫星给处于固定位置的地球站之间提供的无线电通信业务，该固定位置可以是一个指定的固定地点或指定区域内的任何一个固定地点。移动卫星业务是指船舰、飞机、车辆等移动载体利用卫星进行的无线电通信业务，包括舰船之间、飞机之间、车辆之间及其与固定站、宇宙站之间的通信。广播卫星业务是指利用卫星发送或转发信号，供公众直接接收的无线电广播业务。

按照用途，可将卫星通信分为商用和军用卫星通信两类，也可分为公用和专用卫星通信两类。

卫星按照质量和体积可分为大卫星、中型卫星、小卫星、微卫星、纳卫星、皮卫星及飞卫星等，如表1-3所示。对于大、中型卫星，单颗通信卫星可能包括多种类型的转发器，具有多区域覆盖能力，满足多种通信频段，应用多址方式，可实现多业务通信。因此卫星通信的分类并不绝对。

表1-3　卫星按质量大小分类表

种　类	质量/kg	种　类	质量/kg
大卫星	＞1000	纳卫星	1～10
中型卫星	500～1000	皮卫星	0.1～1
小卫星	100～500	飞卫星	＜0.1
微卫星	10～100		

1.3.2 卫星通信系统的组成

卫星通信系统包含一条或多条卫星线路及对卫星线路进行管理和控制的设备等。卫星通信系统通常由空间分系统、测控与管理分系统和卫星应用分系统三部分组成，如图 1-7 所示。

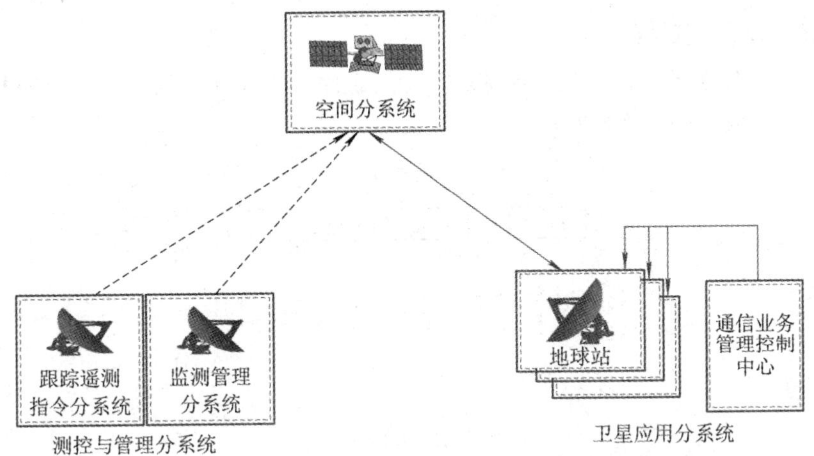

图 1-7　卫星通信系统的组成

空间分系统由给定轨道的卫星或卫星星座组成。它是设在空间的通信中继站，其任务是向地球站转发通信信号和测控信号。通信卫星主要是起无线电中继站的作用，它是靠星上通信系统中的转发器和天线来完成通信的。一个卫星的通信系统包括一个或多个转发器，每个转发器能同时接收和转发多个地球站的信号。显然，当每个转发器所能提供的功率和带宽一定时，转发器越多，卫星通信容量就越大。

设置在地面的测控与管理分系统由跟踪、遥测及指令分系统 TT&C(Tracking，Telemetry and Command station)和监测管理分系统组成。其中跟踪、遥测及指令分系统的主要任务是测量和控制卫星的轨道和姿态，监测卫星的各种工程参数和环境参数，对卫星实施各种功能状态的切换。监测管理分系统的任务是在卫星通信业务开通前对卫星各项通信参数进行在轨测试和对地球站各项通信参数进行入网验证测试，业务开通后对卫星和地球站各项通信参数进行监测和管理。

卫星应用分系统由通信业务管理控制中心(也称网络管理控制中心)与各个通信地球站组成。网络管理控制中心对整个卫星通信网实施控制管理，包括资源控制、多址连接、信道分配、入网控制、状态监测等。网络管理控制中心是众多地球站的中心站(又称主站、中央站)，其他站则称为远端站或用户站。远端站站型包括固定站、便携站、车载站、机载站、船载站和手持机等。

由于跟踪、遥测及指令分系统只负责卫星的测控管理，因此也常常把它与卫星一起统称为空间段。其余地面部分称为地面段。此外，由于跟踪、遥测及指令分系统和监测管理分系统组成的测控与管理分系统与具体通信业务并无对应关系，因此习惯上只将由各种通信地球站组成的卫星应用分系统和通信卫星共同组成的通信网络称为卫星通信系统。

需要注意的是，上行链路、下行链路和星间链路的电磁波传播空间也是卫星系统的必要组成部分。上行链路指的是从发送地球站到卫星，下行链路指的是从卫星到接收地球站，而星间链路则是指从一颗卫星到其他卫星之间的链路，多颗卫星之间用电磁波(或光波)直接连接起来。

1.3.3 卫星通信链路

1. 卫星链路工作过程

一条卫星通信链路主要由发端地球站、上行链路、卫星转发器、下行链路和收端地球站等几个部分组成，如图1-8所示。

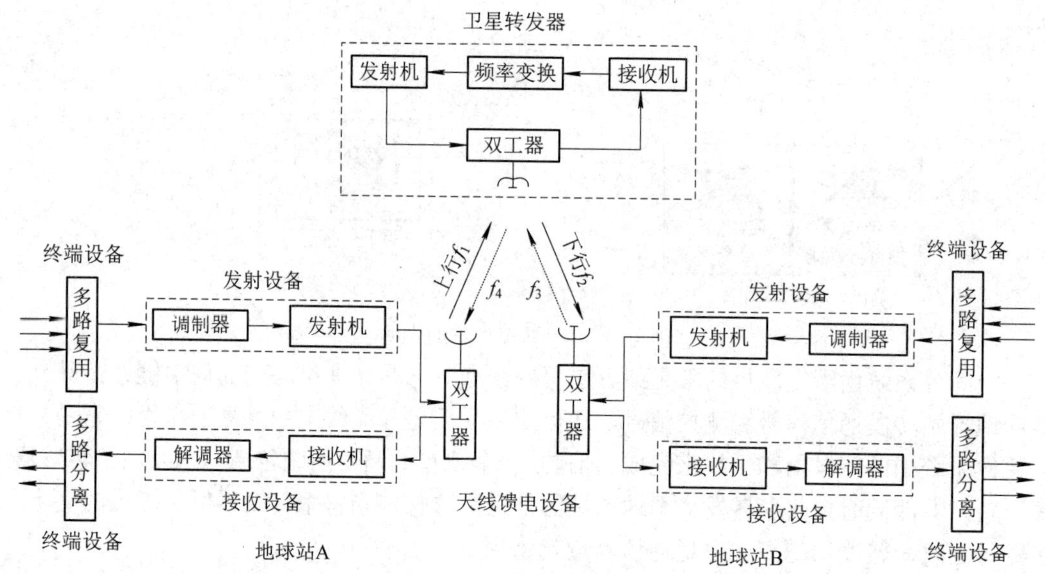

图1-8 卫星通信链路构成

上行链路主要是对各种业务进行多路复用，将业务信号转换为适合在卫星线路中传输的基带信号，在调制器中对基带信号进行调制，通过上变频器把已调中频载波变换到射频频率，经高功率放大器和发射天线发向卫星。下行链路对接收到的微弱信号用低噪声放大器进行放大后，经下变频器变换到中频已调载波，再通过解调器恢复成基带信号。为了进行双向通信，每一个地面站均应包括发射系统和接收系统。由于收、发系统一般是共用一副天线，因此需要使用双工器以便将收、发信分开。地面站收、发系统的终端通常都是与长途电信局或微波线路连接。

不同的卫星通信系统，虽然通信业务不同，所采用的通信体制和信号形式多种多样，但工作过程都是类似的。下面以多路电话传输为例，简单介绍其整个工作过程和基本工作原理。

甲地用户通过地球站A要与乙地用户通过地球站B通电话，其通话过程是：甲地用户的电话信号经过地面通信线路送至地球站A的终端设备，与其他用户电话信号进行复用合路，得到多路电话基带信号，再送至调制器对载波进行调制，形成已调中频信号，经上变频器变成微波信号，然后进一步由微波功率放大器放大到足够大的功率后，经双工器由天线向卫星发射出去。这个信号为上行链路信号，其频率f_1称为上行频率。

卫星天线收到地球站A发来的上行微波信号，经双工器送至放大器放大，再经变频器变为频率为f_2的微波信号(一般f_2低于f_1)，f_2经转发器末级功率放大器放大到一定的电平之后送到双工器，经卫星天线发向地球站。此微波信号为下行线路信号，f_2为下行频率。

乙地用户地球站 B 收到卫星下行链路f_2信号，经双工器进入低噪声放大器放大，又经下变频器变到中频，然后送到调制解调器进行解调，恢复出基带信号，再由终端机的多路电话复用设备分离出各个话路信号，通过市内通信线路将电话信号传给用户。这样，甲地用户到乙地用户的单向电话就完成了。

同样，乙地用户传给甲地用户的单向电话，其过程与上述类似。这样，两地的用户通过各自的地球站和卫星完成了通信任务。不同的是 B 站的上行频率用f_3表示，而$f_3 \neq f_1$；下行频率用f_4表示，同样$f_4 \neq f_2$，这样可以避免上下行信号互相干扰。

2. 单跳与双跳

两个地球站之间的通信链路根据卫星的转发次数可以分为单跳通信链路和双跳通信链路。

单跳是指经卫星转发器单次转发即可被对方接收到的通信线路。如图 1-9 所示。在静止卫星通信系统中，大多是单跳工作。

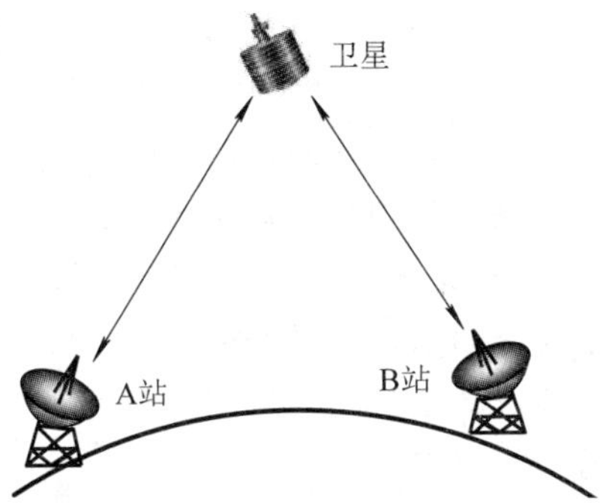

图 1-9　卫星通信系统中的单跳

双跳是指需要两次经过卫星转发器转发才能到达对方的通信线路。双跳大体有两种应用场合：一种是国际卫星通信系统中，分别位于两个卫星覆盖区内且处于其共视区外的地球站之间的通信，此种情况下的通信必须经共视区的中继地球站，构成双跳的卫星接力线路，如图 1-10(a)所示；另一种则是在同一卫星覆盖区内的星形网络中，由于卫星通信地球站收发能力较弱，需经中心站的中继，两次通过同一卫星的转发来构成通信线路，如图 1-10(b)所示。

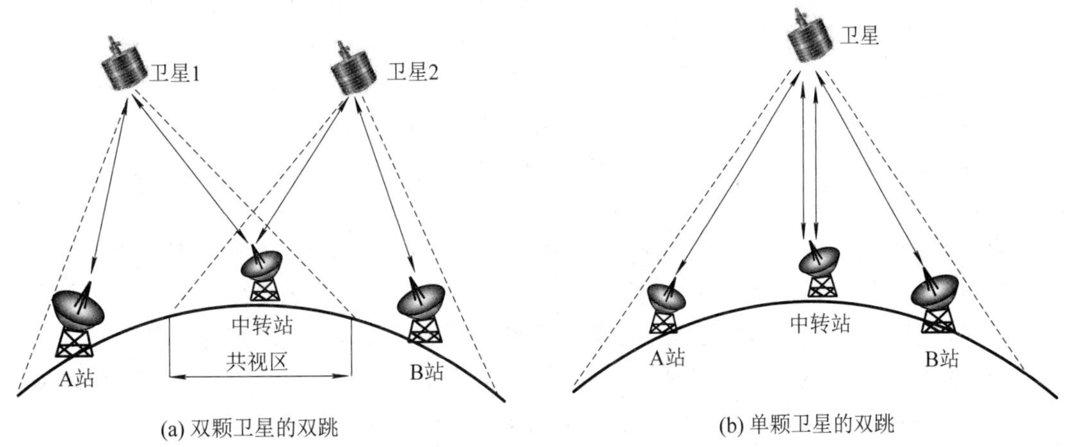

(a) 双颗卫星的双跳　(b) 单颗卫星的双跳

图 1-10　卫星通信系统中的双跳

1.3.4 卫星通信系统组网

每个卫星通信系统都有一定的网络结构，使各地球站通过卫星按一定形式进行联系。由多个地球站构成的通信网络，可以是星形的，也可以是网格形的，如图 1-11 所示。

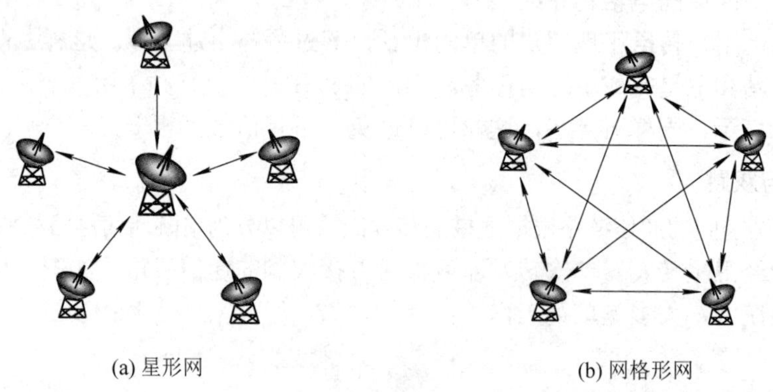

(a) 星形网　　(b) 网格形网

图 1-11　星形网与网格形网

在星形网络中，外围各边远站仅与中心站直接发生联系，各边远站之间不能通过卫星直接相互通信，必要时，经中心站转接才能建立联系，这种通信线路一般采用双跳方式；网格形网络中各站彼此可经卫星直接通信，这种通信线路一般采用单跳方式。除此之外，也可以是上述两种网络的混合形式，即单跳与双跳相结合的方式。对于网络的组成，根据用户的需要，可在系统总体设计中加以考虑。

1.4 应急卫星通信及发展

1.4.1 应急卫星通信

我国地域辽阔、人口众多，自然情况和社会情况复杂，灾害和特殊情况发生频率高，特别是自然灾害经常发生，给社会带来了巨大的经济损失和安全威胁。面对突如其来的自然灾害或应急事件，最为迫切的要求是恢复通信链接，用于指挥和协调应急救援分队，并允许受灾人员与外部沟通信息。应急通信是国家应急体系的重要组成部分，是国家应急保障的关键基础设施之一，可以为各类紧急情况提供及时有效的通信保障，直接决定了应急响应的效率。

应急通信的网络涉及固定通信网、移动通信网、互联网等公用电信网，卫星通信网、集群通信网等专用网络，以及无线传感器网络、宽带无线接入等末端网络。其中，卫星通信不受时间、地点、环境等多种因素的限制，开通时间短、传输距离远、通信容量大、网络部署快、组网方式灵活、便于实现多址连接、通信成本与通信距离无关，在应急通信保障中具有明显的优势，因此，卫星通信已经成为应急通信远距离宽带传输的主要手段，应用领域覆盖了通信、指挥调度、数据和视频采集、信息发布、过程监督等环节。在特殊情况下，卫星通信已成为消除通信“孤岛”的唯一通信手段。

图 1-12 所示是典型应急卫星通信系统的示意图，该系统由地面站、便携站和综合指挥车组成。系统支持星状、网状等灵活组网，以实现点对点、点对多点、多点对多点的通信功能，实现语音、视频、数据的双向传输。地面站与静中通/动中通通信车、卫星便携站、综合指挥车之间能够实现实时的视频传输；卫星通信车、卫星便携站、综合指挥车之间建立可音视频通话或数据通信，通过地面中心站可接入地面光缆网；此外，还可通过建立无线网桥，实现卫星通信车与通信指挥车之间、便携站与单兵之间的语音、视频、数据双向传输。

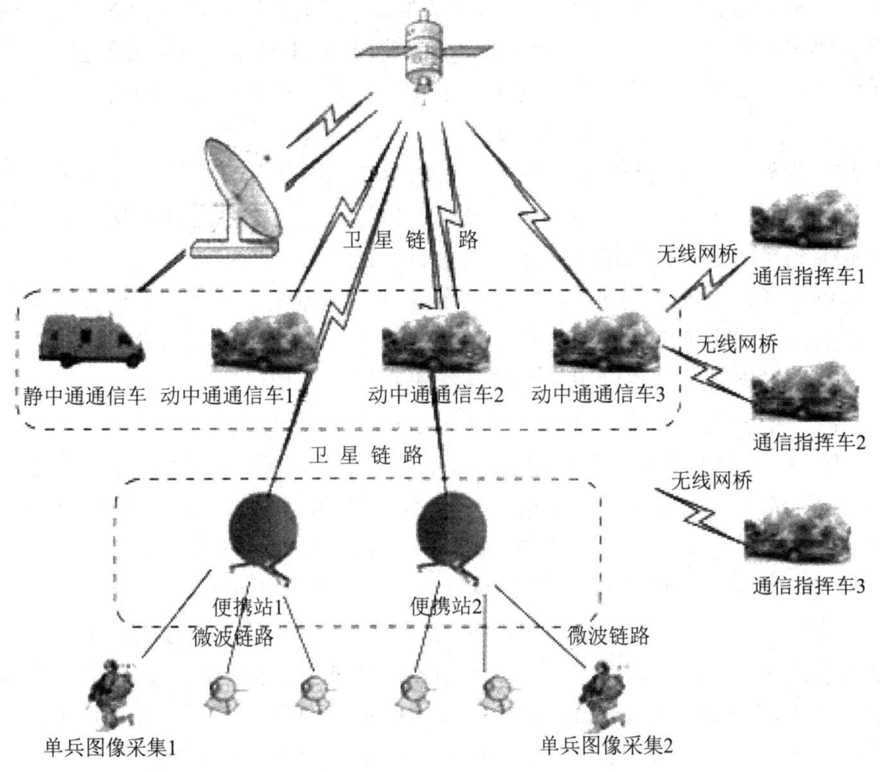

图 1-12　典型应急卫星通信系统示意图

1.4.2　应急卫星通信发展现状

当前，世界各国高度重视应急卫星通信系统建设，广泛利用商业卫星、军事卫星、通信实验卫星等组建各类应急卫星通信系统。当前，根据在应急通信中开通的业务不同，可以分为卫星固定业务、卫星移动业务和卫星直接广播业务。

固定卫星业务(FSS)是利用卫星给处于固定位置的地球站之间提供的无线电通信业务，该固定位置可以是一个指定的固定地点或指定区域内的任何一个固定地点。据统计，截止到 2012 年年底，全球经营卫星固定通信业务空间段的运营商有 30 多家，拥有在轨静止卫星约 270 颗，其中拥有卫星数量排名前 3 位的国际通信卫星(Intel Sat)公司拥有 54 颗，SES 全球公司拥有 53 颗，欧洲通信卫星公司(EuteSat)拥有 31 颗。在卫星固定业务领域，具有代表性的先进卫星有 IPSTAR、Spaceway-3、ViaSat 系列等卫星。IPSTAR 卫星是 2005 年 8 月发射，由泰国 Shin 司经营的商用宽带卫星，它的 Ku 频段用户链路有 84 个点波束、3 个赋形通信波束、7 个赋形广播波束，Ka 频段馈线链路有 18 个点波束，共有 114 台转发器，通信总容量约 45 Gb/s，是全球第一颗超大容量的宽带通信卫星。Spaceway-3 卫星是 2007 年 8 月发射，美国休斯网络系统公司经营的世界上技术最先进的商用宽带卫星，星上采用 Ka 频段再生处理转发器，接收点波束 112 个、发射点波束 784 个，发射天线采用 2 m 直径、1500 单元相控阵多点波束天线，传输容量为 10 Gb/s。截止到 2018 年，国际上容量最大的宽带卫星系统是美国卫讯公司与美国劳拉公司联合研制的卫讯-2(ViaSat-2)。ViaSat-2 于 2017 年 6 月发射，设计寿命为 15 年。它采用大容量的 Ka 频段点波束技术，容纳用户量大于 100 万，单用户最大传输速率达 100 Mb/s，总容量达 300 Gb/s。在应急通信体系中，卫星固定通信系统主要负责灾情、命令的上传下达，快速代替地面受损网络，从而恢复通信能力。

移动卫星业务(MSS)是指船舰、飞机、车辆等移动载体利用卫星进行的无线电通信业务，包括舰船之间、飞机之间、车辆之间及其与固定站、宇宙站之间的通信。卫星移动通信的应用范围相当广泛，其应用环境遍及城市、山地、沙漠、盆地、丛林、海洋等各种地区，既可提供话音、电报、数据，也可提供图像及多媒体业务；既适用于民用通信，也适用于军事通信；既适用于国内通信，也可用于国际通信。卫星移动通信已经成为未来通信业务的一个重要发展方向。移动卫星通信系统根据卫星轨道的不同可划分为静止轨道卫星移动通信系统、中轨道卫星移动通信系统和低轨道卫星移动通信系统三类。静止轨道卫星移动通信系统中，提供全球覆盖的有国际海事卫星通信系统，提供区域覆盖的有瑟拉亚卫星系统(Thuraya)、Sky-Terra 系统等。中轨道卫星移动通信系统轨道高度约为 10 000 km，中轨道卫星移动通信系统中最广为人知的是 Odyssey 系统、ICO 系统及用于卫星宽带接入服务的 O3b 中轨道卫星通信系统。低轨道卫星移动通信系统的轨道很低，一般为 600～2000 km，具有信号路径衰耗小、信号时延短、卫星研制周期短、费用低、通过卫星星座组网可做到真正的全球覆盖等优点。低轨道卫星移动通信系统需要卫星数量庞大，目前成功运行的系统有 Iridium、Globalstar、Orbcomm 这三个系统，此外，世界各国也纷纷开展更大规模的卫星互联网实验，如 Starlink 系统、Oneweb 系统等。在上述系统中，国际海事卫星(Inmarsat)系统、Iridium 系统等已经成为陆地和海上应急通信的必备手段，主要负责各级指挥分中心的救助策略下达、灾情信息采集和救援指挥，并与地面移动通信网和地面固定通信网实现互通。

卫星直接广播业务(BSS)是指利用卫星发送或转发信号，供公众直接接收的无线电广播业务。卫星电视直播可用卫星广播业务频段的广播卫星或卫星固定业务频段的通信卫星，前者一般称 DBS(直接广播)业务，后者称 DTH(直接到家)业务。这两种卫星都是静止轨道卫星，在应急体系中，卫星直接广播业务主要负责向下级和灾区分发天气实况、预警信息等灾情信息，向灾区广大群众发送自救、安抚等宣传节目。

从 2008 年开始，我国的应急卫星通信系统得到了快速的发展。公安部对各地建设的卫星通信系统进行了统一的网管设计并组织实施；国家应急办统一了卫星通信的通信体制；武警部队也对各地的卫星通信系统进行了统一的设计，构建了覆盖全国的应急卫星通信网络。但作为应急通信的一个重要而有效的技术手段，我国的应急卫星通信系统还无法满足应对重大自然灾害、海上救援、处置大规模群体性事件等的应急通信保障要求，亟须下大力气加强应急卫星通信应用的研究。

1.4.3　应急卫星通信发展趋势

应急卫星通信的发展呈现以下几点趋势：

(1) 应急卫星通信系统在静止轨道呈现大卫星小终端的发展趋势。

从历史角度看，整个静止轨道通信卫星发展的过程从一定意义上讲是从小卫星到大卫星发展的过程。最早的静止轨道商用通信卫星是国际通信卫星-1，其发射质量仅为 68 kg，如今大卫星 TerreStar-1 的发射质量高达 6910 kg。现代大卫星正在向大容量、宽带宽、大功率、高精度、长寿命、高可靠性的方向发展。反之，整个通信卫星地球站发展的过程从一定意义上讲是从大尺寸、大质量的固定地球站到小尺寸、小质量的便携式和手持式用户终端的过程。早期最大的固定地球站是天线口径 30 m 的国际通信卫星 A 型站，如今最小的地球站是卫星移动通信和卫星移动广播电视业务用的手持终端。应急卫星通信终端正在向小型化、宽带化、综合化和智能化方向发展。

(2) 应急卫星通信系统的固定、移动和广播三种业务呈现融合的发展趋势。

随着卫星固定业务和卫星广播业务用户终端进一步小型化，且在移动状态可以进行双向通信和单向接收，与卫星移动业务用户终端区别将逐渐缩小，特别是卫星广播业务由单向电视和声音广播向双向交互式多媒体业务发展，卫星广播业务单向通信特性与卫星固定通信业务双向通信特性区别将逐渐缩小，卫星固定、卫星移动、卫星广播三种业务都在往宽带多媒体业务方向发展。上述三种业务同一性增加互异性减小的趋势，体现了这三种业务正在往融合方向发展，利用同一应急卫星通信终端实现多种卫星业务将成为应急卫星通信发展的主流。

(3) 应急卫星通信网与地面通信网向天地一体化综合信息网方向发展。

随着卫星固定业务、移动业务、广播业务的融合，地面电信网、计算机网和有线电视网三网融合，各种卫星通信网与各种地面通信网互联互通，未来的应急通信网必将是一个包括地下的光纤通信，地面的微波中继和蜂窝移动通信，低轨道、中轨道以及静止轨道的通信卫星系统组成的服务于全球的综合应急通信体系。它们既可以单独组成通信系统，又可以在不同系统间互联互通，真正构成全球无缝覆盖的天地一体化的海、陆、空、天公用的，能够提供各种带宽和多种业务的全球综合应急通信网。在未来全球综合应急通信网中，任何个人可在任何地点、任何时间、与任何对象互通任何信息，为应急卫星通信系统应用提供极大的便利。

第 2 章　通信地球站与通信卫星

2.1　地球站概述

地球站是应急卫星通信系统的重要组成部分，主要实现用户业务的接入、调制解调及无线信号的发射与接收等功能。根据地球站在应急卫星通信系统中的地位和承担的任务不同，也可将地球站分为中央站、信关站、用户站等类型。而根据设备形态及安装平台的不同，一般可将地球站分为固定站、车载站、机载站 、舰载站、便携站、背负站、手持站等类型。虽然各种地球站在类型和功能上存在较大差异，但其基本组成、性能指标及建站要求是一致的。

2.1.1　地球站基本组成

通常，典型的应急卫星通信地球站主要由天线分系统、发射分系统、接收分系统、调制解调分系统、业务接入分系统、控制管理分系统及供电配电分系统组成，如图 2-1 所示。

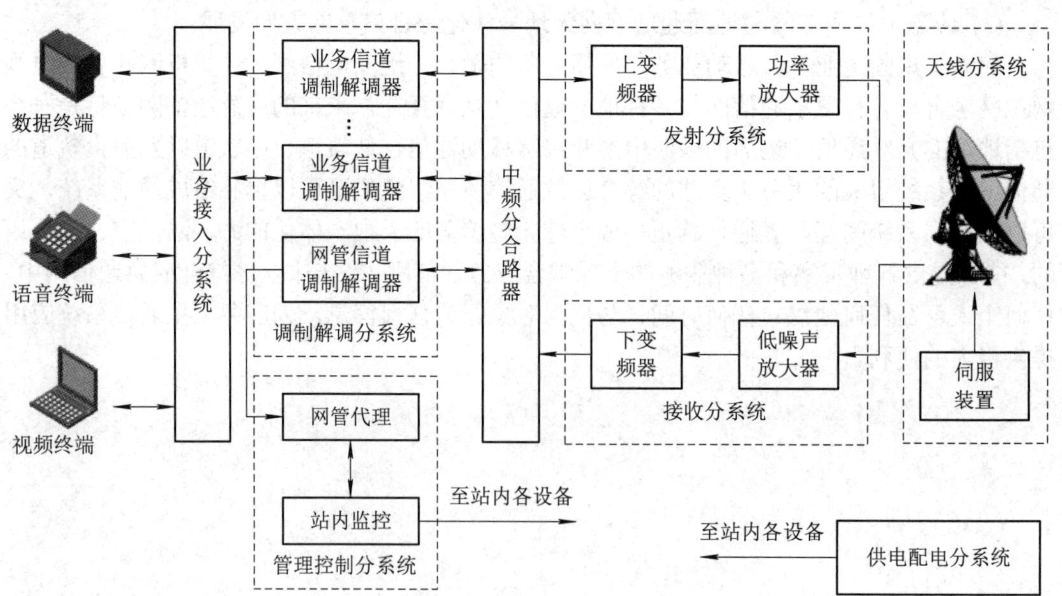

图 2-1　地球站组成框图

天线分系统主要实现卫星信号的收发功能，主要由天线、馈电、驱动、跟踪等设备组成。对于地球静止轨道卫星通信系统，工作过程中天线主波束应始终对准卫星。由于大口径的固定站天线(如大于 4.5 m 口径的 Ku 频段天线)波束较窄，考虑到卫星摄动等因素影响，需要使用跟踪装置实时调整天线指向；而小口径的固定站天线波束较宽，一般不需要跟踪装置，但需要定期进行校正；对于装载在车辆、飞机、舰船等运动平台上的地球站，由于卫星和地球站之间存在相对运动，必须使用实时跟踪装置保证天线对卫星的实时跟踪；而对于 VSAT 网中便携站、背负站等小型站，通常用于单兵背负或车辆运输携带，系统展开时通常采用手动或自动程序对星完成天线指向调整。

射频分系统主要由发射和接收两个分系统组成。发射分系统由上变频器和功率放大器(HPA)组成，其主要功能是将调制解调器输出的中频信号调制到卫星通信使用的射频频段，并将信号进行功率放大，通过天线发射到卫星。接收分系统由低噪声放大器(LNA)和下变频器组成，主要是将天线接收到的微弱射频信号进行低噪声放大，然后通过下变频器变换到中频，送后端解调器解调。对于工作频率较低(如 UHF、L、S 等频段)的地球站，为了提高地球站的集成度和可靠性，可将调制器和变频器进行一体化设计；而对于工作频率较高(如 C、Ku、Ka 等频段)的地球站，可以将上变频器和功率放大器、低噪声放大器和下变频器进行一体化设计，提升地球站的集成度。

调制解调分系统一般由若干调制解调器组成，调制器将数字化后的用户业务数据进行信道编码和数字载波调制，变换为满足卫星信道传输要求的中频信号；解调器完成输入中频信号的解调和信道译码，输出数字化的用户业务数据。通常业务数据和网络管理数据采用不同的调制解调器进行处理，并交由中频分合路器完成对中频信号的合路。为了降低成本，提高设备集成度，许多卫星通信设备厂商在同一设备中集成调制解调、业务接入及管理控制等功能，一般称这类设备为信道终端设备(或卫星通信终端)。

业务接入分系统主要实现话音、图像等模拟业务的数字化、接口协议处理、多业务复分接、业务调度与接入控制等功能。对于不同的卫星通信系统，需要根据使用需求来进行功能选配，确定设备的具体形态。

管理控制分系统实现对地球站各设备的参数配置(如发射功率、工作频率、调制编码方式等)和工作状态的监控(如工作频率、接收信号电平、接收信噪比、设备告警信息、地球站入退网信息)。在组网应用的情况下，还需要通过网管信道和中央站网管中心进行管理控制信息的交互(如密钥分发、信道申请及分配等信息)。

供配电分系统为地球站各设备提供所需电能。对于固定站、车载站等站型，为了保证用电的可靠性，通常采用多种供电方式(如市电、UPS、油机、太阳能等供电方式)对设备供电。供配电分系统不但要满足设备对能耗的要求，还要进行专门的安全性设计，确保工作过程中设备及操作人员的安全。

2.1.2　影响地球站性能的主要指标

1. 地球站 G/T 值

G/T 值是描述地球站接收能力的一个重要指标，直接影响到卫星下行链路信噪比，也称地球站的品质因数。地球站 G/T 值主要由天线接收增益 G 和系统噪声温度 T 两部分决定，单位为 dB/K。地球站设计时，通常先要根据传输业务需求，通过链路计算确定 G/T 值要求，然后选择合适口径的天线确保地球站 G/T 值满足系统使用要求。IntelSat 组织给出了不同类型地球站的 G/T 值要求，如表 2-1 所示。

表 2-1　不同类型地球站的 G/T 值要求

地球站标准站型	最小 G/T 值要求/(dB/K)	地球站标准站型	最小 G/T 值要求/(dB/K)
A 型站	$35.0 + 20\lg(f/4)$	D-1 型站	$22.7 + 20\lg(f/4)$
B 型站	$31.7 + 20\lg(f/4)$	E-3 型站	$34.0 + 20\lg(f/12)$
C 型站	$37.0 + 20\lg(f/12)$	E-2 型站	$29.0 + 20\lg(f/12)$
D-2 型站	$31.7 + 20\lg(f/4)$	E-1 型站	$25.0 + 20\lg(f/12)$

注：表中 f 表示频率，单位为 GHz。

2. 地球站 EIRP 值限制

地球站 EIRP(Effective Isotropic Radiated Power，等效全向辐射功率)是描述地球站发射能力的一个重要指标，单位为 dBW。EIRP 是地球站发射机功率与天线发射增益的乘积，其取值大小由天线的发射增益、功放饱和输出功率及功放至天线馈源的损耗等指标决定。地球站设计时，通常先要根据业务需求，通过链路计算确定地球站各发射载波的最大 EIRP 要求，选择合适口径的天线和合适大小的功放，使地球站的 EIRP 值满足系统使用要求。

在确定地球站 EIRP 时，需要考虑邻星干扰的影响。地球站向目标卫星发射信号时，由于地球站天线波束具有一定的宽度，信号也会辐射到轨道相邻卫星上，从而造成上行邻星干扰。为此，ITU 对用于固定卫星业务的 Ku 频段地球站的天线口径及 EIRP 进行限制，也可采用直序扩频技术降低信号功率谱密度。

3. 极化隔离限制

在卫星通信系统中，通常采用圆极化和线极化两种极化工作方式。对于圆极化，分为左旋圆极化和右旋圆极化两种方式；对于线极化，分为水平极化和垂直极化两种极化方式。通常 C 频段和 Ku 频段卫星通信系统通常采用线极化方式。从理论上讲，两个正交极化波是完全隔离的，这就意味着一个天线可以配置两个接收端口，每个端口只与一个极化波相匹配，而与另一个极化波正交。在卫星通信系统中，利用正交极化这种特性可以实现频率复用，即在同一频带内，可以采用两种不同的极化方式传输两套不同的信号，只要两者存在足够的极化隔离，就可以互不干扰。然而由于实际收发设备的实现误差，不可能实现两个极化波间的完全隔离，这就造成两者间的干扰。一般用极化隔离度(XPI)衡量地球站极化隔离特性。极化隔离度用于评价天线的发射性能，指地球站在同极化方向上的发射增益 G_{T1} 与正交极化方向上的发射增益 G_{T2} 之比，可用 dB 表示为

$$[XPI] = [G_{T1}] - [G_{T2}] \quad (dB) \tag{2-1}$$

为了实现有效的极化复用，需要对地球站天线的极化隔离度进行严格限制，以避免极

化信道间的相互干扰，减小同一卫星系统中大功率链路对小功率链路的干扰，保证高质量卫星通信。例如，Intelsat 组织要求线极化地球站的天线极化隔离度大于 30 dB。

4. 带外辐射限制

受到地球站发射链路谐波、杂散、多载波互调效应等因素的影响，地球站在分配频带内发射信号时，不可避免会在带外出现一些干扰信号，一般统称为地球站杂散信号。这些杂散信号会对其他通信信号构成干扰。根据 ITU-R S.726-1 要求，Ku 频段的 VSAT 地球站，在主波束方向上的带外杂散不应超过 4 dBW/100 kHz。

2.1.3　地球站的选址与布局

在设计一个卫星通信系统时，必须对地球站的站址进行合理的选择和布局，因为它们对地球站的工作条件、管理和维护起着决定性影响，特别是对固定部署的地球站来说，更为重要。

1. 地球站站址的选择

一般来说，选择地球站站址必须考虑地理环境、电磁环境、气象和环境条件、安全条件等因素影响。

1) 地理因素

影响地球站站址选择的地理因素主要包括地质条件和架设位置等。通常情况下要先经过地质钻探试验来考察地质结构是否符合要求，尽可能不要选在滑坡、下沉和地质变动频繁的地区。地球站必须处在有利的位置上，以保证计划中或工作中卫星的全部可视性。对于具有多副天线工作的地球站，应避免各天线之间的相互射频干扰，并要注意各天线间允许的最小间隔。此外，地球站站址应选择在交通便利、水源和电能充分处，同时还要确保地球站与通信交换中心的距离要近，以减少地面传输设备的投资。

2) 电磁环境

卫星地球站选址特别要注意复杂电磁环境的影响。目前大多数卫星通信系统均与微波通信系统使用的频段相同或相近，如果在新建的地球站或地球站附近有新的微波线路通过，那么就必须慎重考虑地球站站址的选择问题，以便将地球站和微波线路之间的相互干扰抑制到足够小。地球站站址的选择应避开高压线和火花干扰强的工业电子设备和其他易产生干扰的设备。

3) 气象和环境条件

恶劣的天气将使卫星信道的传输损耗和噪声增大，从而降低了线路的性能，严重情况下，将使卫星通信不能正常进行。气象条件的恶化主要是大风和暴雨造成的，北方地区还应考虑积雪的影响。实验统计结果表明，由于风的影响，致使天线波束偏移量超过主波束宽度的 1/10 时，就有可能影响通信的质量，在进行地球站的选址时，要详细考查当地大风的历史，以便采取合理的抗风措施。在降雨时，地球站接收系统噪声温度将增加，降雨引起的吸收损耗会减小来自卫星的载波接收功率，通常需要根据当地降雨情况设置 4～6 dB 的功率余量。

4) 安全条件

卫星通信系统 EIRP 值非常高，安全因素方面必须考虑电磁辐射对人体的影响。一般认为微波辐射密度大于 10 mW/m^2 为危险区，小于 1 mW/m^2 为安全区，在这两个值之间时为非安全区域，在该区工作的时间是有限制的。此外，地球站要远离易燃易爆、易于发生各种灾害的场所，更不能将易燃易爆品放入地球站。

2. 地球站的布局

地球站的布局与地球站站址的选择是同样重要的，地球站布局合理不仅有利于地球站的管理和维护，而且对于卫星通信系统本身也是有帮助的。一般来说，地球站的布局主要取决于地球站的规模、工作制式及管理和维护要求等。

1) 地球站的规模

地球站的规模是决定地球站布局的首要因素。如果地球站只需同 1 颗地球同步卫星通信，则仅需要 1 副天线和 1 套通信设备；如果地球站需同多颗同步地球卫星进行通信，就需要多副天线及多套通信设备。对近地轨道运动卫星的大型地球站，则需以站房为中心，在距离几百米的位置上设置多个天线，以避免天线之间在跟踪任意轨道的卫星时可能发生的相互干扰。

2) 地球站的设备制式

地球站的通信设备分别安装在天线塔和主机房内，它的布局方式由地球站的设备制式来决定。按信号传输形式，地球站的设备制式可以分为基带传输制、中频传输制、直接耦合制、混合传输制等。通常地球站采取混合传输制布局，只把低噪声放大器放在天线辐射器底部承受仰角旋转位置上，而其余设备全部放在主机房内。

3) 管理和维护要求

地球站的布局除了要满足地球站的标准特性要求外，还要便于维护和管理，有利于规划和发展，尽量使地球站的布局适合工作和生活的需要。地球站的生活区与工作区要隔离开，或留有一定的间距，以便保证工作区的安静和管理。

2.2 地球站天线系统

地球站天线系统是地球站重要组成部分，是地球站射频信号的输入和输出通道，也是决定地球站通信质量和通信容量的主要设备之一。在卫星通信系统中，天线系统的主要功能是实现能量的转换，将发射机送来的射频信号变成定向(对准卫星)辐射的电磁波，同时收集卫星发来的电磁波，送到接收设备，从而实现卫星通信。依据天线收发互易原理，地球站发射和接收功能可以用一副天线来完成。

2.2.1 地球站天线系统组成

典型的地球站天线系统主要由天线面与馈源网络、天线驱动单元和控制单元、天线控制保护装置及天线座架四个部分组成，如图 2-2 所示。

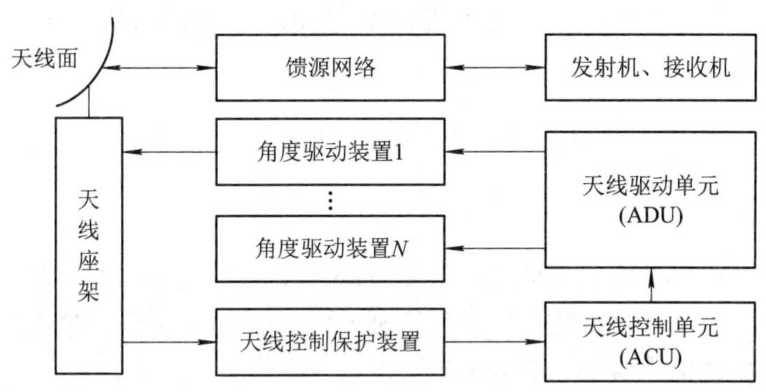

图 2-2　天线系统组成框图

天线面和馈源网络是天线系统中最重要的组成部分。主要功能是实现能量转换，一方面作为发射天线将发射机经传输线输出的射频能量转换为无线电波能量向空间辐射；另一方面作为接收天线将入射的空间电磁波能量转换为射频信号传输给接收机。

地球站天线首先应具有较强的方向性，即通过窄波束避免发射信号对其他卫星构成干扰或接收其他卫星信号对有用信号的干扰。其次，地球站应实现天线特定极化波方向的定向辐射或接收。为了实现频率资源的高效利用，卫星一般采用极化复用方式，这就要求地球站天线具有发射和接收特定极化方向信号的能力，能够与卫星天线的极化方向相匹配。再次，在卫星通信系统中，天线的电参数直接决定整个系统的性能指标，而天线面和馈源网络直接决定了天线系统的主要电参数，如发射增益、接收增益、方向图、交叉极化隔离度、电压驻波比和天线噪声温度等。

天线控制单元(ACU)和天线驱动单元(ADU)是天线跟踪系统的核心部分，直接决定了天线跟踪性能的好坏。它需要实时监测卫星发射的信标功率或其他参考信号，通过判断天线主波束偏离卫星的情况，实时控制驱动装置，调整天线的方位角、俯仰角及极化角(对于移动平台还需实时调整天线横滚角)，实现天线跟踪的功能。

天线控制保护装置通过传感器感知天线的运动情况，并将感知信息报告到 ACU 和 ADU，以实现天线跟踪过程中的状态监控和异常处理。

天线座架为天线面提供支撑，并为方位角和俯仰角的调节提供相关装置和结构。

2.2.2　地球站天线系统性能指标

一般情况下，地球站的天线系统的建造费用很高，大概占整个地球站的 1/3。因此，对天线系统提出了以下几方面的性能要求。

1. 天线增益

天线增益是决定地球站性能的关键参数，地球站天线需要高增益以接收或发射信号，保证提供足够的上行和下行载波功率。此外，天线辐射方向图的旁瓣电平必须很低，以减小来自其他方向信号源的干扰。天线增益公式为

$$G=\eta\left(\frac{\pi D}{\lambda}\right)^2 \tag{2-2}$$

式中，D 为天线口面的直径(m)，λ 为天线的波长(m)，η 为天线的效率。

将天线增益用 dBi 表示为

$$[G]=9.94+10\lg(\eta)+20\lg\left(\frac{D}{\lambda}\right)\quad(\text{dBi}) \tag{2-3}$$

2. 噪声温度

地球站天线的噪声温度一定要低，以使地球站等效噪声温度尽量低，减小下行载波带宽内的噪声功率。为了达到低噪声，必须控制天线辐射方向性图，使它只接收卫星信号，使来自其他信号源的能量最小。天线噪声温度重点在第 4 章讨论。

3. 机械精度

根据天线理论可知，抛物面天线的半功率波束宽度可以按照下式计算：

$$\theta_{0.5}\approx\frac{70\lambda}{D}\quad(^\circ) \tag{2-4}$$

通常，要求天线的指向精度在其波束宽度的 1/10 之内，对于 $\lambda=7.5$ cm，$D=27.5$ cm 的天线来说，其波束宽度为 $\theta_{0.5}=0.2^\circ$，则天线的指向误差不能超过 0.02°，故其机械精度要求是比较高的。

2.2.3　典型地球站天线

大多数地球站天线采用的是反射面型天线，电波经过一次或多次反射向空间辐射出去。实用的卫星通信天线有很多，这里只介绍几种应急通信中常用的地球站天线。

1. 喇叭天线

喇叭天线是一种将波导口径平滑过渡到更大口径的天线，这样可以更有效地向空间辐射功率。喇叭天线可直接用在卫星上作为辐射体，在大范围内覆盖照射地面。最常用的喇叭天线有三种类型：方口喇叭、光壁圆锥喇叭和波纹喇叭，如图 2-3 所示。大多数地球站均采用波纹喇叭作馈源喇叭。

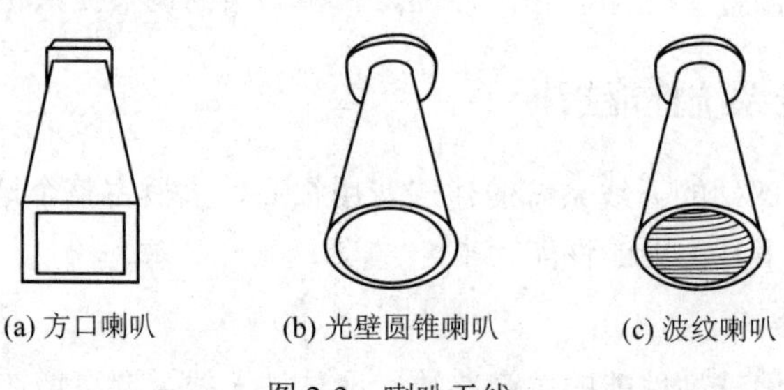

(a) 方口喇叭　　(b) 光壁圆锥喇叭　　(c) 波纹喇叭

图 2-3　喇叭天线

喇叭天线也广泛用做反射面类型的接收和发送天线的主馈源。在收、发天线共用的系统中，收、发信号的分离可以利用极化方式的不同来完成。正交极化馈源可同时接收和发射正交极化信号，并通过正交极化分离器实现不同极化信号的合并或分离。图 2-4 给出 11/14 GHz Ku 频段的宽带正交线极化馈源系统。

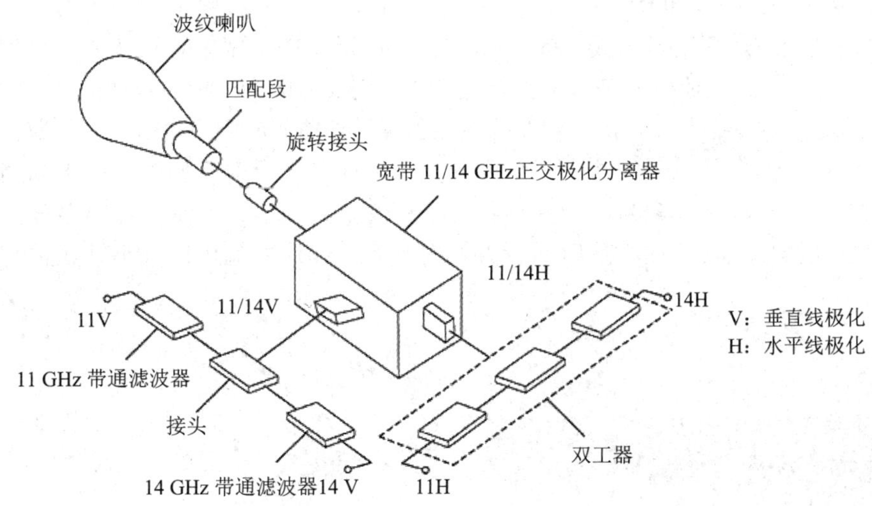

图 2-4　正交极化馈源系统的组成框图

2. 反射面天线

反射面天线主要是利用导体表面对电磁波的反射作用，反射馈源的辐射场，从而在反射面上形成电流，再辐射到自由空间。反射面天线的应用范围一般是微波波段，适用于 UHF 到 Ka 频段，电磁波的传播近似服从光学定律，一般要求天线尺寸大于 8 倍波长。反射面天线可以从形式上分类，主要有单镜反射面天线(包括正馈天线和偏馈天线)，双镜反射面天线(包括卡塞格伦天线、格里高利天线、环焦天线等)。

1) 正馈天线

正馈天线利用轴对称的旋转抛物面作为天线的主反射面，将馈源置于抛物面的焦点上，信号从馈源向抛物面辐射，再经抛物面反射发向空间，如图 2-5 所示。发射时，馈源辐射的电磁波照射在抛物面上，不管该电磁波原来来自何方向，经抛物面反射后都以平行于抛物面的方向辐射出去。接收时，卫星转发下来的信号从各方向照射到抛物面上，经抛物面反射后聚集到喇叭天线上，喇叭天线收集后将其转换成电磁波送到接收机。其优点是结构比较简单，但天线噪声温度较高，由于馈源和低噪声放大器等器件都在天线主反射面前方，因此馈线较长，而且不便于安装。

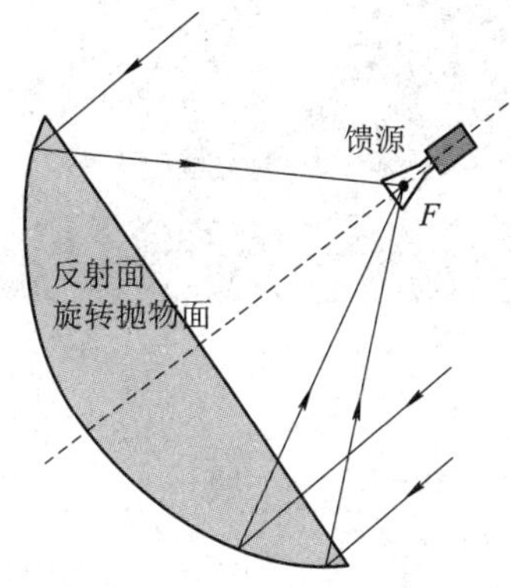

图 2-5　正馈天线

2) 卡塞格伦(Cassegrain)天线

卡塞格伦天线是双反射面天线的一种，图 2-6 所示的卡塞格伦天线由一个喇叭天线和两个反射面组成。主反射面是一个旋转抛物面，副反射面为一旋转双曲面，馈源喇叭置于旋转双曲面的实焦点上，旋转抛物面的焦点和旋转双曲面的虚焦点在同一位置上。从馈源喇叭辐射出来的自由电磁波经主反射面和副反射面两次反射后便以平行于抛物面的方向辐射到空中，形成定向辐射。卡塞格伦天线的特点是天线效率高，噪声温度低，馈源和低噪声放大器可以安装在主反射面后方的射频箱里，这样就可以减小馈线损耗带来的不利影响。

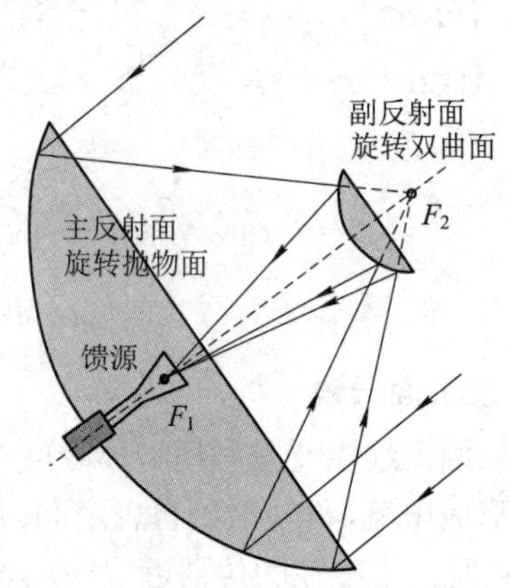

图 2-6　卡塞格伦天线

3) 格里高利(Gregorian)天线

格里高利天线也是一种双反射面天线，其基本结构是由 1 个喇叭天线、1 个主抛物面和 1 个椭球面的副反射面组成。与双曲面一样，副反射面的椭球面也有 2 个焦点，1 个放在与主反射面焦点重合的位置上，另一个放在馈源喇叭的相位中心，如图 2-7 所示。格里高利天线的许多特性都与卡塞格伦天线类似，不同之处在于格里高利天线的旋转抛物面的焦点是一个实焦点，所有波束都集中在这一点。

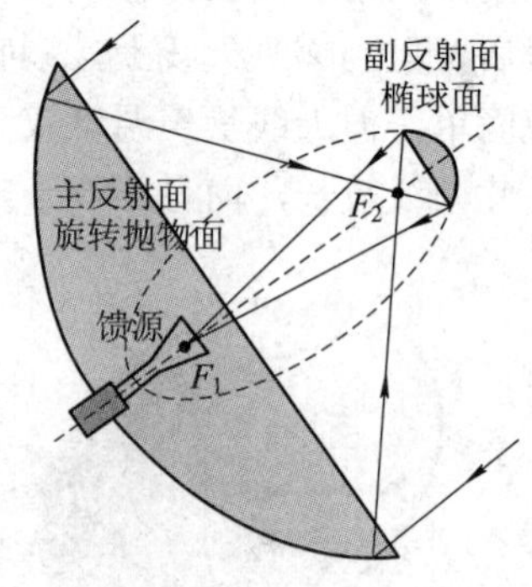

图 2-7　格里高利天线

4) 偏馈天线

上述三种天线都有一个缺点，总有一部分电波能量被馈源或副反射面阻挡，造成天线增益下降，旁瓣增益高，可以使用天线偏馈技术解决这个问题。如图 2-8 所示，将馈源和副反射面移出天线主反射面的辐射区，这样就不会遮挡主波束，从而提高天线效率，降低旁瓣电平。偏馈型天线广泛应用于口径较小的地球站，如 VSAT 站等。这类天线的几何结构比轴对称天线的结构要复杂，特别是双反射面偏馈型天线，其馈源、焦距的调整要复杂得多，在大型地球站中是很少使用的。

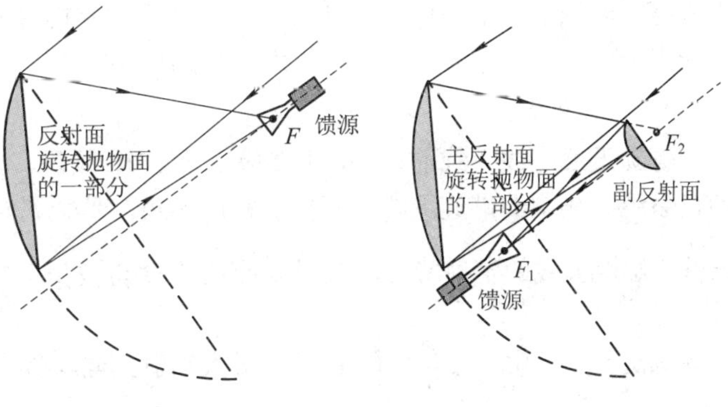

图 2-8　偏馈天线

5) 环焦天线

对卫星通信天线的总要求是在宽频带内有较低的旁瓣、较高的口面效率及较高的 G/T 值，当天线的口面较小时，使用环焦天线能较好地同时满足这些要求。因此，环焦天线特别适用于 VSAT 地球站，因而得到了广泛的应用，结构如图 2-9 所示。

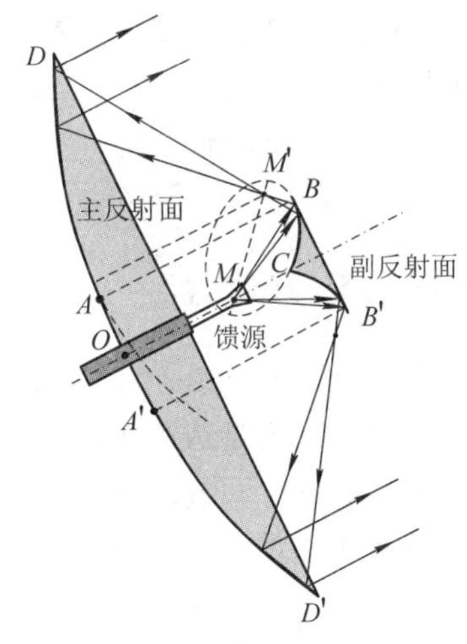

图 2-9　环焦天线

主反射面为部分旋转抛物面，副反射面由椭圆弧 CB 绕主反射面轴线 OC 旋转一周构成，馈源喇叭位于旋转椭球面的一个焦点 M 上。由馈源辐射的电波经副反射面反射后汇聚于椭球面的另一焦点 M'，同时 M' 又是抛物面 AD 的焦点。因此，经主反射面反射后的电波平行射出。由于天线是绕机械轴的旋转体，因此焦点 M' 构成一个垂直于天线轴的圆环，故称此天线为环焦天线。环焦天线的设计可消除副反射面对电波的阻挡，也可基本消除副反射面对馈源喇叭的回射，馈源喇叭和副反射面可设计得很近，这样有利于在宽频带内降低天线的旁瓣和驻波比，提高天线效率。但环焦天线的缺点是主反射面的利用率低，如图 2-9 所示，AA' 间的区域没有作用。

3. 其他类型天线

1) 平板阵列天线

平板天线因其天线面是平面而得名，目前已有的平板天线均为阵列天线，具有面积利用率高、体积小、剖面低、低副瓣、组阵灵活、可共型等特点，而且辐射单元与馈线网络易于集成，适用于车载、舰载、机载卫星通信站型。

2) 螺旋天线

螺旋天线是线天线的一种，主要应用于UHF频段、L频段和S频段等较低频段的卫星通信系统。典型的螺旋天线为圆柱形螺旋天线，是金属导线绕制成螺旋弹簧形结构的行波天线。螺旋天线的辐射特性取决于螺旋直径D与波长λ之比。$\frac{D}{\lambda}<0.18$时，称为边射式法向模螺旋天线；$0.25\leqslant\frac{D}{\lambda}\leqslant0.46$时，最大辐射方向与螺旋线一致，称为轴向模螺旋天线；进一步提高D/λ值时，天线方向图变为圆锥形。

3) 相控阵天线

相控阵天线是由阵列天线发展而来的，它由多个天线单元组成，每个单元的后面接有可控移相器，通过控制这些移相器的移相量来改变各个阵元间的相对馈电相位，从而改变天线阵面上电磁波的相位分布，使得阵元合成的波束在空间按一定规律扫描。移相器的开关时间为ns量级，波束控制器的运算转换时间也可做到极短，因此可以认为相控阵天线波束扫描是无惯性的，天线波束可灵活地指向任何需要搜索或跟踪的空间方向。由于相控阵天线具有波束扫描快、可靠性高、易于共型、可形成多个独立的发射波束和接收波束等优势，未来极有可能广泛应用于移动卫星通信系统中。

2.2.4 地球站天线的跟踪

在卫星通信中，当地球站的天线指向发生偏差时，会导致天线的有效增益降低，并且天线指向偏差过大还会造成严重的邻星干扰。地球站伺服跟踪设备的基本作用是保证地球站的天线能够稳定、可靠地对准通信卫星，从而确保通信系统能保持正常工作。在应急卫星通信系统中，地球站有固定站和移动站之分，相应的伺服跟踪设备的复杂程度也有所不同。

典型的地球站天线跟踪方式有手动跟踪、程序跟踪和自动跟踪三种。手动跟踪主要通过监视信标信号的大小由操作人员操纵跟踪系统，人工调整天线指向。程序跟踪是将卫星轨道预报数据和从天线角度检测来的天线位置信息一并输入计算机，计算机对这些数据进行处理比较，得出天线指向角度值。实际上，由于卫星摄动和其他干扰的影响，一般很难计算出长时间的精确轨道数据，因而上述两种方法都不能对卫星进行精确跟踪。对于大、中型地球站和移动平台站，主要采用自动跟踪为主、手动和程序跟踪为辅的方法实时对星。

卫星跟踪系统的主要功能组件框图如图2-10所示，通信卫星发射信标信号，该信号用来让地球站天线跟踪，天线收到信标信号后将其送到自动跟踪接收机中，导出跟踪校正值，或者是在某些自动跟踪系统中估计卫星的位置。目前，自动跟踪主要采用步进跟踪。

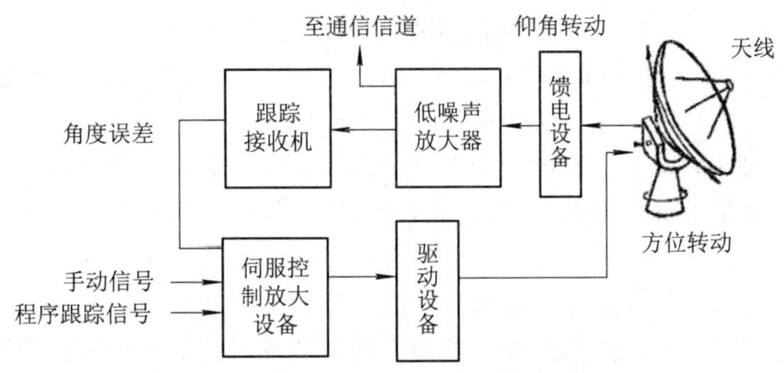

图 2-10　地面站跟踪系统简化方框图

步进跟踪又称为极值跟踪，是根据卫星信标信号(或导频信号)的极大值来判定天线是否对准卫星。步进跟踪的原理和设备都很简单，图 2-11 所示为步进跟踪原理图。当地球站捕获到卫星发射的信标信号后，步进跟踪系统就可以自动跟踪卫星。假设在起始状态时，天线工作在 A 点，下一步可以令天线做一次试探性移动。例如转动一个步进角到 B 点，比较 A、B 两点信号强弱，如果 B 比 A 小，说明方向转错了，下一步改变天线转向，转回 A 点，再向相反方向测试比较，直到天线运动到 O 点。此时天线已经对准卫星，但是根据上述的判断准则，天线下一步将运动到 F 点，并对 F 和 O 点信号进行比较，发现 F 点信号弱于 O 点时，再向回旋转，以后天线将按照 O—F—O—E—O—F—…的规律在 O 点附近摆动。当完成规定的步数后，系统进入休息状态。显然，天线在 E、F 两点时的增益损失是可以控制在允许的范围内的。从这个意义上讲，可以认为天线已经对准了卫星从而实现了天线对卫星的自动跟踪。上面仅是从一个平面进行的跟踪分析，实际的步进跟踪系统是在方位和俯仰两个平面内交替地进行跟踪的。

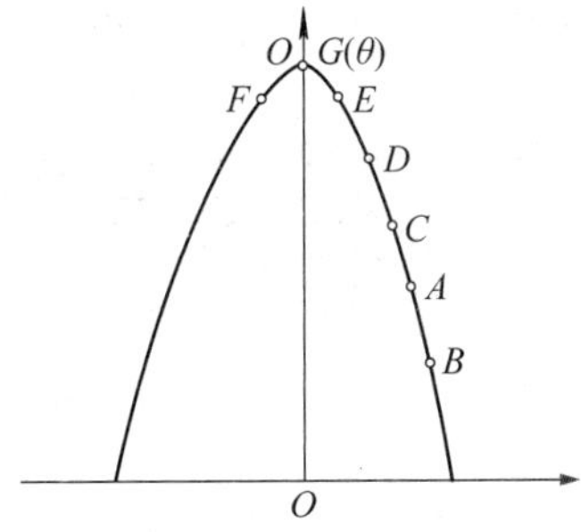

图 2-11　步进跟踪原理示意图

这种跟踪系统的缺点是天线波束不能停留在完全对准星体的方向上，而是在该方向周围不断地摆动，因而跟踪精度不是很高。但步进跟踪原理和设备简单、价格低廉，随着卫星位置控制技术的日益提高，步进跟踪的精度和速度都已满足要求。目前，步进跟踪已成为各型固定卫星地球站的主要跟踪手段。

对于舰载站、机载站或车载站等机动载体，其在机动过程中受到浪涌、气流、路况等各类因素的影响，会在方位、俯仰、横滚等角度上出现剧烈变化，安装在机动载体上的卫星通信天线也会随之摇摆，使天线偏离卫星目标，从而造成通信中断。为了避免这种情况的发生，必须对载体的摇摆进行隔离，使天线稳定地指向卫星。以船载卫星通信天线为例，其波束稳定方法可分为无源稳定和有源稳定两类。

无源稳定的基本原理是将天线安装在由 *x-y* 轴所决定的平面上，平面的下面(也就是 *z* 轴方向)带有高速旋转的飞轮，利用旋转飞轮的陀螺效应提供由于船体摇摆带来的干扰力矩的恢复力矩，使 *x-y* 轴所构成的平面不受船体摇摆的影响，从而形成一个稳定的平台。天线波束指向的调整与跟踪仍然由方位-俯仰控制完成，并把舰船上测量舰船航向的电罗经信号引入方位控制回路，以消除船体航向改变对跟踪造成的影响。这种方法通常用于稳定精度要求不高的场合，其优点是实现简单、成本低。

有源稳定是指由惯性元件感知船体的摇摆或由惯导平台给出船体摇摆的信息，并通过伺服系统实现船体摇摆的隔离。这种稳定天线波束方法一般用于要求高、天线口径大的场合。一般将陀螺安装在天线座架的适当部位或利用舰船本身的惯性器件，感知船体姿态信息，陀螺输出的信号通过伺服系统控制天线向着与船体摇摆相反的方向运动，从而保持天线波束指向不受船的摇摆运动的影响。

例如，某舰载卫星通信天线伺服跟踪系统，如图 2-12 所示。在天线调频箱内装有误差角陀螺，用来输出船摇信号，将该船摇信号和电罗经提供的船体航向信号送到反馈控制环路，控制天线做相应的运动，使天线保持稳定。在天线稳定的基础上，再利用多模跟踪方式，由馈源网络输出的跟踪误差信号经跟踪接收机得到天线波束轴误差角信号，该误差角信号送到相应的伺服控制环路，控制天线做相应的运动，从而使天线波束精确地指向卫星。

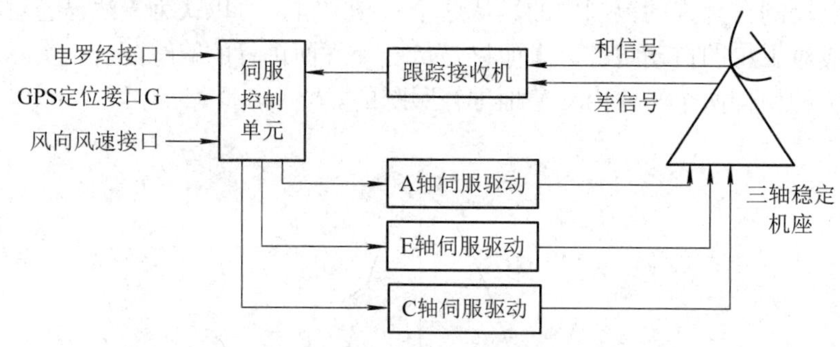

图 2-12　船载天线伺服跟踪系统

2.3　地球站射频系统

2.3.1　地球站射频系统组成

射频分系统是由发射分系统和接收分系统组成的。发射分系统主要由上变频器和功率放大器组成，其作用是将中频调制信号变频到上行射频频率，并对其进行高功率放大。地球站的接收分系统由低噪声放大器和下变频器组成，它的作用是将天线接收到的微弱卫星信号进行低噪声放大，经下变频转为中频信号，送至信道终端设备进行解调处理。低噪声放大器和下变频器常集成在一起，称为低噪声变频模块(LNB)。

2.3.2　上变频器

上变频器是把信道终端设备输出的已调中频信号搬移到射频，而保持调制信号频谱特性不变的设备。根据输入输出频点、带宽范围等要求，可以选择 1 次变频、2 次变频或更多次变频方案，如图 2-13 所示。

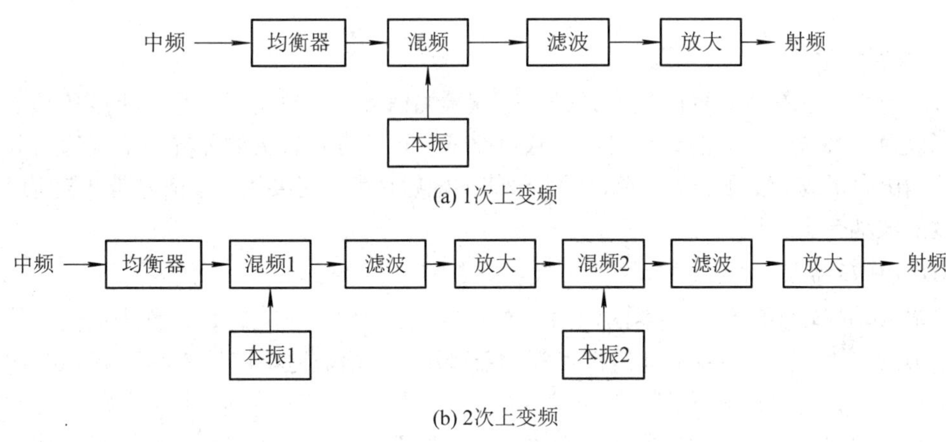

图 2-13　上变频器方框图

1. 上变频器的分类

根据射频输出频率的不同，可将上变频器分为 C 频段上变频器、Ku 频段上变频器、Ka 频段上变频器等。以 Ku 频段上变频器为例，根据中频输入频率的不同，卫星通信中常用 70 MHz/Ku 型、140 MHz/Ku 型及 L/Ku 型上变频器。这些上变频器可将信道终端设备输出的中心频率为(70 ± 18)MHz、(140 ± 36)MHz 或 L 频段(一般为 950～1450 MHz)的调制信号搬移到上行 Ku 频段(14.0～14.5 GHz)。

由于射频频率覆盖范围(500 MHz)大于中频频率覆盖范围，因此为了将中频信号搬移到射频频率范围内的任意频点，上变频器必须采用频率可调的本振。对于 70 MHz/Ku 型、140 MHz/Ku 型上变频器，当地球站配置有多个信道终端设备，需要同时发射多个载波时，如果各载波集中在变频器频带范围内，地球站可以只配置一个上变频器，否则地球站需要配置多个上变频器。对于 L/Ku 型上变频器，射频频率覆盖范围与中频频率覆盖范围一致，因此上变频器只需要采用固定频率的单频点本振，即可实现中频信号到射频信号的搬移。当地球站配有多个信道终端设备，需要同时发射多路载波时，地球站也只要配置一个上变频器。

2. 上变频器主要技术特性

上变频器的主要技术特性可以由以下指标来衡量：

1) 增益

上变频器增益是指变频器输出功率与输入功率之比，通常用 dB 表示。变频器除了实现频谱搬移功能外，还要具有一定的增益调整范围，以满足不同站型应用扩展地球站对发射载波速率的适应范围及补偿雨衰时的发射功率调增等。

2) 相位噪声

通常用单位频带的相位噪声单边功率与载波功率之比来度量相位噪声，不同的频率偏移值，相位噪声值不同。不同的通信体制、不同通信速率的信号对相位噪声的要求不同，通常相位噪声对高阶调相信号的影响大于对低阶调相信号的影响，对高速传输信号的影响大于对低速传输信号的影响。此外，相位噪声对传输性能的影响还与具体解调方式有关。

3) 幅频特性

幅频特性是指在变频器的工作频带内输入等幅信号时，输出端信号的幅度随频率的变化。当发射载波位于不同的频点时，导致链路增益可能存在较大的差异，需要适当调整调制器的输出电平或上变频器的增益，以使最终的辐射功率满足要求。当信号带宽较宽时，带内幅度的波动会影响接收性能。

4) 1 dB 压缩点

当输入功率较小时，变频器的输出功率与输入功率的比值为常数，称为线性增益；输入功率继续增大，由于系统的非线性使得增益减小，当增益比小信号增益下降 1 dB 时，对应的输出功率称为“1 dB 压缩点输出功率”，一般用 P_{1dB} 表示。对于固定站，上变频器通常配置在室内射频机房，功放则安装在室外天线座架上，从室内射频机房到室外功放的损耗较大，需要上变频器具有较大的 1 dB 压缩点输出功率。

5) 杂散

杂散信号是指主信号以外的无用信号，通常用主信号与杂散信号之间幅度的比值表示，单位为 dBc。如果杂散信号在有用信号带内，则影响信号的通信质量；如果杂散信号在有用信号带外，则影响其他信号的通信质量。卫星通信一般要求上变频器的杂散优于 −60 dBc。

表 2-2 中列出了三种 Comtech 公司提供的上变频器的主要技术参数。

表 2-2 典型上变频器主要技术参数

<table>
<tr><th colspan="2" rowspan="2">指 标</th><th colspan="3">产 品</th></tr>
<tr><th>70 MHz/Ku 型上变频器
(the Comtech EF Data)</th><th>140 MHz/Ku 型上变频器
(the Comtech EF Data)</th><th>L/Ku 型上变频器
(MBT-5000)</th></tr>
<tr><td colspan="2">增益</td><td>≥35 dB</td><td>≥35 dB</td><td>≥30 dB</td></tr>
<tr><td colspan="2">幅频特性</td><td>≤0.5 dB/36 MHz</td><td>≤0.75 dB/72 MHz</td><td>≤1.0 dB/L;
≤0.25 dB/40 MHz</td></tr>
<tr><td colspan="2">杂散</td><td>≤−65 dBc</td><td>≤−65 dBc</td><td>≤−70 dBc</td></tr>
<tr><td colspan="2">1 dB 压缩点输出功率</td><td>≥+10 dBm</td><td>≥+17 dBm</td><td>≥+15 dBm</td></tr>
<tr><td rowspan="4">相位噪声</td><td>100 Hz</td><td>≤−72 dBc/Hz</td><td>≤−80 dBc/Hz</td><td>≤−68 dBc/Hz</td></tr>
<tr><td>1 kHz</td><td>≤−79 dBc/Hz</td><td>≤−89 dBc/Hz</td><td>≤−78 dBc/Hz</td></tr>
<tr><td>10 kHz</td><td>≤−89 dBc/Hz</td><td>≤−95 dBc/Hz</td><td>≤−88 dBc/Hz</td></tr>
<tr><td>100 kHz</td><td>≤−98 dBc/Hz</td><td>≤−105 dBc/Hz</td><td>≤−98 dBc/Hz</td></tr>
</table>

2.3.3 下变频器

下变频器与上变频器功能相反，是把低噪声放大器输出的射频信号搬移到中频，而保持调制信号频谱特征不变的设备。根据输入输出频点、带宽范围等要求可选择 1 次变频、2 次变频或多次变频方案。以 Ku 频段下变频器为例，根据中频输出频率的不同，卫星通信中常用 Ku/70 MHz 型、Ku/140 MHz 型及 Ku/L 型等下变频器将低噪声放大器输出的下行 Ku 频段射频信号(12.25～12.75 GHz)搬移到中频。

下变频器的主要技术指标有增益、幅频特性、杂散、1 dB 压缩点输出功率、镜像抑制、相位噪声等。表 2-3 中列出了几种下变频器的主要技术参数，以供参考。

表 2-3　典型下变频器主要技术参数

<table>
<tr><td colspan="2" rowspan="2">指　标</td><td colspan="3">产　品</td></tr>
<tr><td>Ku/70 MHz 型下变频器
(the Comtech EF data)</td><td>Ku/140 MHz 型下变频器
(the Comtech EF data)</td><td>Ku/L 型下变频器
(MBT-5000)</td></tr>
<tr><td colspan="2">增益</td><td>≥45 dB</td><td>≥45 dB</td><td>≥35 dB</td></tr>
<tr><td colspan="2">幅频特性</td><td>≤0.5 dB/36 MHz</td><td>≤0.75 dB/72 MHz</td><td>≤1.0 dB/L;
≤0.25 dB/40 MHz</td></tr>
<tr><td colspan="2">杂散</td><td>≤−65 dBc</td><td>≤−65 dBc</td><td>≤−70 dBc</td></tr>
<tr><td colspan="2">1 dB 压缩点输出功率</td><td>≥+20 dBm</td><td>≥+20 dBm</td><td>≥+15 dBm</td></tr>
<tr><td colspan="2">镜像抑制</td><td>≤−80 dB</td><td>≤−80 dB</td><td>≤−60 dB</td></tr>
<tr><td rowspan="4">相位噪声</td><td>100 Hz</td><td>≤−66 dBc/Hz</td><td>≤−80 dBc/Hz</td><td>≤−68 dBc/Hz</td></tr>
<tr><td>1 kHz</td><td>≤−76 dBc/Hz</td><td>≤−89 dBc/Hz</td><td>≤−78 dBc/Hz</td></tr>
<tr><td>10 kHz</td><td>≤−86 dBc/Hz</td><td>≤−95 dBc/Hz</td><td>≤−88 dBc/Hz</td></tr>
<tr><td>100 kHz</td><td>≤−96 dBc/Hz</td><td>≤−105 dBc/Hz</td><td>≤−98 dBc/Hz</td></tr>
</table>

2.3.4 功率放大器

功率放大器的作用是高保真度地将低电平的一个或多个已调微波信号放大到所要求的功率。地球站发射的信号到达静止轨道卫星之前经历了很大的自由空间衰减，而通信卫星由于噪声的限制接收机灵敏度不可能无限制提高，因此为了使卫星能够有效、可靠地接收地球站信号，在地球站上行链路必须配备高增益的功率放大器，简称高功放(HPA)。

1. 功率放大器分类

目前，各类地球站使用的功率放大器主要有行波管放大器(TWTA)和固态功率放大器(SSPA)两种，功放的输出功率从几瓦到上千瓦不等。

1) TWTA

TWTA 的基本原理是设法使电子流和行波场以相同的速度和相同的方向行进，使它们相互作用的时间拉长，这样就有可能使电场从电子流获得较多的能量，从而得到高的放大倍数。一般 TWTA 由电子枪、聚焦装置、慢波系统及集电极等装置组成，如

图 2-14 所示。

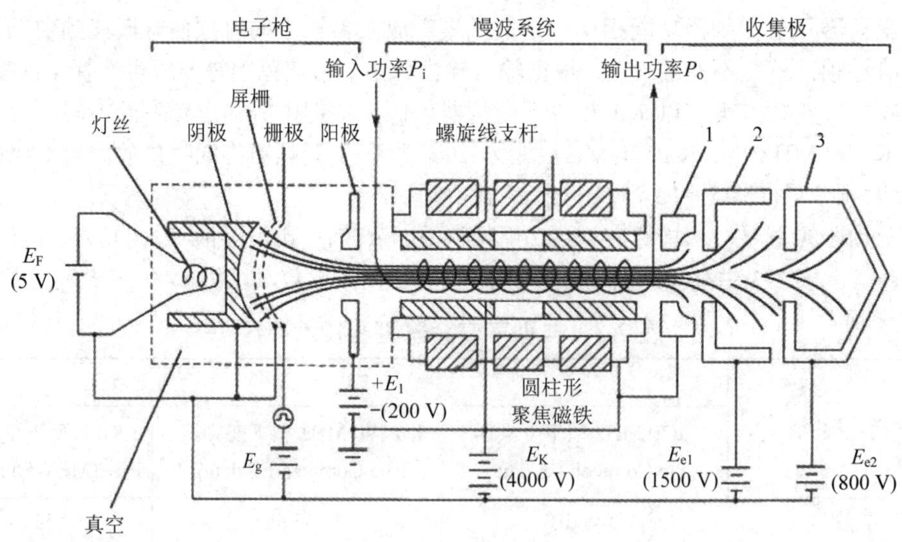

图 2-14　TWTA 结构

电子枪是放大器的能量来源，当阴极靠灯丝加热到 750℃左右时，放出足够数量的电子。电子在阳极高压作用下，加速到所需要的速度，通过阳极的中心小孔进入螺旋线。电子枪形成的电子束经阳极发射后，由于电子本身的排斥作用，致使电子束在前进过程中不断发散，使得一些电子会打到螺旋线上，形成螺旋线电子流而无法实现能量交换。为了使电子束保持原来的形状，通常加入聚焦磁铁，依靠磁铁产生的磁场与电子的相互作用来约束电子的发散。

慢波系统是由钼丝或钼带绕制的螺旋线构成，达到减慢电磁波速度的装置。螺旋线作为传输线，线上的 TEM 波以光速在螺旋线内沿每匝圆周线做螺旋式前进，可以根据需要把信号沿螺旋管轴向的传播速度(相速)减慢到光速的 1/30～1/10。在慢波系统的空间中，输入信号充分完成了电子束和信号电磁场的能量交换，达到了信号能量放大的效果。

电子束再穿过螺旋线后，为了使电子束中的电子形成回路，就需要有一个回收这些电子的装置，称为收集极或集电极。电子在前进过程中与信号交换能量后，但仍有不少动能，电子打在集电极上，转换为热能。为了将这些热能散发掉，需要在集电极采用散热片、风冷、水冷等措施。

TWTA 主要用于各类大中型地球站及通信卫星，其主要优点是输出功率大、工作带宽宽、噪声系数低；主要缺点是电源复杂、成本高、寿命短。

2) SSPA

SSPA 采用微波场效应晶体管进行功率放大，与普通场效应晶体管工作原理基本相同，都是利用多数载流子工作，其高频特性、噪声特性、稳定性等均优于双极型晶体管。目前，微波频段的功率晶体管单管已经能够输出数十瓦的微波功率。

SSPA 主要应用于各类中、小型地球站，其主要优点是工作电压低、电源简单、体积小、重量轻、可靠性高、工作带宽宽、寿命长、非线性失真小。目前许多厂家已将上变频器和 SSPA 进行一体化设计，集成度更高，使用更方便。

不管是采用 TWTA 或是 SSPA，在地球站中，功率放大器属于大电流高功耗的易损部件，且通常工作在室外恶劣环境；同时功率放大器又是整个发射链路的共用部分，对其可靠性有较高的要求。因此对于系统中的重要站型(如中心站)，功率放大器一般采用 1∶1 备份工作方式。

2. 功率放大器主要技术特性

功率放大器的主要技术指标有输出功率、增益、幅频特性、三阶互调、杂散等。这里主要介绍输出功率和三阶互调两个指标，其他参见上变频器。

1) 输出功率

放大器通常以 1 dB 压缩点输出功率或饱和输出功率作为其输出功率指标要求。当功率放大器输入功率较小时，增益为常数，称为线性增益，随着输入功率继续增大，由于放大器的非线性使得放大器增益减小，如图 2-15 所示。当增益比小信号增益下降 1 dB 时，对应的输出功率成为 1 dB 压缩点输出功率(P_{1dB})。当继续增大输入信号功率，输出信号功率不再增大时，此时功率放大器的输出功率成为功率放大器的饱和输出功率 P_{sat}。

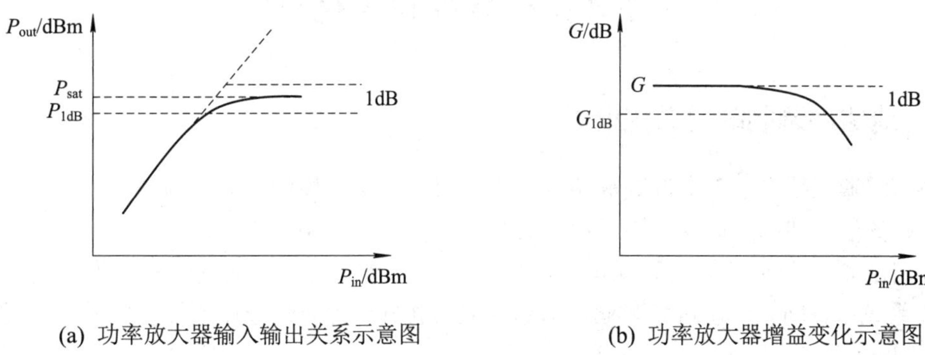

(a) 功率放大器输入输出关系示意图　　(b) 功率放大器增益变化示意图

图 2-15　功率放大器输出功率特性

2) 三阶互调

当多个频率分量进入功率放大器时，由于功率放大器增益的非线性而产生互调干扰。对于两个频率 F_1 和 F_2 信号分量，受到互调干扰的影响，输出信号中会包括 mF_1+nF_2(m、n=0, ±1, ±2, …)各次调制分量，其中对通信性能影响较大的是频率为 $2F_1-F_2$ 和 $2F_2-F_1$ 的三次分量。F_1 和 F_2 的功率与三次分量中较大功率之比即为功率放大器的三阶互调值。三阶互调干扰会对卫星通信产生严重影响，通常要求功率放大器三阶互调干扰小于 −23 dB。

2.3.5　低噪声放大器

由于卫星通信收发链路构成的通信距离遥远，所以地球站收到的卫星信号非常微弱，同时接收分系统也易将宇宙噪声、大气噪声、太阳噪声、地面环境噪声等一并接收进来，要从这样微弱且混有多种噪声的卫星信号中提取有用信号，就必须在接收机前端加载尽可能少地引入噪声的射频器件，因此放大器采用低噪声放大器(LNA)。针对接收信号的特点，低噪声放大器需要具备以下特性：首先要对微弱信号进行高倍放大；其次，放大器本身引入的噪声要足够低，不能“淹没”微弱的有用信号。这就形成了低噪声放大器高增益、低噪声的特点。同时，作为接收系统的“咽喉”，它还要具备宽频带、高稳定性及高可靠性等特点。

低噪声放大器一般直接安装在馈源后面，以避免连接其他器件引入的热噪声。低噪声放大器主要采用 MESFET 器件实现低噪声放大，一般由多级放大器级联组成。而低噪声放大器的噪声系数主要取决于第一级放大器的噪声系统。

由于低噪声放大器安装在室外，工作环境比较恶劣；同时低噪声放大器又是整个接收链路的公共部分，对其可靠性有较高的要求。因此对于系统中的重要站型(如中心站)，低噪声放大器一般采用 1∶1 备份方式。1∶1 低噪声放大器由两个低噪声放大器、一只波导同轴联动开关及安装附件构成，为了降低馈线损耗，整个组合体一般安装在天线后的高频箱内。

低噪声放大器的主要技术指标有噪声温度、增益、幅频特性、1 dB 压缩点输出功率及杂散等。

2.4　调制解调系统

2.4.1　地球站调制解调系统组成

调制解调系统由若干个调制解调器组成，根据站型规模的不同，地球站需要配置一个或多个业务信道调制解调器，用于业务数据的传输。在组网应用的情况下，地球站一般还需要专门配置一个网管信道调制解调器，用于实现与中心站之间网管信息的交互。但在 TDMA 系统中，网管信息可以和业务信息共载波传输，此时地球站不需要配置专门的网管信道调制解调器。

调制解调器主要实现两个功能，一是将从调制器接口输入的数据进行接口转换，经过信道编码和载波调制后，输出中频信号；二是接收受噪声污染的中频信号，进行解调和译码，然后通过解调器输出接口输出对端发送的业务数据。调制解调器的组成框图如图 2-16 所示。

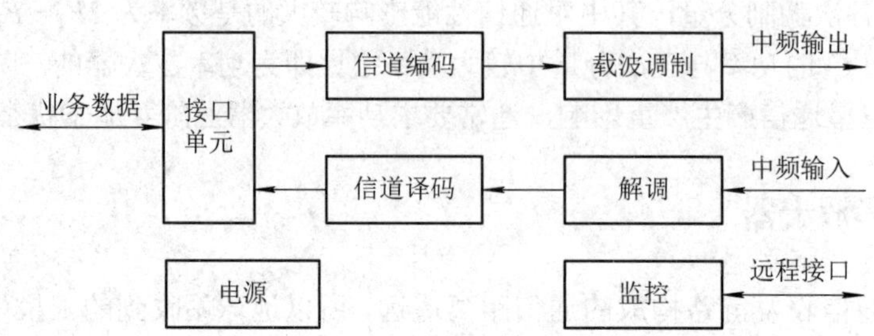

图 2-16　调制解调器组成框图

2.4.2　地球站调制解调性能要求

调制解调器的主要技术特性包括传输性能、输入信号电平范围、输出信号电平范围、输出杂散等。为了更全面地描述调制解调器的技术特性，表 2-4 中摘录了 Comtech 公司的 CDM-570L 调制解调器的主要技术指标。

表 2-4　CDM-570L 调制解调器主要技术指标

指　标	参 数 范 围	备　注
中频频率	950～1950 MHz，100 Hz 步进	
信息速率	2.4 kb/ s～5 Mb/s，1 b/s 步进	收发可独立设置
调制方式	BPSK、QPSK、OQPSK、8PSK、16QAM	
输入信号电平范围	最小：$-130+10\lg R_S$(dBm) 最大：$-90+10\lg R_S$(dBm)	
输出信号电平范围	-40～0 dBm，0.1 dB 步进	
纠错编码	卷积码、卷积 + RS 级联码、Turbo 码、TPC 等	
谐波和杂散	≤-55dBc	
传输性能	$E_b/N_0=5.4$ dB，$P_e\leqslant1\times10^{-5}$ $E_b/N_0=6.7$ dB，$P_e\leqslant1\times10^{-7}$	BPSK/QPSK/OQPSK 1/2 码率卷积码
	$E_b/N_0=5.4$ dB，$P_e\leqslant1\times10^{-5}$ $E_b/N_0=6.7$ dB，$P_e\leqslant1\times10^{-7}$	BPSK/QPSK/OQPSK 1/2 码率卷积码 + RS 级联码
	$E_b/N_0=2.9$ dB，$P_e\leqslant1\times10^{-5}$ $E_b/N_0=3.3$ dB，$P_e\leqslant1\times10^{-7}$	BPSK/QPSK/OQPSK 1/2 码率 Turbo 码
	$E_b/N_0=6.8$ dB，$P_e\leqslant1\times10^{-5}$ $E_b/N_0=8.2$ dB，$P_e\leqslant1\times10^{-7}$	BPSK/QPSK/OQPSK 3/4 码率卷积码
	$E_b/N_0=5.6$ dB，$P_e\leqslant1\times10^{-5}$ $E_b/N_0=6.0$ dB，$P_e\leqslant1\times10^{-7}$	BPSK/QPSK/OQPSK 3/4 码率卷积码 + RS 级联码
	$E_b/N_0=3.8$ dB，$P_e\leqslant1\times10^{-5}$ $E_b/N_0=4.4$ dB，$P_e\leqslant1\times10^{-7}$	BPSK/QPSK/OQPSK 3/4 码率 Turbo 码

2.5　业务接入、管理控制及供电系统

2.5.1　业务接入分系统

业务接入分系统主要用于实现话音、图像、数据等业务到卫星网的接入。业务接入分

系统一般由信源编解码、接口协议处理及接入控制三部分组成。信源编解码单元实现各类业务的编解码，降低传输过程所需要的带宽；接口协议处理单元实现有效数据的提取和接口协议的适配，使之适合卫星链路传输；接入控制单元实现各类业务的汇聚和调度。业务接入分系统组成框图如图 2-17 所示。

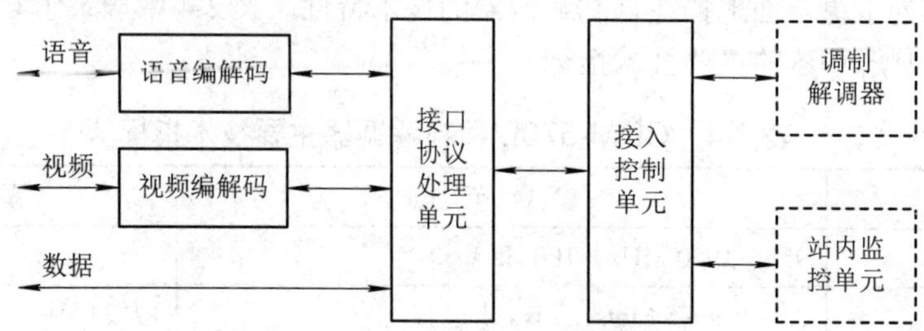

图 2-17　业务接入分系统组成框图

1. 接入控制

接入控制是业务接入分系统的控制枢纽，实时监视用户业务和信道状态，并根据信道资源，调度用户业务的接入。在单一网络通信情况下，接入控制单元根据用户业务请求，向网管中心申请信道资源，实现通信链路的建立。例如，在 FDMA 通信系统中，接入控制单元检测到用户的业务申请后，向中心站申请信道资源，并根据中心站分配的信道调度业务的接入。而在多网并存情况下，接入控制单元根据用户业务类型，选择适当的通信网络，完成用户业务和通信信道之间的路由选择。例如，在 TDMA、FDMA、CDMA 多网并存的情况下，接入控制单元检测到用户申请后，首先根据被叫用户的网络模式及当前各个网络的信道质量选择最佳网络，进行信道申请，并调度业务的接入。

接入控制单元的另一个重要作用是实现用户业务数据的汇聚和调度，在带宽受限的情况下，接入控制单元需要根据用户业务的优先级，对用户业务进行排队处理。

2. 接口协议处理

接口协议处理单元实现有效数据的提取和接口协议的适配，使之适合卫星链路传输，同时还采用一定的信道增强技术提高卫星信道的利用率。例如，E1 数据传输速率为 2048 kb/s，有效数据为 $N \times 64$ kb/s($N \leqslant 30$)，如果在卫星信道内只传输有效数据，则可以提高卫星链路的传输效率。对于采用 TCP/IP 协议传输数据的业务，由于卫星信道延时大，传输效率低，因此为了提高传输效率，接口协议处理单元需要采用 IP 加速技术。

3. 语音编码

人正常说话时产生的语音信号频率范围在 300～3400 Hz 之间。话音编码大致可以分为波形编码、参量编码和混合编码 3 类。波形编码根据话音信号的波形产生重构信号，其编码速率在 16～64 kb/s 之间。参量编码提取话音信号的特征参量，建立话音信号的数学模型，重构时再利用该模型恢复话音信号，其编码速率一般为 2～16 kb/s。混合编码方法采用数学模型来模拟信号的产生过程，但引用了波形编码准则来优化模型的激励源信号。目前，卫星通信中用到的主流语音编码标准有以下几种。

(1) G.711 建议。ITU-T 的 G.711 建议包括两个标准：北美和日本使用的 μ 律 PCM、其他国家使用的 A 律 PCM。G.711 建议采用 8 kHz 采样，8 bit 量化，编码速率为 64 kb/s。

(2) G.721、G.723、G.726 建议。ITU-T 的 G.721 建议使用自适应差分脉冲编码调制(ADPCM)技术，实现对 A 律或 μ 律 PCM 数据的压缩，编码速率为 32 kb/s。G.723 在 ADPCM 基础上增加了 24 kb/s 和 40 kb/s 两种编码速率。G.726 在 G.721 和 G.723 基础上，增加了 16 kb/s ADPCM 编码速率。

(3) G.729 建议。ITU-T 的 G.729 建议使用共轭结构代数码本激励线性预测编码方案(CS-ACELP)，编码速率为 8 kb/s。它在良好的信道条件下能够达到长话质量，在有随机比特误码、发生帧丢失和多次转接等情况下具有很好的稳健性。CS-ACELP 在 IP 电话、无线通信、卫星通信等领域有着广泛的应用。

(4) 增强型多子带激励编码(IMBE)。国际海事卫星组织主要采用 IMBE 实现海事卫星电话通信，编码速率为 4.5 kb/s，具有信道差错不敏感等特点。

(5) 先进多带激励编码(AMBE)。AMBE 是美国 DVSI 公司提出的一种音频压缩编码算法，它是一种低比特率、高质量话音的压缩算法，其编码速率可在 2.4～9.6 kb/s 之间以 50 b/s 的间隔选取。AMBE 在数字语言通信、话音存储及其他需要对话音进行数字处理的场合有着广泛的应用。

4. 视频编码

视频信号是由一系列在时间上分立的图像序列构成的动态图像信号。在视频数据中存在着大量的冗余信息，需要采用视频压缩编码方法消除视频中的冗余量。视频压缩编码方法可分为基于图像统计特性和基于人眼视觉特性等不同的编码方法。基于图像统计特性的编码方法主要从空间、时间等角度压缩数据，消减冗余。空间冗余压缩主要利用视频单帧图像中像素空间的连贯性和相关性，对单帧图像进行压缩；时间冗余压缩主要利用连续帧间的图像相关性，消除图像间的冗余信息。基于人眼视觉特性的编码方法是利用人类视觉系统的视觉暂留效应和对高频图像的不敏感等特性，来消除视觉冗余。

在实际应用的编码中，往往采用混合编码方式，以求达到最佳的压缩效果。目前，主流的视频编码标准有 MPEG-4、H.264、H.265 等。

2.5.2　管理控制分系统

地球站管理控制分系统由站内监控设备和各种被控设备(站内设备)监控代理模块组成，如图 2-18 所示，主要实现地球站各组成设备的参数配置和状态查询。

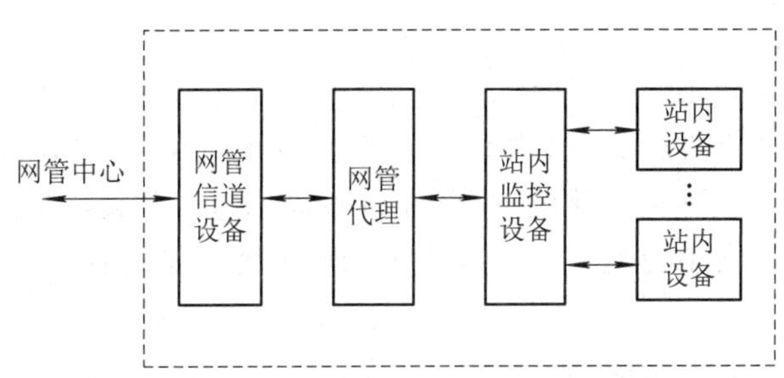

图 2-18　地球站管理控制分系统组成框图

站内监控设备直接负责地球站内各设备的参数配置和状态查询。查询的结果既可以在站内监控设备上进行显示，也可上报到中心站网管中心进行显示；参数配置既可通过站内监控设备的操作界面实现，也可以是响应来自网管中心的指令进行自动配置。被控设备主要包括地球站内各种接入设备、调制解调设备及天线和射频设备等。

网管信道设备用于实现远端站和中心站之间管理信息的传输，既可以独立的设备形态存在，也可和信道终端设备进行一体化设计。在 TDMA 系统中，网管信息和业务信息还可以共享一个物理信道进行传输，通过对帧的定义实现两类信息的识别，在这类系统中，地球站是不需要配置专门的网管信道设备的。

2.5.3　地球站供配电分系统

地球站供配电分系统要为地球站各设备提供所需的电能，其性能优劣直接影响到地球站的可靠性和使用操作的安全性。在设计供配电分系统时，既要根据站型的特点及使用要求构建科学合理的供电方案，又要保证供配电分系统的安全性。

供配电分系统一般可考虑采用市电、油机或电池供电，或支持多种供电方式备份工作，如固定站可采用油机或 UPS 作为市电的备份供电方案；车载站则配备多种供电设备，根据自己所处环境灵活选择供电方式。

在构建供配电分系统时，既要保证工作过程中设备的安全，又要保证使用操作过程中操作人员的人身安全，主要采取的措施包括安全接地措施、安全防护措施、保护措施及防雷措施等。

1. 安全接地措施

接到屏蔽层、铰链部件或其他机械部件的地线不应构成环路，应该选取可导电底板或框架上一点作为静电接地或电源接地的公共连接点，并与保护接地端子连接。从接地端子到地的连接线应在电气上是连续的和可靠的，有足够机械强度和足够低的电阻。所有暴露于外部的易触及部件(除天线和传输线端子外)，在正常工作期间内应处于地电位。

通信设备应设置人工接地体，使设备外壳良好接地，不得将机器框架直接放在地上作为接地导体使用，不得将屏蔽线和铅包线缆的金属隔离层作为公共地线使用。

车载站应安装接地报警器，当底盘接地不良时，应发出报警信号。车内各设备与车体的接触应良好，设备接地端子到车体之间的电阻应不大于 0.02 Ω。

2. 安全防护措施

当设备主电源开关置于“断”位置时，除主电源开关的电源输入线外，设备的全部电源均应切断。设备中的直流或交流工作电压大于 24 V 的部位，应加防护措施，超过 500 V 的部件，应安装保护罩或外壳，并在壳罩上加注危险标志。车载站及大型固定设备有致命高压存在时，在成套设备中应配有防护器材(如橡皮手套、橡皮垫等)。

3. 保护措施

设备应有熔丝或保险继电器等过电流、过电压保护装置。车载站应有漏电保护装置，当车体到地电压超过 36 V 时应发出警告；电源电压超过 260 V 时应发出警告。

4. 防雷电措施

设备应有避雷器和避雷装置。在市电、天线馈线、遥控线及电话线等引入端应装有放电器，放电器应不影响系统正常工作。车载和地面站应有防雷接地端子，并备有接地电缆、防雷击装置。机载或舰载站型的防雷措施应与载体共同考虑。各类防雷装置(避雷针、避雷器、放电间隙等)的接地电阻一般不大于 4 Ω。

2.6 通信卫星

通信卫星是卫星通信系统的空间中继站。它的任务是转发通信信号，即接收服务区内相关地球站发来的通信信号，并转发到服务区内相关地球站接收，以完成卫星通信任务。目前正在使用的通信卫星有自旋稳定卫星和三轴稳定卫星。其外形结构分别如图 2-19 和图 2-20 所示。

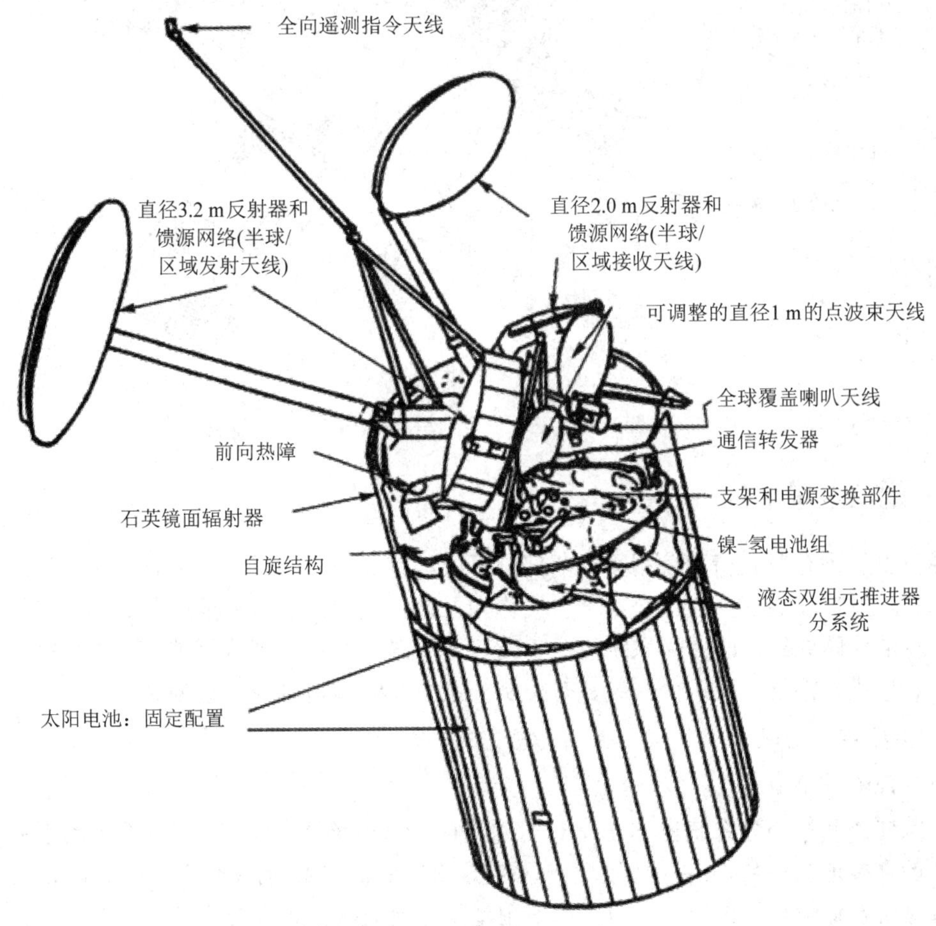

图 2-19　自旋稳定卫星外形结构图(IS-6)

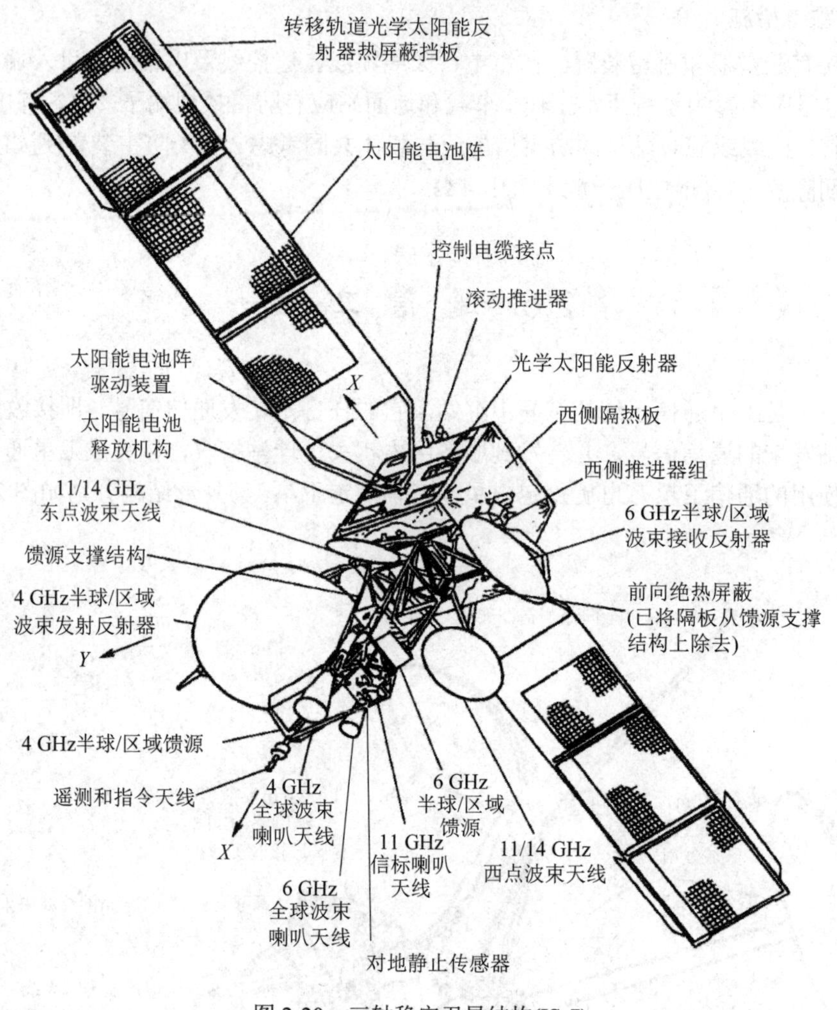

图 2-20　三轴稳定卫星结构(IS-7)

2.6.1　通信卫星平台

通信卫星由有效载荷和公用平台两部分组成。有效载荷是用于提供业务的设备，主要包括通信转发器和通信天线。公用平台又称为卫星公用舱，是用来维持有效载荷在太空中正常工作的保障系统，此保障系统包括 TT&C 分系统、数据管理分系统、姿态与轨道控制分系统、推进分系统、电源分系统、热控制分系统及结构与机构分系统等。

1. 卫星平台组成

1) TT&C 分系统

跟踪遥测和指令分系统也称 TT&C 分系统(测控分系统)。其中遥测分系统用于采集卫星状态的直接遥测参数，并将数据管理分系统送来的遥测参数合路通过遥测载波进行调制，实时或延时发送给地面测控站，以实现对卫星工作的监视。指令分系统用于接收和解调地面测控站发来的遥控载波信号，完成直接遥控指令的译码和执行，并将数据管理指令送至数据管理分系统对星上相关设备进行执行，以实现对卫星的控制。跟踪分系统用于接收、转发来自地面测控站的测距信号，测定卫星运行的轨道参数，协同地面测控站对卫星进行跟踪与测控。

2) 数据管理分系统

数据管理分系统负责完成星务管理，用于储存各种程序，采集、处理数据以及协调管理卫星各分系统。数据管理系统的计算机随时采集卫星各种飞行参数、工程参数和设备运行状态以及遥控和命令执行结果。其中一部分数据按一定帧格式送达地球站；另一部分数据形成文件，根据卫星运行计划，进行自主控制；此外还有一部分数据形成文件，以标准格式存入数据库，供星上各分系统使用。

3) 姿态与轨道控制分系统

姿态控制系统用来保持或改变卫星的运行姿态。按控制方式可分为被动姿态控制和主动姿态控制，被动姿态控制是指利用卫星本身的动力学特性和环境力矩来实现姿态稳定的方法，如自旋稳定、重力梯度稳定和三轴稳定等；主动姿态控制是指根据姿态误差形成控制指令，产生控制力矩来实现姿态控制的方法。轨道控制分系统用于控制卫星运行轨道，轨道控制包括变轨控制和轨道机动、轨道保持、返回与着陆控制和轨道交会与对接等四类应用方式。

通常仅靠星上姿态和轨道控制分系统设备不能独立完成上述功能，必须联合星上 TT&C 分系统、地面测控站和地面控制中心，组成星地串联大回路控制系统，才能对卫星姿态和轨道进行控制。

4) 推进分系统

推进分系统为姿态控制和轨道控制提供所需动力，根据推进剂工质类型可分为固体、液体、气体以及混合体推进分系统。推进方式主要包括冷气推进、单组元推进、双组元推进、双模式推进及电推进等。

5) 电源分系统

电源分系统的任务是产生、储存、变换、调节和分配电能，供星上各种耗电设备和部件使用。它由一次电源和总体电路两个子系统组成。一次电源包括发电装置、电能储存装置、电源控制装置等设备，长期运行的卫星一般都采用太阳能电池和蓄电池联合供电方式；总体电路则主要包括电源变换器、配电器、火工品管理器和低频电缆网等设备。

6) 热控制分系统

热控制分系统又称为温度控制分系统，它用于控制卫星内外热交换过程，使其平衡温度处于要求范围内，以保证星上各种设备、部件等在合适的温度区域内可靠工作。卫星热控制分为被动热控制和主动热控制两类。

7) 结构与机构分系统

结构和机构分系统用于支撑和固定卫星上各种设备，使它们构成一个整体，以承受地面运输、运载火箭发射和空间运行时的各种力学环境(振动、过载、冲击、噪声)和空间运行环境。卫星结构材料大多采用铝、镁等轻合金材料及铁合金材料，目前碳纤维复合材料和金属基复合材料也已经广泛使用。

2. 静止轨道卫星平台

自 1965 年全球第一颗静止轨道通信卫星投入商用至今，整个静止轨道通信卫星发展的历程从一定意义上讲是从小卫星到大卫星发展的过程。最早的商用静止轨道通信卫星是自旋稳定小卫星——国际通信卫星-1，其发射质量仅 68 kg，而如今国外各卫星制造商研制的大功率卫星平台都是三轴稳定的卫星平台，且质量越做越大。2009 年发射的三轴稳定卫星 TerreStar-1，它的发射质量达到了 6910 kg。国外主要通信卫星平台承载能力如表 2-5 所示。

表 2-5　国外主要通信卫星平台承载能力

主流卫星平台	BSS-702	A2100	LS-1300	SB-4000	Alphabus
制造商	波音卫星系统	洛马公司	劳拉空间公司	泰雷兹-阿莱尼亚公司	阿斯特留姆公司
最大发射质量/kg	6160	6169	6910	6000	8600
卫星功率/kW	3～18	5～15	5～18	8～15	18～22
最大有效载荷质量/kg	1200	1200	1200	1000	2000
卫星设计寿命/年	15	15	15	15	15
首发发射时间	1999	1996	1989	2002	2013

20 世纪 80 年代以来，我国先后研制了东方红二号、东方红三号、东方红四号对地静止通信卫星平台，通常称第一代、第二代、第三代通信卫星平台。东方红二号通信卫星平台为双自旋稳定卫星平台，自 1984 年 4 月 8 日成功发射第一颗东方红二号通信卫星起，用该平台发射成功并投入运行的卫星有 2 颗东方红二号和 3 颗东方红二号甲通信卫星。前者 C 频段转发器为 2 台，设计寿命为 3 年；后者 C 频段转发器为 4 台，设计寿命为 4 年。目前，主要使用的平台为东方红三号、东方红四号对地静止通信卫星平台，其主要技术性能如表 2-6 所示。

表 2-6　东方红三号和四号卫星平台主要技术性能

平台型号	DFH-3A	DFH-3B	DFH-4
可提供有效载荷功率/W	2500	3000～4000	8000
可提供有效载荷质量/kg	360	400～450	595
测控频段和体制	C 频段统一载波测控	C 频段统一载波测控	C 频段统一载波测控
姿态稳定方式	全三轴稳定	全三轴稳定	全三轴稳定
天线指向误差/(°)	俯仰、滚动：±0.15 偏航：±0.5	俯仰、滚动：±0.06 偏航：±0.2	俯仰、滚动：±0.1 偏航：±0.1
位置保持精度/(°)	南北：±0.1 东西：±0.1	南北：±0.05 东西：±0.05	南北：±0.05 东西：±0.05
卫星平台尺寸/m	2.40 × 1.72 × 2.20	2.20 × 2.00 × 3.10	2.36 × 2.10 × 3.60
卫星平台质量/kg	2740	3800	5150
设计寿命/年	12	12～15	≥15

东方红三号卫星平台主要用于地球静止轨道通信卫星。此平台通过适应性改造可用于其他类型轨道和业务的卫星，如导航卫星、遥感卫星和空间探测卫星等。1997 年 5 月 12 日，我国成功地发射了载有 24 台 C 频段转发器的东方红三号通信卫星。此后，东方红三号卫星平台用于“中星”系列通信卫星、鑫诺三号通信卫星、天链一号数据中继卫星、“北斗”系列导航卫星、嫦娥一号和二号月球探测器等。

东方红四号卫星平台是我国第三代大型静止轨道卫星公用平台，具有输出功率大、承载能力强和服务寿命长等特点。该平台可用于大容量通信、电视直播、数字音频广播和宽带多媒体等多种通信广播卫星。自 2007 年 5 月 14 日，用东方红四号卫星平台承载的尼日利亚通信卫星-1 发射成功，至 2020 年末已有超过二十颗东四卫星平台研制的通信卫星发射成功，提供应用。

2.6.2 通信卫星转发器系统

一个转发器是一系列交叉连接的单元，组成了通信卫星上一个单独的从接收天线到发射天线的通信通道。不同转发器被分配在某一工作频段中，并根据所使用的天线覆盖区域租用或分配给卫星覆盖区域的卫星通信用户。

卫星上转发器的数量及每个转发器的带宽资源反映了转发器的能力。转发器的数量越多，卫星的通信能力就越强。一般将少于 12 个转发器、有效载荷功率小于 1000 W 的通信卫星称为小容量通信卫星；少于 24 个转发器，功率在 1000～3000 W 之间的卫星称为中等容量通信卫星；少于 48 个转发器，功率在 3000～7000 W 之间的卫星称为大容量通信卫星；转发器数量大于 48 个，功率在 7000 W 以上的称为超大容量通信卫星。

卫星转发器又可根据信号的处理方式分为透明转发器和处理转发器。透明转发器又叫弯管式转发器，它是对接收信号只进行放大、变频和再放大的转发器。最早商用通信卫星使用的转发器为透明转发器，现有大部分通信卫星仍在使用透明转发器。不过随着技术的进步，通信卫星逐步采用处理转发器作为其有效载荷，即在卫星上转发器在转发信号时对接收信号的调制-解调制式或多址方式等进行加工处理。

卫星通信中，为了避免卫星通信产生同频率信号的干扰，保证收、发信号有足够的隔离度，保证卫星信号的安全性，转发器设计时可采用以下两种方法：

(1) 转发器接收、发射信号的频率分隔成高低频率。转发器接收来自卫星地面站发射来的上行信号时，使用高频率，如直播卫星 Ku 频段，一般在 14 GHz 左右；转发器发射下行信号时，使用低频率，变频为 12 GHz 左右。

(2) 转发器接收、发射信号的极化方式采用相反极化。如直播卫星常采用的圆极化方式，转发器接收上行信号时，若上行信号是左旋圆极化方式，下行信号就采用右旋圆极化方式。如直播卫星采用线性极化，转发器接收上行信号时采用垂直极化方式，则发射下行信号时就采用水平极化方式。

1. 透明转发器

透明转发器可以是单信道的宽带透明转发器，也可以是多信道透明转发器，现用卫星几乎都是多信道转发器。本节以一个标准的 C 频段通信卫星为例，分配给 C 频段的业务带宽为 500 MHz，且被分成多个子带，每个转发器一个子带。一个标准的转发器带宽为 36

MHz，转发器间的保护带宽为 4 MHz，则 500 MHz 可以容纳 12 个这样的转发器。通过极化隔离和空间复用等方式，可让 500 MHz 容纳的转发器数量成倍增加。

在不考虑空间复用时，对于同一极化的 C 频段转发器组，其基本组成如图 2-21 所示。其中接收端带通滤波器的作用是确保全部 500 MHz 的频带通过，到达宽带接收机，抑制带外噪声和干扰。

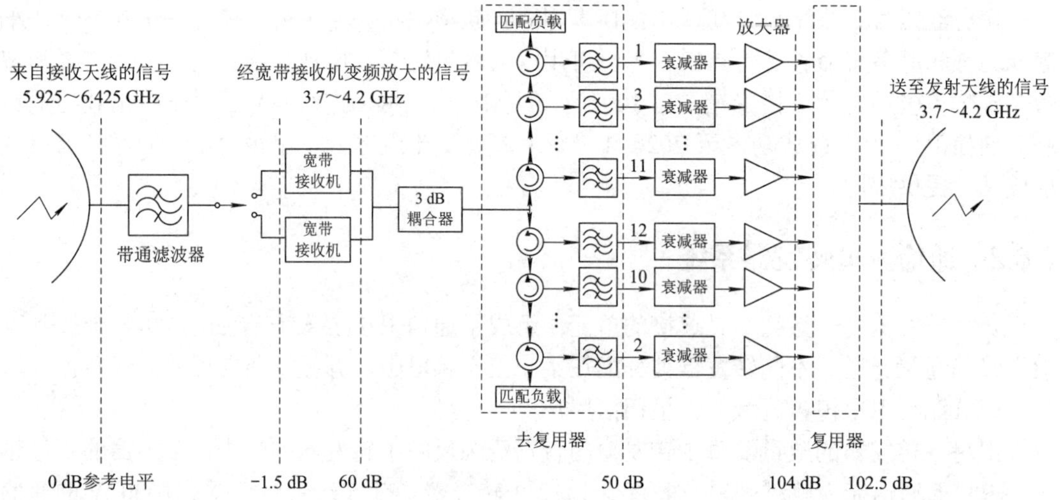

图 2-21　C 频段卫星转发器结构

宽带接收机的作用有两个：一是对滤波后的信号进行放大，二是通过混频器完成收发频率的转换。其中，接收机的前置放大器为低噪声放大器。信号从 LNA 馈入到混频器，通过一个本振信号来进行频率变换处理，本振的频率必须是高稳定度的且有低的噪声相位。混频后经第二级放大器放大，宽带接收机可以提供约 60 dB 的总接收增益。宽带接收机通常采用冗余配置，即在特定时间内只有一个宽带接收机处在工作状态，若出现故障，则通过切换开关切换到备用接收机上。

在多信道转发器中以输入复用器(Input Multiplexer，IMUX)将宽带信道分隔为多个信道(也称多个转发器)，然后分别进行功率放大，在输出端再将这些多路信号在输出复用器(Output Multiplexer, OMUX)中合成。信道通常以奇数组和偶数组来排列，这为一组内的邻近信道之间提供了较大的频率间隔，从而降低了邻道干扰。通常宽带接收机的输出送到一个 3 dB 功分器，它再把信号馈送给两条独立的环形器支路、全部宽带信号都沿着每条支路传输，划分信道是通过连接在每个环形器的带通滤波器来是实现的。通常，我们说的转发器带宽就是指带通滤波器的带宽。尽管在输入复用器中存在相当大的损耗，但这些很容易在转发器信道的总增益中得到补偿。

每个转发器信道的输出都使用独立的功率放大器，每个功率放大器前面都有一个输入衰减器，必须把每个功率放大器的输入调整到一个期望的电平值。行波管放大器广泛使用在透明转发器中，用于提供发射天线所需的最终输出功率。多路放大信号经输出复用器合并，经由发射天线发送到地球站。

2. 处理转发器

处理转发器按其信号处理功能又可分信号再生式转发器、信号交换转发器以及由前两种转发器功能集成的全基带处理转发器。其中信号再生式转发器的功能是将收到的上行信号，经解调得到基带信号，进行再生、编码识别、帧结构重新排列等处理，再用下行频率发向地球站；信号交换转发器的功能是将多波束接收的信号在星上进行交换后再转发，其中信号处理单元主要是交换矩阵网络。它可采用微波交换矩阵网络，也可采用中频或基带交换矩阵网络。通信卫星处理转发器具有如下特点：

(1) 通过对信号解调和再生，可去掉上行线路中叠加在信号上的噪声，提高整个通信链路的传输质量；

(2) 通过对信号的解调和再调制，进行上下链路分开设计，可使上下链路实行不同的调制体制和多址方式，以降低传输要求和地面设备的复杂性；

(3) 通过星上信号处理，可实现用户线路的信道、频率、功率和波束的动态分配，以使卫星资源得到最佳利用；

(4) 通过星上信号处理，可建立星间通信链路，以实现卫星之间的星间联网等。

1) 信号再生式转发器

信号再生式转发器也叫信息处理转发器。它通过接收机将接收到的射频信号变换为中频信号，再对中频信号进行解调得到基带信号；然后完成信号再生、编码识别、帧结构重新排列等处理后，把基带信号再重新调制到一个中频载波上，并变换为射频信号，通过下行天线发送回地面，如图 2-22 所示。另外，根据具体的应用环境，信号再生式转发器还可能包括译码和再编码设备、解扩设备等。

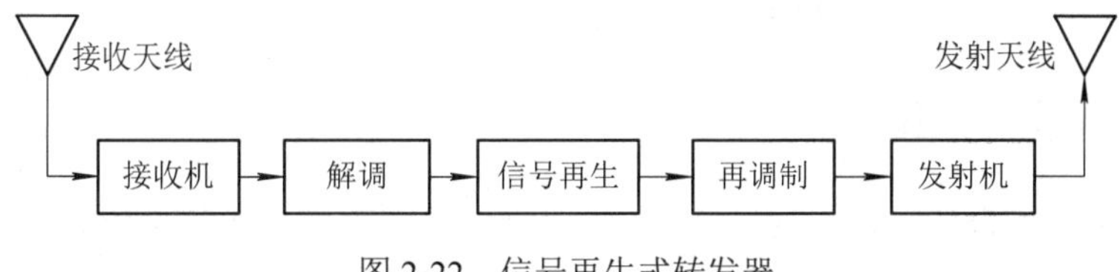

图 2-22　信号再生式转发器

2) 星载电路交换转发器

星载电路交换转发器用于多波束卫星中，通常有 SS-FDMA(Satellite Switched-Frequency Division Multiple Access)射频交换转发器、SS-TDMA (Satellite Switched-Time Division Multiple Access)射频交换转发器、SS-CDMA(Satellite Switched-Code Division Multiple Access)基带交换转发器等。

在 SS-FDMA 系统中，各波束使用相同的频带(即空分频率复用)。SS-FDMA 的星上交换是依靠星上射频线路设置的滤波器和微波二极管组成的交换矩阵来实现的。对它进行一定的配置，就可以实现任一个波束中的每条上行链路在任何时候都可以接到其他任一个波束中的任何下行链路地球站。

在 SS-TDMA 系统中，可在星上射频线路采用时隙控制的开关矩阵来实现波束间的交换。交换矩阵中开关的转换方案是网络预先设定并由地面控制站通过数据链路进行控制的。

在 SS-CDMA 系统中，可在转发器的收发基带电路之间设置码分交换机为各波束用户间的通信提供路由，以实现任意波束的上行信道与任意波束的下行信道之间通信。

3) 全基带信息处理式转发器

全基带信息处理式转发器是最复杂的一种星上处理转发器，这种转发器与信号再生式转发器相比，不仅具有信号再生能力，而且还具有星上基带信号处理和交换能力。全基带信息处理式转发器通过接收机将接收到的射频信号变换为中频信号，通过解调/译码后得到基带信息，经过在基带信息处理器中对信息进行存储、变换、复用等处理后，按照网络控制信令和路由选择策略，将信号交换到相应的下行链路，通过再编码/调制，送到发射机，经过发射天线发送回地面。全基带信息处理式转发器的典型卫星是美国的 ACTS 卫星，如图 2-23 所示，它有两种工作模式：载波处理转发器模式和全基带处理转发器模式。

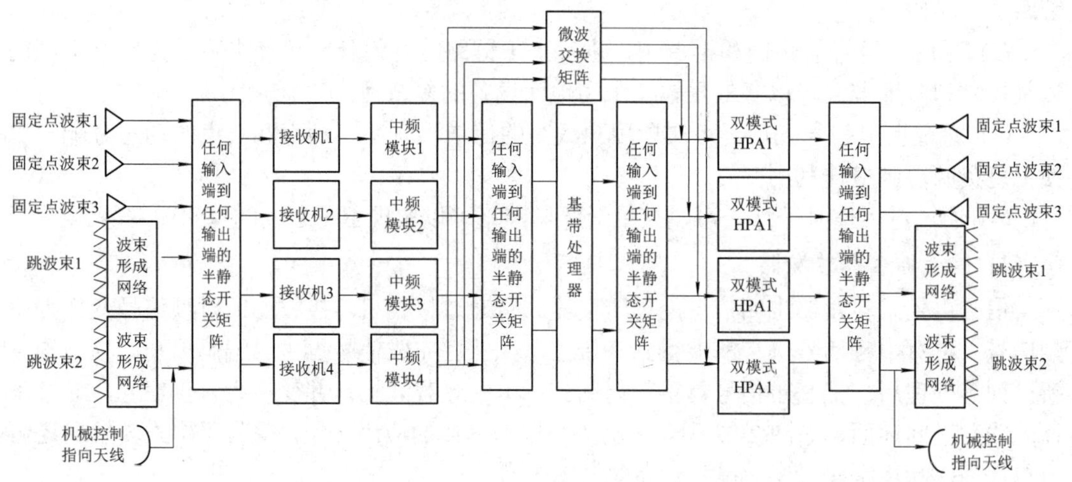

图 2-23　ACTS 卫星有效载荷结构示意图

2.6.3　卫星天线分系统

一般对于单星或无星间链路的星座来说，星上通信天线的任务是接收上行链路通信信号和发射下行链路通信信号。一个通信卫星上，由于接收或发射信号频率或类型的不同，可能有多副天线。卫星天线按功能分有两类：一类是 TT&C 用天线，用于可靠地接收指令，并向地面发射遥测数据和信标；另一类是通信用的微波定向天线。

对于通信天线来说，最主要的是使其波束始终对准地球上的通信区域。但是对于采用自旋稳定方式的卫星，由于卫星本身是旋转的，所以要在卫星上采用消旋装置(机械或电子)。机械消旋是使安装在卫星自旋轴上部的天线与卫星自旋方向进行相反的机械旋转，且旋转速度与卫星自旋方向相反、速度相等，从而保证天线波束指向不变。电子消旋是利用电子方法使天线波束作与卫星自旋方向相反、速度相等的扫描。当采用三轴稳定方式时，星体本身不旋转，因而无须采用消旋天线。

卫星通信天线主要采用喇叭天线、抛物面天线和阵列天线等物理形态。按天线的覆盖特性和覆盖区域的大小，可以分为全球波束天线、赋形区域波束天线、点波束天线和多波束天线等。天线按其使用特征分类如图 2-24 所示。

商用静止通信卫星天线最初采用全球波束覆盖；后发展为单重或双重频率复用单椭圆波束覆盖、多椭圆波束覆盖；然后又发展为单重或双重频率复用赋形波束覆盖；现已发展为多重频率复用蜂窝状多点波束覆盖，还发展为波束指向、形状、输出功率可变覆盖，以及上述各种波束的混合覆盖。低轨道全球覆盖星座其各颗卫星采用多重频率复用蜂窝状多点波束覆盖。蜂窝状多点波束覆盖的优点是采用点波束，可提高天线增益，从而增大 EIRP 和 *G/T*，使用户终端小型化，实现手持机通信；多点波束还可通过空分隔离实现频率多次复用，增大总带宽，提高卫星通信容量。

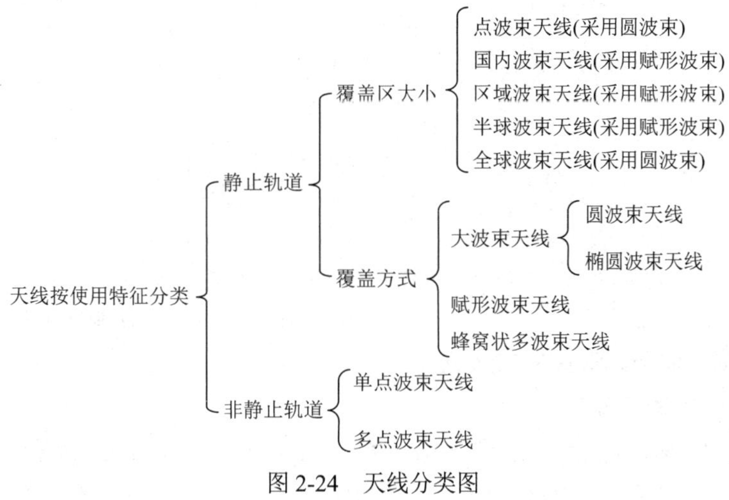

图 2-24　天线分类图

1. 全球波束天线

对于静止卫星而言，全球波束的半功率宽度约为 17.4°，恰好覆盖卫星对地球的整个视区(地球表面的 42%)。全球波束天线一般采用由圆锥喇叭加上铝制蜂房结构的反射板构成，如图 2-25 所示。全球波束天线虽然覆盖范围广，但增益较低(天线增益为 15～18 dB)，对地面站的能力要求较高，而且覆盖区内的大部分地区并非关注重点，因此除非配合其他多波束天线使用，目前已经较少单独使用。

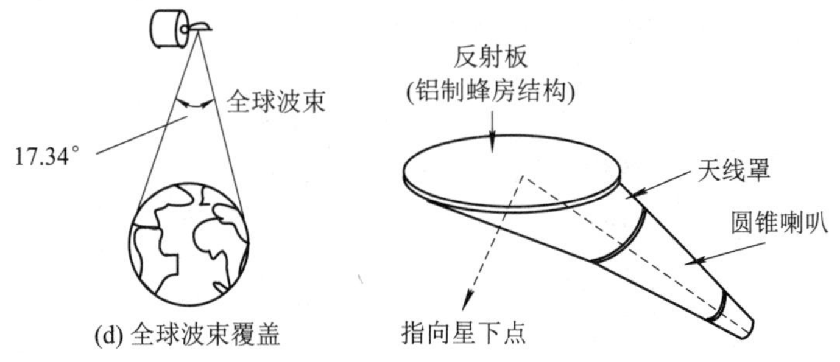

图 2-25　全球波束天线形状示意图

2. 赋形区域波束天线

赋形波束天线是指该天线辐射方向图的主波束形状与用以覆盖的地理区域外形相吻合的天线。通常要求赋形波束覆盖区内增益电平较平坦，覆盖区外增益电平迅速下降，远处无显著旁瓣。赋形波束天线的增益与其覆盖范围密切相关。为了使整个覆盖区内获得最佳 EIRP，要求赋形波束的形状尽量与要求覆盖的地域轮廓相一致。

一般来说，区域波束天线和半球波束天线都是赋形波束天线。其中半球波束天线的波束宽度在方向上约为全球波束的一半，一般都覆盖一个洲，而不包含海洋；区域波束宽度小于半球波束，只覆盖地面上一个大的通信区域，如一个国家或一个地区。图 2-26 为中星十号 Ku 频段的 EIRP 波束赋形图，可以看出其波束覆盖区域是按照我国陆地领土形状进行赋形，东南沿海地区 EIRP 值较高，东北、西北及西南地区 EIRP 值较低。

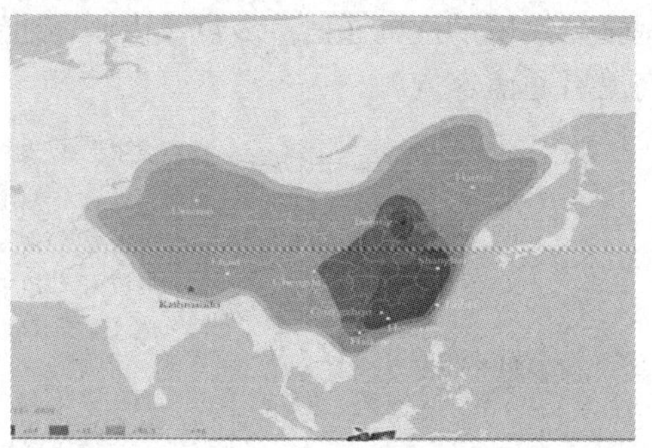

图 2-26　中星十号 Ku 频段波束赋形图

赋形波束天线主要有三种，单馈源照射赋形反射面天线、多馈源照射抛物面反射天线和两个以上的馈源照射赋形反射面天线。

1) 单馈源照射赋形反射面天线

单馈源照射赋形反射面天线由单个馈源喇叭和赋形的反射面组成。调整口径面的几何形状以及口面场强的幅度分布和相位分布三个参数中任一个或几个就可以形成所需形状的波束。

2) 多馈源照射抛物面反射天线

多馈源照射抛物面反射天线通常由反射面和多个馈源喇叭组成，可以用来产生多个不同指向的波束，可通过调整各馈源喇叭的相对位置、馈电幅度与相位分布来形成所需形状的波束，此天线中的每一个子波束通常由单个或组合馈源喇叭产生。分析表明，单个馈源喇叭产生的子波束其天线效率仅为 30%，而组合馈源喇叭产生一个相应的子波束其天线效率可提高到 50%。若要求多馈源照射抛物面反射天线形成较复杂的赋形波束，则要配置馈源喇叭阵列和波束形成网络。图 2-27 给出赋形波束形成过程，并与单个波束形成过程进行比较。

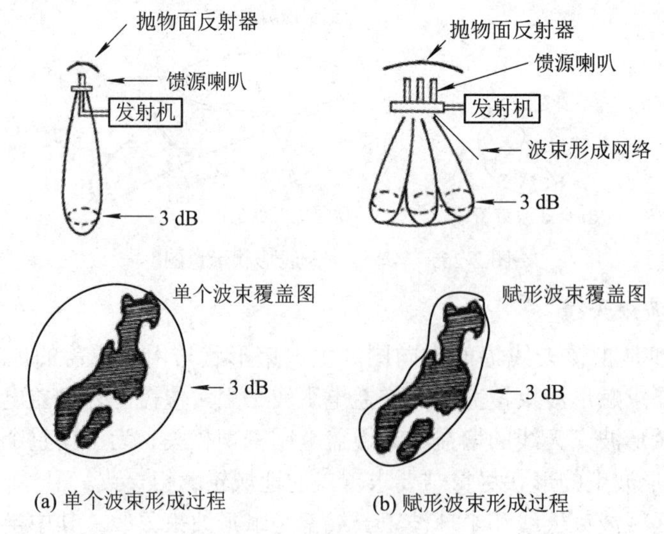

图 2-27　赋形波束形成过程

3) 两个以上的馈源照射赋形反射面天线

作为对单馈源照射赋形反射面天线的改进，产生了由两个以上的馈源照射赋形反射面的天线。在这种情况下，赋形反射面用来控制各个子波束的形状或者相邻子波束的相交电平，以提高赋形波束天线的效率、减少馈源喇叭的个数。

3. 点波束天线

点波束的覆盖范围较小，在地球上的覆盖区近似为圆形。产生点波束的天线直径越小，覆盖面积越大；反之，覆盖面积就越小。利用点波束，可以把卫星功率集中辐射在某个区域，提高了覆盖区内的增益，降低了对地球站能力的要求，可以使系统能够支持更小口径的地球站。点波束包括固定点波束和可移动点波束。可移动点波束根据需要可以指向特定区域，实现该地区的覆盖或增加该地区的通信容量。

4. 多波束天线

随着现代卫星通信对通信容量的要求越来越大，频带受限问题越来越突出，近年来多波束卫星天线在各类卫星通信系统中得到了广泛应用。多波束天线一般地说是指利用同一口径面同时产生多个不同指向波束的天线，也有每个波束使用一个独立天线结构的多波束天线。卫星配置多波束天线具有如下优点：

(1) 可以进行有效的极化隔离和空间隔离，实现频谱复用，从而使通信容量成倍增加；

(2) 可使原先区域波束或国内波束的大面积覆盖变为由数十个、数百个点波束蜂窝状覆盖，从而显著增加卫星发射的 EIRP 值和接收的 G/T 值；

(3) 可根据需要实现波束扫描或波束重构，以适应对地覆盖区域的变化，从而使系统具有较大灵活性。

多波束天线分为三类：反射面、透镜和阵列多波束天线。其中反射面和透镜多波束天线的工作原理基本相同，都是把馈源阵列置于反射面或透镜的焦平面，通过控制馈源与焦点的相对位置，由偏焦的各个馈源形成多个互相覆盖的点波束，可以对空间区域实现最佳覆盖，两者的差别是使用的材料不同；而阵列多波束天线则是通过控制天线辐射单元阵列的馈电信号的幅度和相位来形成多个波束，这种天线能极其灵活地实现波束扫描或快速跳变，并具有良好的空间分辨能力。

5. 自适应调零天线

自适应技术不仅可用于时域和频域中对信号进行处理或改善信号，而且也可用于空间域信号的改善。自适应调零天线是通过在时域或频域采用数字信号处理技术控制天线方向图，使其感受到干扰方向并迅速形成零区，以此削弱干扰影响，提高信噪比。美军 Milstar 卫星就采用了自适应调零天线。其星上 20 GHz 有源发射相控阵天线和 44 GHz 混合集成电路接收相控阵天线，能在感受到敌方干扰后几秒之内，通过幅相控制将天线方向图零点对准干扰方向，自动抑制该干扰。

自适应调零天线的抗干扰能力很强，能有效地抑制宽带干扰、窄带干扰、同频干扰和邻近系统干扰等不同形式的干扰。自适应调零天线抑制干扰的能力与干扰信号的强度、波形以及干扰源与通信信号在空间的接近程度有关，通常对无用信号的抑制为 20～30 dB，多波束天线可达 30 dB 以上。自适应天线技术与跳频技术相结合，可使其具有对抗快速跟踪干扰和宽带梳状大功率阻塞干扰的能力。自适应调零天线的发展方向是抗多方向、宽频带的干扰。

第3章　卫星通信关键技术

3.1　卫星通信体制

卫星通信体制是指卫星通信系统的工作方式，包括卫星通信的信号传输方式、信号处理方式和信号交换方式等，主要由基带信号形式、信源编码方式、差错控制方式、基带信号传输方式、基带信号多路复用方式、信号调制方式、多址方式和信道分配与交换方式等部分组成，每部分又有不同的方式需要选择，是一个较复杂的结构，也是构建卫星通信系统的重要技术基础。

卫星通信体制组成及其各部分可选工作方式基本类型如下：

(1) 基带信号形式：模拟信号、数字信号。

(2) 信源编码方式：卫星通信典型信源编码方式有共轭结构代数码本激励线性预测编码(CS-ACELP)、先进多带激励(AMBE)编码、增强型多子带激励编码(IMBE)、残余激励线性预测编码(RELPC)等。

(3) 差错控制编码方式：主要有卷积编码+软判决维特比译码、外码为里德-所罗门(RS)码+内码卷积码的级联编码、格状编码调制(TCM)编码、低密度奇偶校验码(LDPC)、Turbo码、Turbo乘积(TPC)码等。

(4) 基带信号传输方式：单路单载波(SCPC)、多路单载波(MCPC)等。

(5) 基带信号多路复用方式：频分多路复用(FDM)、时分多路复用(TDM)等。

(6) 信号调制方式：调频(FM)、移相键控(BPSK、QPSK、8PSK、16APSK 等)、正交幅度调制(8QAM、16QAM、64QAM 等)、正交频分复用(OFDM)等。

(7) 多址方式：频分多址(FDMA)、时分多址(TDMA)、码分多址(CDMA)、空分多址(SDMA)及组合多址应用方式等。

(8) 信道分配和交换方式：预定分配(PA)、按需分配(MA)、随机分配(RA)、动态分配(DA)等。

通信体制的先进性主要体现在节省射频信号带宽和功率，提高信号传输质量和可靠性。当今卫星通信产品体制标准主要是卫星运营商或产品生产商制定的企业标准或行业标准。国际组织制定的标准有DVB-S、DVB-RCS和DVB-S2等。

3.2　卫星信道编码技术

在卫星信道上传输二进制数据时，由于受到噪声或干扰的影响，接收端收到的数据将不可避免地含有差错。在数字通信系统中利用信道编码进行差错控制的方式主要有三种：反馈重传方式(ARQ)、前向纠错方式(FBC)和混合纠错方式(HEC)。卫星通信区别于地面无线通信的一个明显特点是卫星通信系统的端到端之间存在很大的链路传播延时。在卫星通信中，较好的差错控制方式是前向纠错方式，即信道编码方式。在采用合适的信道编码方案后，前向纠错方式可以用尽可能小的编码冗余获得优良的差错控制性能，同时避免星上设备过于复杂。

在卫星通信系统中，采用信道编码技术可以为传输链路带来编码增益。在同等误码率要求和传输速率一定的情况下，可以有效降低发射功率或者减小天线尺寸；在同等误码率要求和发射功率及天线尺寸一定的情况下，可以提高信息传输速率；在同等传输速率和误码率要求以及发射功率、天线尺寸一定的情况下，可以增加链路余量。因此，在卫星通信系统中采用信道纠错编码技术可以降低系统的成本，提高通信传输的有效性和可靠性。目前在卫星通信中常用的纠错编码方式有卷积码、RS 码、卷积 + RS 串行级联码、Turbo 码、LDPC 码等，下面对这几种纠错编码方式进行介绍。

3.2.1　卷积码

编码定理已指出分组码越长越好，但译码运算量随码长呈指数上升的事实又限制了码长的进一步增大。因此，在码长有限时，将有限个分组间前后相关信息添加到码字里，从而等效地增加码长，译码时利用前面已译码及前后相关性得到更正确的译码，这些想法导致 P. Elias 于 1955 年最早提出了卷积码的概念。

卷积码通常记为(n, k, m)，其中 m 称为约束长度，$R = k/n$ 称为卷积码的码率。分组码是把 k 个信息码元编成 n 个码元的码字，每个码字的 $n - k$ 个校验位仅与本码字的 k 个信息元有关，与其他码字无关。卷积码也是将 k 个信息码元编成 n 个码元，但 k 和 n 通常很小，特别适合以串行形式进行传输，时延小。与分组码不同的是，卷积码编码后的 n 个码元不仅与当前段的 k 个信息码元有关，还与前面的 $m - 1$ 段信息码元有关。同样，在译码过程中不仅从当前时刻收到的码元中提取译码信息，而且还利用以后若干时刻收到的码字提供的有关信息。

卷积码充分利用了各组间的相关性，且一般 k 和 n 较小，所以在与分组码编码效率相同的条件下，卷积码的性能优于分组；在纠错能力相近的条件下，卷积码的实现比分组码简单。参数为(2,1,7)的卷积码广泛应用于卫星通信系统中，其编码原理框图如图 3-1 所示。

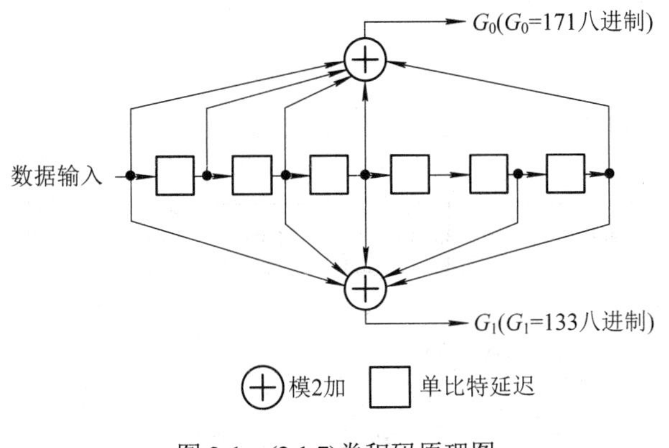

图 3-1　(2,1,7)卷积码原理图

卷积码的性能取决于卷积码距离特性和译码算法，其中距离特性是卷积码自身本质的属性，它决定了该码潜在的纠错能力，而译码算法则是如何将潜在纠错能力转化为实际纠错能力的技术途径。1967 年，A. J. Viterbi 提出了卷积码的一种最大似然译码法，Viterbi 译码方法的应用使卷积码在深空通信、卫星通信及移动通信领域得到了广泛的应用。

Viterbi 算法等价于求通过一个加权图的最短路径问题的动态规划解，是卷积码的最大似然译码算法。Viterbi 译码算法并不是一次比较网格图上所有可能的分支路径，而是接收一段，计算、比较一段，选出一段最有可能的译码分支，从而使得到的整个码序列是一个有最大似然函数的序列。Viterbi 译码器的实现复杂度随约束长度门的增加呈指数增长，其译码基本原理框图如图 3-2 所示。

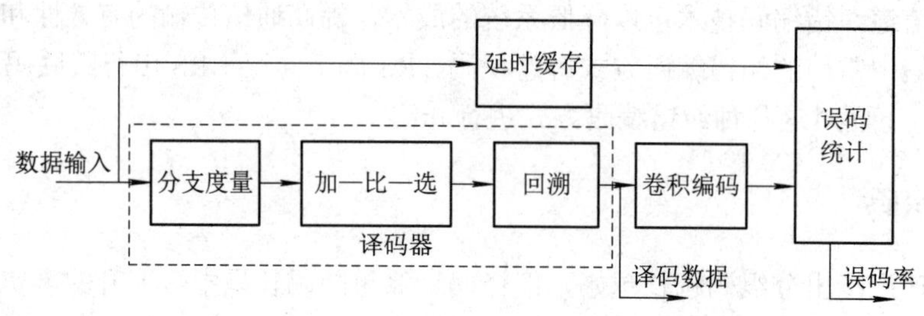

图 3-2 Viterbi 译码器原理框图

3.2.2 RS 码

1. RS 码基本原理

1959 年，Bose、Chandhah 和 Hocquenghem 等人发明了一类能纠多个随机错误的循环码，即 BCH 码。BCH 码具有纠正多个错误的能力，纠错能力强，构造方便，编译码方法简单，有严格的代数结构，在短、中等码长下其性能接近理论值。1960 年，Reed 和 Solomon 等人构造出一类纠错能力很强的多进制 BCH 码，即 RS(Reed-Solomon)码。RS 码的纠错译码是按符号进行的，特别适用于纠正突发错误。RS 码在卫星通信、深空探测等领域得到了广泛的应用，现有的数字电视地面广播国际标准也普遍选用 RS 码作为外码。

RS 码是多元域上的本元 BCH 码，RS 码字组成如图 3-3 所示。码字序列的每个符号可以表示为 m 个比特。对于给定的 m 和预期可纠错符号数 t，RS(n,k)码(n 为码字长度，k 为信息长度)的基本参数满足：

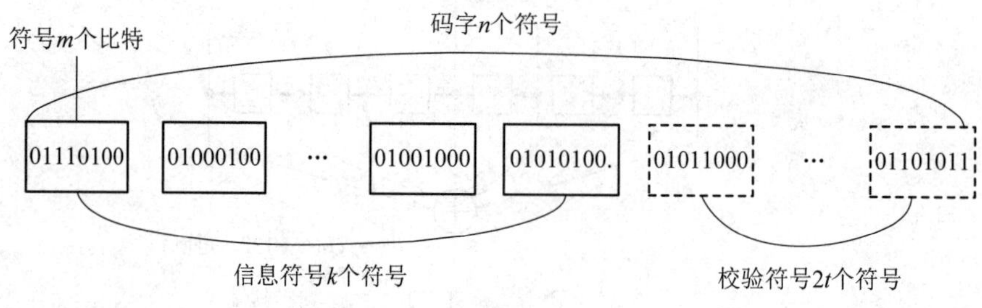

图 3-3 RS 码字组成示意图

(1) 码字长度为 $n = 2^{m-1}$ 个符号或$(2^m - 1)m$ 个比特。

(2) 冗余长度为 $n - k = 2t$ 个符号或 $2mt$ 个比特。

(3) 最小码距为 $d = 2t + 1$ 个符号或$(2t + 1)m$ 个比特。

RS 码是纠正短突发误码的首选纠错码，可以纠正 t 个符号差错或者$(t - 1)m + 1$ 个连续比特差错。美国宇航局的探险者号卫星上使用的 RS(255,233)码，具备纠正 16 个符号或 121 比特突发差错的能力。

同时，RS 码也是一种代数几何码，是循环码的一种，RS 编码原理及编码器的实现都比较简单，主要是围绕码的生成多项式进行的，在确定生成多项式后即可确定唯一的 RS 码。基于多项式除法结构的编码器结构框图如图 3-4 所示。RS 码作为 BCH 码的一个子类，所有 BCH 码的译码算法原则上都适用于 RS 译码。RS 译码器的一般结构如图 3-5 所示。

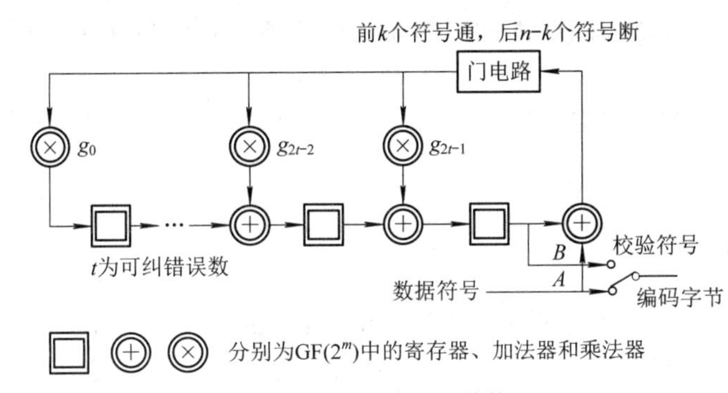

图 3-4　RS 编码器结构

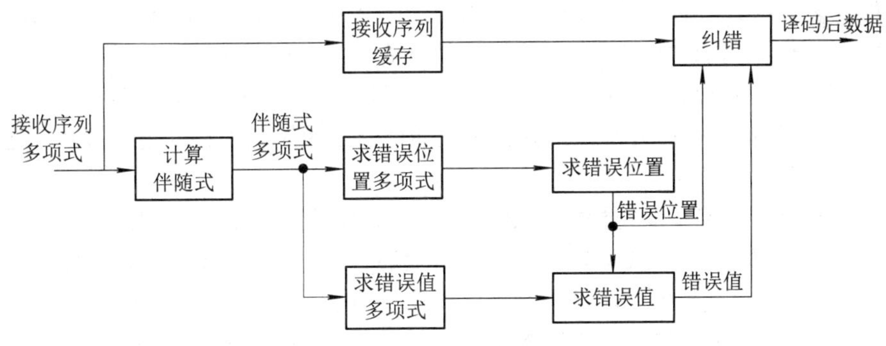

图 3-5　RS 译码器结构

2. 卷积 + RS 串行级联码

从理论上讲，要增加码长以加大随机化，几乎所有的码都可以是渐近好码。但编码构码难度大，译码工程实现难，促使人们开始采用短码拼成长码，使之兼有短码的复杂度和长码的性能，这就导致了级联码的出现。

1966 年，Forney 利用两个短码的串接构成一个长码，称为串行级联码。该码在发送端两级编码，接收端两级译码。当外码采用 RS(255,233)码，内码采用(2,1,7)卷积码且用维特比软判决译码时，与不编码相比可产生约 7 dB 的编码增益，特别适用于高斯白噪声信道，如卫星通信和宇航通信。卷积 + RS 串行级联码编码示意图如图 3-6 所示。

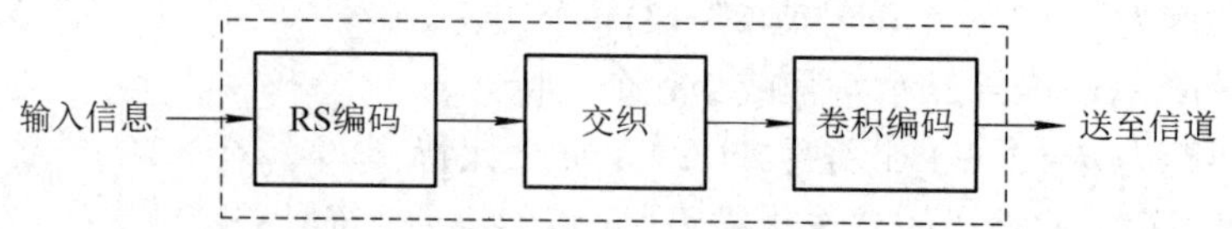

图 3-6　卷积 + RS 串行级联码编码示意图

通常在应用 RS 码时会配合交织编码技术一起使用，这是因为当信号出现深衰落或者受到突发干扰时，有可能引起突发误码，这种突发误码由于错误信息集中且长度较长，可能会超过一个编码码字所能纠错的最大能力。这时采用交织编码技术配合前向纠错编码技术一起使用，可使传输性能得到改善。交织打乱了数据的时间顺序，在不增加任何冗余的情况下，可使数字通信系统获得时间分集的效果。

纠错编码是为了适应信道，交织编码则是为了改善信道，即将一个有记忆的突发信道经过交织、解交织处理后改造为近似的无记忆信道，这时再采用纠正随机差错的纠错编码充分发挥其纠错性能。从严格意义上说，交织不是编码，因为交织技术本身不产生冗余码元；但是如果把编码器和交织器看成一个整体，则新构成的交织码将具有更好的纠错性能。

3.2.3　Turbo 码

Turbo 码又称并行级联卷积码(Parallel Concatenation Convolutional Code，PCCC)，是 Claude Berrou 等在 1993 年提出的。Turbo 码编码器由两个并行的递归系统卷积码通过随机交织器连接而成，译码采用基于最大后验概率的软输入软输出迭代译码方法。Turbo 码编、译码方案中很好地应用了香农信道编码定理中的随机编、译码条件，从而获得了几乎接近香农理论极限的译码性能。计算机仿真表明，Turbo 码不但在高斯信道下性能优越，而且具有很强的抗衰落、抗干扰能力，其纠错性能接近香农极限。Turbo 码一经提出便成为信道编码领域中的研究热点，并在深空通信、卫星通信和移动通信等数字通信系统中得到了广泛应用。

典型的 Turbo 码编码器结构如图 3-7 所示，通常由两个结构相同的递归系统卷积码(RSC，通常称为子码)构成，RSC1 直接对输入的信息序列 d_k 进行编码，得到校验位 y_{1k}；同时，信息序列 d_k 通过交织器交织后的序列 d_n 输入 RSC2 进行编码，得到校验位 y_{2k}，Turbo 码的码字就是由信息序列和两路校验序列复接构成的。子编码器产生的校验位(y_{1k}, y_{2k})再经删截矩阵删取后可得到所需码率的 Turbo 码。

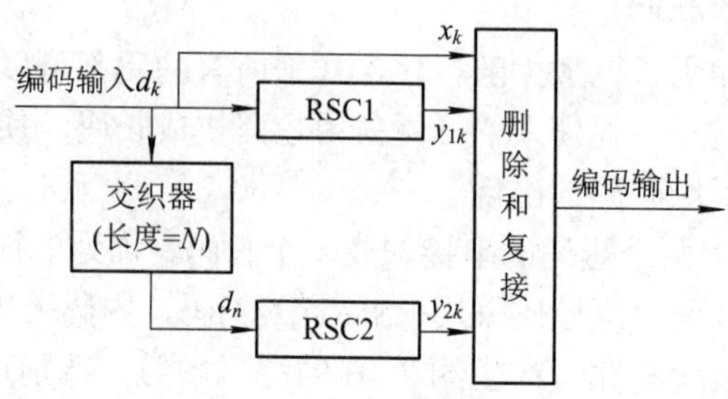

图 3-7　Turbo 码编码器结构

Turbo 码的迭代译码结构如图 3-8 所示，它主要由两个软输入软输出模块(Turbo 码的子译码器)组成，子译码器用来对选定的 Turbo 码中的 RSC 子码采用 MAP(Maximum a Posteriori)译码算法进行译码，具体可参考 Turbo 码相关书籍。子译码器 1 将子译码器 2 获得的信息比特由外信息 $\tilde{L}_{2e}(d_k)$ 作为 d_k 的先验信息来对 RSC1 进行译码，获得关于 d_k 改进的外信息 $L_{1e}(d_k)$，经交织后得到 $\tilde{L}_{1e}(d_j)$ 作为子译码器 2 对 RSC2 译码的先验信息。子译码器 2 用与子译码器 1 同样的方法再次产生信息比特改进的外信息 $L_{2e}(d_j)$，经去交织后得到 $\tilde{L}_{2e}(d_k)$ 作为下一次迭代中子译码器 1 的先验软值。这样在多次迭代后，对子译码器 2 产生的输出 $L_2(d_j)$ 去交织后进行硬判决，得到每个信息比特 d_k 的估值 $\hat{d}_k$。图 3-9 给出了典型参数 Turbo 码的误码率特性曲线。

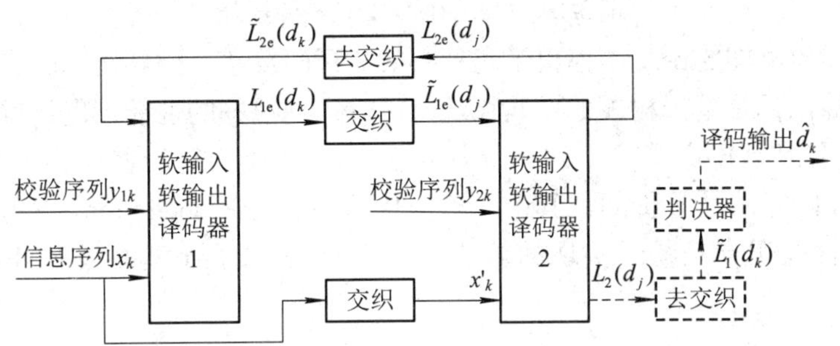

图 3-8　Turbo 码的迭代译码结构

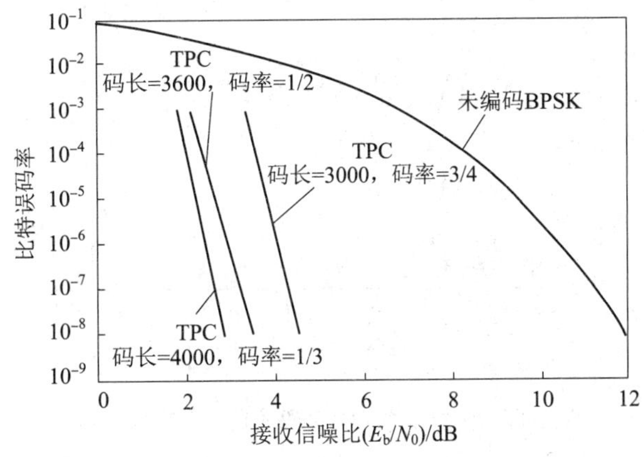

图 3-9　典型参数 Turbo 码的误码率特性曲线

3.2.4　LDPC 码

LDPC 码最早由麻省理工学院的 R. G. Gallager 于 1963 年发明，和 Turbo 码一样，也具有近香农限的性能。LDPC 码是一种稀疏线性分组码，同其他线性分组码一样，可用校验矩阵 $\boldsymbol{H}$ 和生成矩阵 $\boldsymbol{G}$ 描述；LDPC 码的稀疏性就在于它的奇偶校验矩阵中“1”的数目远远小于“0”的数目，因此，也称为低密度奇偶校验码。如图 3-10 所示，随机构造的(20，3，4)规则 LDPC 的校验矩阵，码长为 20，列重为 3，行重为 4，码率为 1/4。正是基于这种稀疏性，才可能实现低复杂度的译码。

$$
\left[\begin{array}{cccccccccccccccccccc}
1&1&1&1&0&0&0&0&0&0&0&0&0&0&0&0&0&0&0&0\\
0&0&0&0&1&1&1&1&0&0&0&0&0&0&0&0&0&0&0&0\\
0&0&0&0&0&0&0&0&1&1&1&1&0&0&0&0&0&0&0&0\\
0&0&0&0&0&0&0&0&0&0&0&0&1&1&1&1&0&0&0&0\\
0&0&0&0&0&0&0&0&0&0&0&0&0&0&0&0&1&1&1&1\\
\hline
1&0&0&0&1&0&0&0&1&0&0&0&1&0&0&0&0&0&0&0\\
0&1&0&0&0&1&0&0&0&1&0&0&0&0&0&0&1&0&0&0\\
0&0&1&0&0&0&1&0&0&0&0&0&0&1&0&0&0&1&0&0\\
0&0&0&1&0&0&0&0&0&0&1&0&0&0&1&0&0&0&1&0\\
0&0&0&0&0&0&0&1&0&0&0&1&0&0&0&1&0&0&0&1\\
\hline
1&0&0&0&0&1&0&0&0&0&0&1&0&0&0&0&0&1&0&0\\
0&1&0&0&0&0&1&0&0&0&1&0&0&0&0&1&0&0&0&0\\
0&0&1&0&0&0&0&1&0&0&0&0&1&0&0&0&0&0&1&0\\
0&0&0&1&0&0&0&0&1&0&0&0&0&1&0&0&1&0&0&0\\
0&0&0&0&1&0&0&0&0&1&0&0&0&0&1&0&0&0&0&1
\end{array}\right]
$$

图 3-10　(20,3,4)LDPC 的校验矩阵

Gallager 在他早期的论文中提出了两种有效的译码算法：硬判决译码算法和概率译码算法，这两种算法都是基于树图的译码算法，可以得到很好的性能，但计算较为复杂。此后有人陆续采用消息传递算法，这些算法都是基于迭代计算和图论中变量的分布，与 Gallager 概率译码算法是等价的。其中，置信传播(Belief Propagation，BP)算法是消息传递算法中一种性能优异且易于实现的算法。图 3-11 给出了典型参数 LDPC 码的误码率特性曲线。

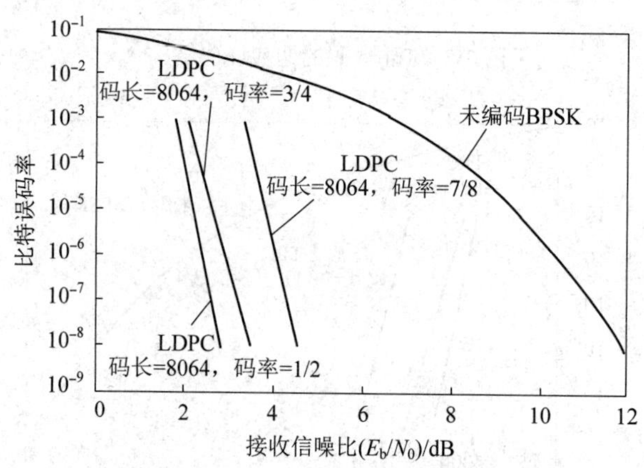

图 3-11　典型参数 LDPC 码的误码率特性曲线

3.3　卫星调制技术

在卫星通信中，信道为带通信道，数字基带信号需要调制到正弦形载波上才可以进行频带传输。用基带信号去控制载波的某些参量，实现数字基带信号的频带调制，称为数字信号的载波调制。由于卫星信道频率资源有限，为了有效提高信道的频带利用率，可以采用 M 进制数字调制。在考虑信道传输带宽利用率的同时，还必须考虑系统的误码率性能。在给定信道带宽的情况下，不论是 MASK、MPSK 还是 MQAM 调制，随着 M 的增加均能提高信道利用率，但为了保证性能，需要增加发射功率。在信息速率相同的条件下，MASK、

MPSK 及 MQAM 的频带利用率相同。但是在相同信噪比 E_b/N_0 条件下，MPSK 抗噪声性能优于 MASK；当 $M>8$ 时，MQAM 的抗噪声性能优于 MPSK。在卫星通信中，应用较多的是 QPSK、8PSK、16QAM 调制等。

3.3.1 BPSK 调制

二进制移相键控(BPSK)就是利用二进制数字信号“0”和“1”去控制载波的相位。BPSK 典型的星座映射关系如图 3-12 所示，在数字信号“0”的持续时间内，载波相位不受影响；而在数字信号“1”的持续时间内，载波相位将叠加一个 π 的调制相位。BPSK 信号的产生框图如图 3-13 所示。BPSK 信号可以表示为

$$S_{\text{BPSK}}(t)=\left[\sum_{-\infty}^{\infty}a_n g_{\text{T}}(t-nT_{\text{s}})\right]\cos\omega_{\text{c}}t \tag{3-1}$$

式中：a_n 为取值为+1、−1 的二进制数字序列；$g_{\text{T}}(t)$为基带发送成形滤波器冲击响应；T_{s} 为调制符号周期。

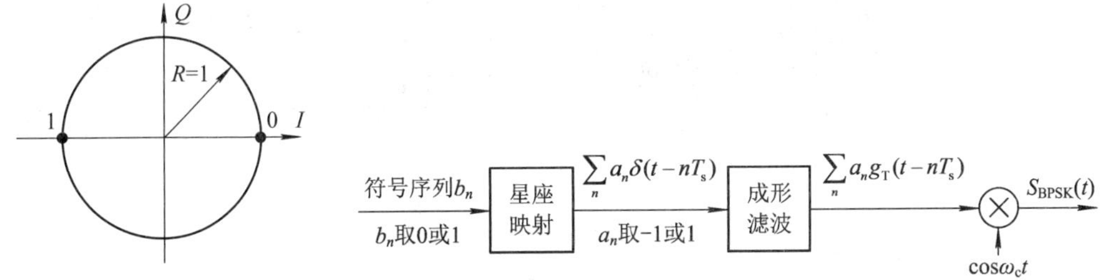

图 3-12　BPSK 典型的星座映射关系　　图 3-13　BPSK 信号产生框图

BPSK 信号功率谱密度函数为

$$P_{\text{BPSK}}(f)=\frac{1}{4}[P_{\text{b}}(f-f_{\text{c}})+P_{\text{b}}(f+f_{\text{c}})] \tag{3-2}$$

式中，$P_{\text{b}}(f)$ 为基带信号 $S_{\text{b}}(t)=\sum\limits_{n=-\infty}^{\infty}a_n g_{\text{T}}(t-nT_{\text{s}})$ 的功率谱。当信息序列中“1”“0”等概率出现时，BPSK 信号没有直流分量，因此其功率谱 $P_{\text{BPSK}}(f)$ 中不存在离散的载波分量。BPSK 信号的带宽为基带数字信号 $S_{\text{b}}(t)$ 的两倍。

3.3.2 四相移相键控(QPSK)

QPSK 调制相位有 4 个离散的相位状态，图 3-14 给出了一种典型的星座映射关系。QPSK 的载波相位与 2 比特信息位之间的关系符合格雷码相位关系，采用格雷码相位关系的好处在于当解调错判到相邻相位时，两个信息位仅错一个比特，这样可以减小误比特率。当调制符号为“00”时，载波相位将叠加一个 π/4 的调制相位；当调制符号为“10”时，载波相位将叠加一个 3π/4 的调制相位；当调制符号为“11”时，载波相位将叠加一个 5π/4 的调制相位；当调制符号为“01”时，载波相位将叠加一个 7π/4 的调制相位。QPSK 信号可以表示成

$$S_{\text{QPSK}}(t)=I(t)\cos\omega_{\text{c}}t-Q(t)\sin\omega_{\text{c}}t \tag{3-3}$$

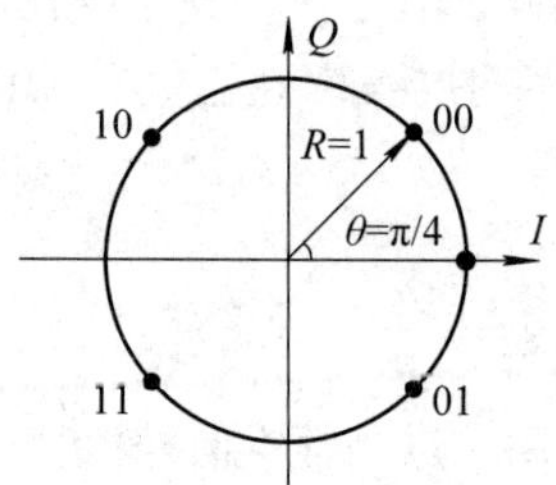

图 3-14 QPSK 星座映射关系

QPSK 信号调制原理框图如图 3-15 所示，信息速率为 R_b 的发送信息序列 b_n(取值为 0、1)，经过星座映射后映射成同相分量 I_n 与正交分量 Q_n(取值为 +1 或 -1)，分别经过成形滤波后对正交载波 $\cos\omega_c t$ 及 $\sin\omega_c t$ 进行 BPSK 调制。在限带及加性高斯白噪声信道条件下，QPSK 信号的相干解调框图如图 3-16 所示。

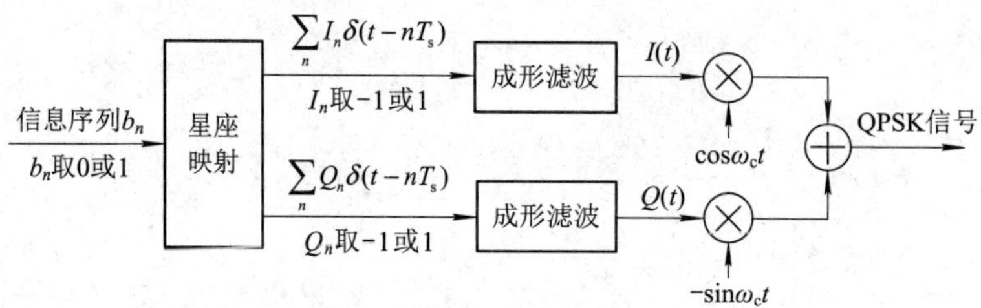

图 3-15 QPSK 信号调制原理框图

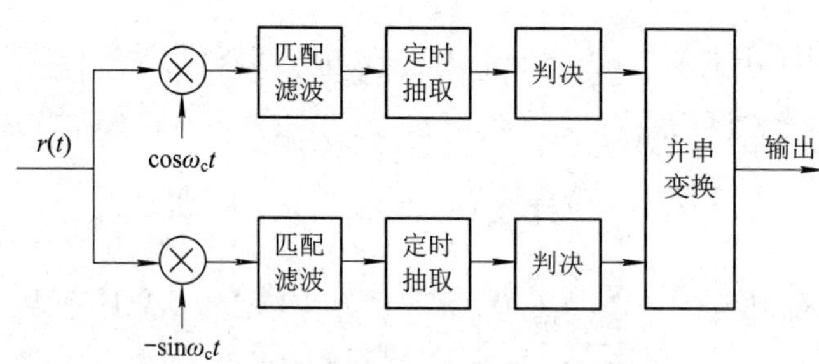

图 3-16 QPSK 信号的相干解调框图

将这两路 BPSK 信号相加可以得到 QPSK 调制信号，因此 QPSK 信号的功率谱为同相支路与正交支路 BPSK 信号功率谱密度的线性叠加，即

$$P_{\text{QPSK}}(f)=\frac{\pi}{4}\left[\left(\frac{\sin\pi T_s(f-f_s)}{\pi T_s(f-f_s)}\right)^2+\left(\frac{\sin\pi T_s(f+f_s)}{\pi T_s(f+f_s)}\right)^2\right] \tag{3-4}$$

对于 QPSK 调制信号，$T_s=T_b/2$，因此在相同信息速率条件下，QPSK 调制信号带宽为 BPSK 信号的一半。但在 E_b/N_0 相同的条件下，QPSK 与 BPSK 具有相同的误比特性能。因此对于卫星通信系统来说，在信息速率、天线发射功率、噪声功率谱密度相同的条件下，采用 QPSK 比采用 BPSK 可以节省一半的信道带宽，且可以获得相同的传输性能。

3.3.3　八进制移相键控(8PSK)

8PSK 信号的一种典型星座映射关系如图 3-17 所示。8PSK 信号产生的原理框图如图 3-18 所示。8PSK 信号的最佳接收框图如图 3-19 所示。

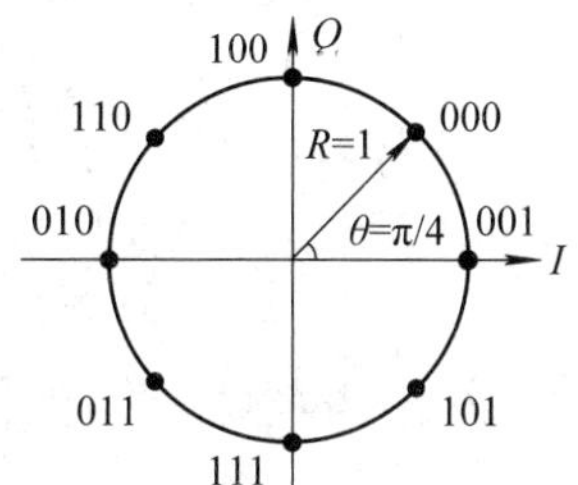

图 3-17　8PSK 星座映射关系

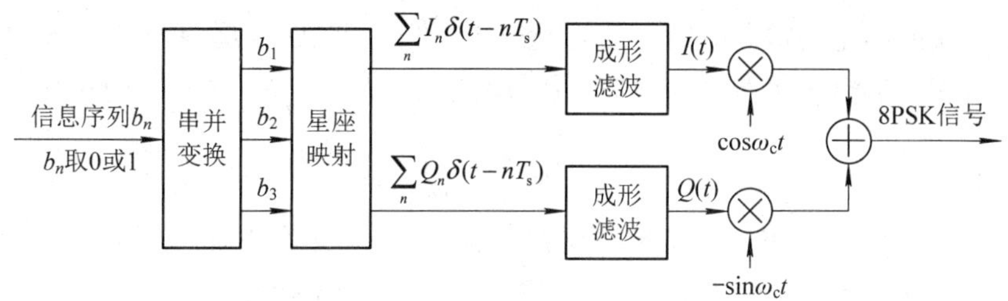

图 3-18　8PSK 信号产生的原理框图

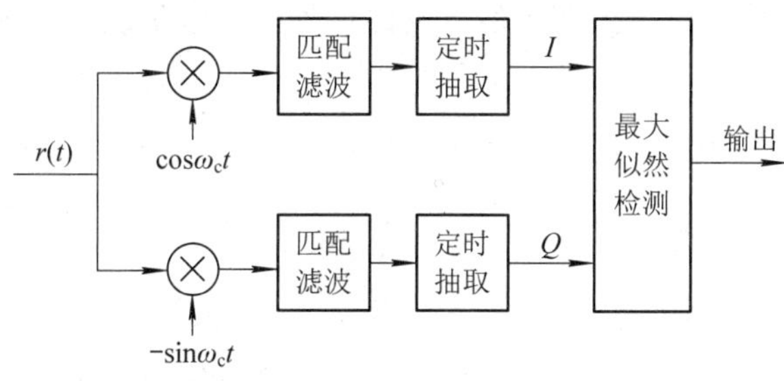

图 3-19　8PSK 信号的最佳接收框图

从图 3-18 中可以看出，MPSK 信号同样可以表示为两路正交信号之和，载波相位取 M 个可能值中的一个，即 $\theta_i=2(i-1)\pi/M$，其中 $i=1$，2，…，M。其每个支路可以看作多电平振幅调制信号，即

$$S_i(t)=\sqrt{\frac{2E_s}{T_s}}\cos\left[(i-1)\frac{2\pi}{M}\right]\cos(\omega_c t)-\sqrt{\frac{2E_s}{T_s}}\sin\left[(i-1)\frac{2\pi}{M}\right]\sin(\omega_c t),\quad i=1, 2, \cdots, M \tag{3-5}$$

式中，$E_s=(\text{lb}\,M)E_b$ 是每个符号的能量，$T_s=(\text{lb}\,M)T_b$ 是符号周期。图 3-18 输入的二进制序列 b_n 经过串并变换后成为 3 比特并行码，3 比特并行码相当于一个八进制码。星座点与 3 比特码符合格雷码映射关系，即相邻星座点对应信息位仅有 1 比特不同。

由于 MPSK 可以看成两路正交载波的多电平振幅键控信号相叠加，因此其功率谱密度为同相支路与正交支路的功率谱密度相加。在二进制信息为 0、1 等概率出现且统计独立的

情况下，MPSK 信号的平均功率谱密度表达式为

$$P_{\text{MPSK}}(f)=\frac{E_{\text{s}}}{2}\left[\left(\frac{\sin\pi T_{\text{s}}(f-f_{\text{s}})}{\pi T_{\text{s}}(f-f_{\text{s}})}\right)^2+\left(\frac{\sin\pi T_{\text{s}}(f+f_{\text{s}})}{\pi T_{\text{s}}(f+f_{\text{s}})}\right)^2\right] \tag{3-6}$$

在 MPSK 各符号等概率出现的情况下，最佳接收采用最大似然准则，即选择与接收信号矢量相位最接近的发送符号星座点作为判决输出，除了 M=2、4 以外，MPSK 最佳接收系统的误符号率没有闭合表达形式。当 $M>4$ 时，对于 P_{s} 的分析求解比较复杂，只能用近似的方法求解。在 $E_{\text{b}}/N_0 \gg 1$ 的情况下，可以近似得到 MPSK 的平均误符号率为

$$P_{\text{s}}=2Q\left(\sqrt{2\text{lb}\,M(E_{\text{b}}/N_0)}\sin\left(\frac{\pi}{M}\right)\right) \tag{3-7}$$

式中，$Q(x)=\frac{1}{2}\text{erfc}\left(\frac{x}{\sqrt{2}}\right)$。

对于符号映射满足格雷码映射关系且噪声较小时，可以近似认为大多数符号错误均是由正确符号错判成邻近相位符号导致的，因此可以近似得到系统的误比特率为

$$P_{\text{b}}\approx\frac{P_{\text{s}}}{\text{lb}\,M} \tag{3-8}$$

高斯信道下 MPSK 误码性能仿真结果如图 3-20 所示。由图 3-20 可以看出，在给定 E_{b}/N_0 的情况下，误码率随着 M 的增大而随之增大，这是因为随着 M 的增大，信号矢量空间中最小欧氏距离变小造成的。在相同信息速率的条件下，M 越大，占用的信道带宽越小，但是为了满足系统性能的要求，需要增大信号发射功率，也就是说节省带宽是以增加信号发射功率为代价的。

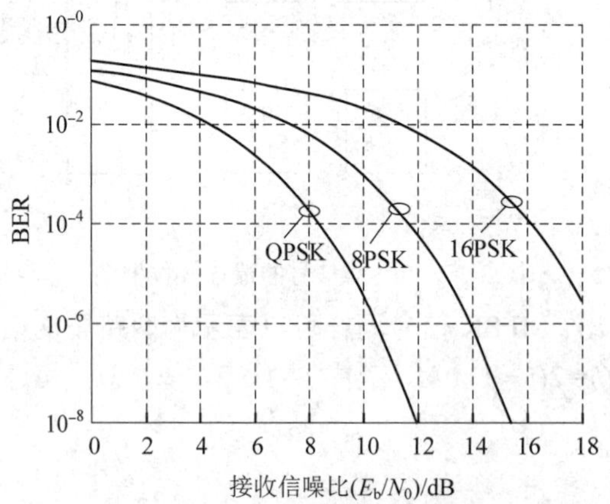

图 3-20　高斯信道下 MPSK 误码性能仿真

3.3.4　正交幅度调制

正交幅度调制是由两路正交载波的振幅键控叠加而成的，MQAM 与 MPSK 最大的区别在于 MQAM 的信号星座点不在同一圆上。其星座点的 I、Q 幅度相互独立。下面以卫星通信中常用的 16QAM 为例说明 MQAM 的原理及特点。一种典型的 16QAM 信号星座图如

图 3-21 所示。

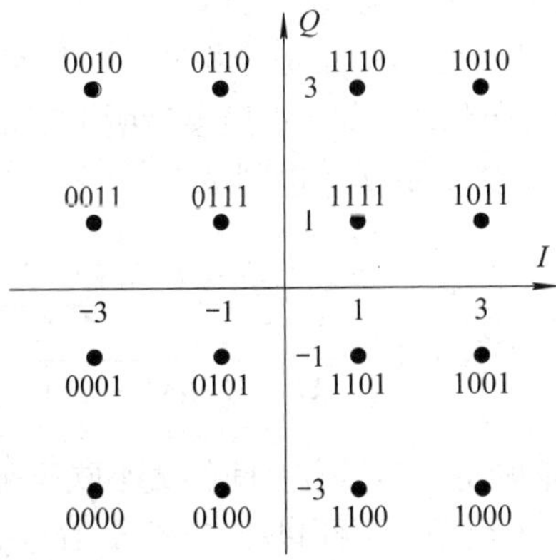

图 3-21　16QAM 信号星座图

MQAM 信号同样可以表示为

$$S_i(t)=\sqrt{\frac{2E_{\min}}{T_s}}a_i\cos(\omega_c t)-\sqrt{\frac{2E_{\min}}{T_s}}b_i\sin(\omega_c t),\quad i=1,2,\cdots,M \tag{3-9}$$

式中：$E_{\min}$ 是幅度最小的信号的能量；a_i 和 b_i 是一对独立的整数，对于 16QAM，a_i 和 b_i 的取值为

$$\{a_i,\ b_i\}=\begin{bmatrix}(-3,\ 3) & (-1,\ 3) & (1,\ 3) & (3,\ 3)\\(-3,\ 1) & (-1,\ 1) & (1,\ 1) & (3,\ 1)\\(-3,\ -1) & (-1,\ -1) & (1,\ -1) & (3,\ -1)\\(-3,\ -3) & (-1,-3) & (1,\ -3) & (3,\ -3)\end{bmatrix} \tag{3-10}$$

MQAM 信号的产生框图与 MPSK 信号的产生框图相同，16QAM 与 16PSK 信号的产生框图如图 3-22 所示。

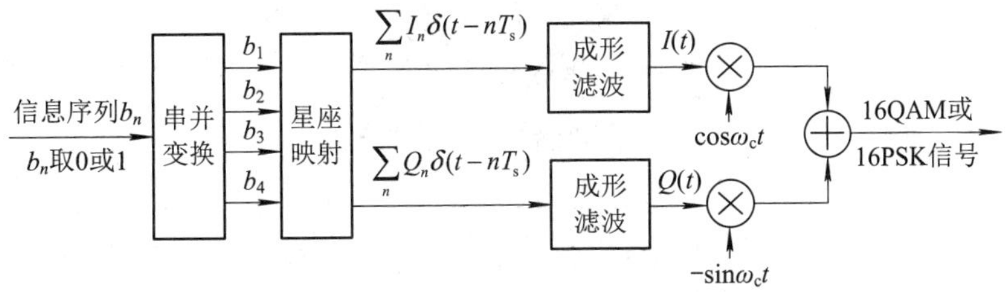

图 3-22　16QAM 与 16PSK 信号的产生框图

由于 MPSK 和 MQAM 信号均可以看成两个正交的抑制载波双边带调幅信号的叠加，因此它们的功率谱取决于同相支路和正交支路基带信号的功率谱，其功率谱密度同样为正交支路与同相支路功率谱之和。

在给定信息速率及调制阶数 M 的情况下，MQAM 与 MPSK 信号功率谱相同，频带利用率相同。当成形滤波器具有平方根升余弦特性时，MQAM 及 MPSK 信号的频带利用率为

$$\frac{R_b}{B}=\frac{R_b}{(1+\alpha)R_s}=\frac{\text{lb}M}{(1+\alpha)}\quad \text{b/(s}\cdot\text{Hz)} \tag{3-11}$$

MQAM 信号的最佳接收框图与 MPSK 信号相同。对于 MQAM 信号来说，在给定平均功率情况下，不同星座图下信号的最小欧氏距离会有所不同，因此误码率也会不同。矩形 MQAM 信号可以按照同相及正交支路 $\sqrt{M}$ 进制 ASK 信号进行解调，矩形星座 MQAM 信号的误符号率近似为

$$P_s=4\left(1-\frac{1}{\sqrt{M}}\right)Q\left(\sqrt{\frac{3}{M-1}\cdot\frac{E_b}{N_0}}\right) \tag{3-12}$$

多进制信号的抗噪声性能主要由其信号空间的最小欧氏距离 $d_{\min}$ 所决定。在给定信噪比条件下，$d_{\min}$ 越大，误符号率越低。下面以 16PSK 及 16QAM 为例分析多进制信号抗噪声性能关系。以 16QAM 信号星座图为参考，考虑 16 个星座点等概率出现的条件下，16QAM 信号平均功率 $P_{16\text{QAM}}=5$，最小欧氏距离 $d_{\min,16\text{QAM}}=2$。而对于相同功率的 16PSK 信号来说，其信号的最小欧氏距离为 $d_{\min,16\text{PSK}}=1.233$，则可以得到

$$20\lg\left(\frac{d_{\min,\ 16\text{QAM}}}{d_{\min,\ 16\text{PSK}}}\right)=20\lg\left(\frac{2}{1.233}\right)=4.2\ \text{dB} \tag{3-13}$$

由式(3-13)可知，16QAM 较 16PSK 信号误码性能可以改善 4.2 dB。用类似的方法可以得到：8QAM 较 8PSK 性能改善 1.6 dB，32QAM 较 32PSK 性能改善 7 dB。因此，在工程应用中，在 $M>8$ 的情况下，通常采用 MQAM 调制方式。几种典型的多进制调制误码性能曲线如图 3-23 所示。

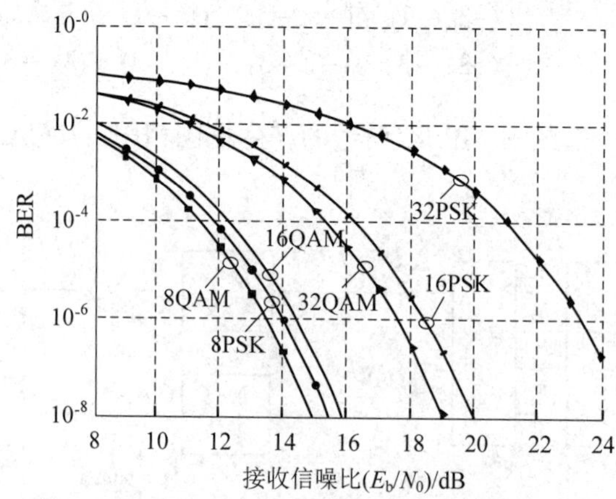

图 3-23　几种典型的多进制调制误码性能曲线

3.4　卫星多址技术

多址技术是指卫星天线波束覆盖区内的多个地球站通过共同的卫星进行双方或多方通信的连接方式。各地球站均向卫星发送信号，卫星将这些信号混合并做必要的处理与交

换，然后再向地球站所处的某个或某些区域分别转发。目前常用的多址方式有频分多址(FDMA)、时分多址(TDMA)、码分多址(CDMA)和空分多址(SDMA)及其组合形式。

明确应急卫星通信系统选用哪种多址方式，通常需要对地球站及相互间通信的链路能力、卫星频带/功率的有效利用、业务通信特点、通信容量及扩容灵活性、成本和经济效益、技术先进性和可实现性及其他特殊要求，如抗干扰、快速反应等一系列因素进行折中考虑。

3.4.1　频分多址技术

频分多址是将可以使用的频率带宽进行分割，形成多个相互不会重叠的若干子频率带，相互之间用保护频带分离。当多个地球站同时使用卫星转发器时，使用不同的频带进行通信。在接收端利用频率正交性，通过滤波器过滤筛选，从混合信号中还原出所需要的信号，即

$$\int_{\Delta f} X_i(f)\cdot X_j(f)\Delta f=\begin{cases}1 & i=j\\ 1 & i\neq j\end{cases}\quad i,j=1,2,\cdots,k \tag{3-14}$$

式中，Δf为信号所占用的带宽，X_i、X_j分别为第 i 站和第 j 站发送的信号。

频分多址作为一种最基本的多址方式，其突出优点是实现简单、可靠。在卫星通信发展初期，几乎都采用这种多址方式，并且至今仍是一种在广泛使用的主要多址方式。卫星地球站间利用频分多址进行通信的示意如图 3-24 所示，图中 1 号站和 2 号站间使用载波信号 f_1 和 f_2 进行通信，3 号站和 j 号站间使用载波信号 f_3 和 f_n 进行通信。地球站间通信信号的载波频率可以是预先固定分配的，也可以是按需动态分配的。频分多址的实现方式主要有两种：单路单载波频分多址(SCPC-FDMA)和多路单载波频分多址(MCPC-FDMA)。

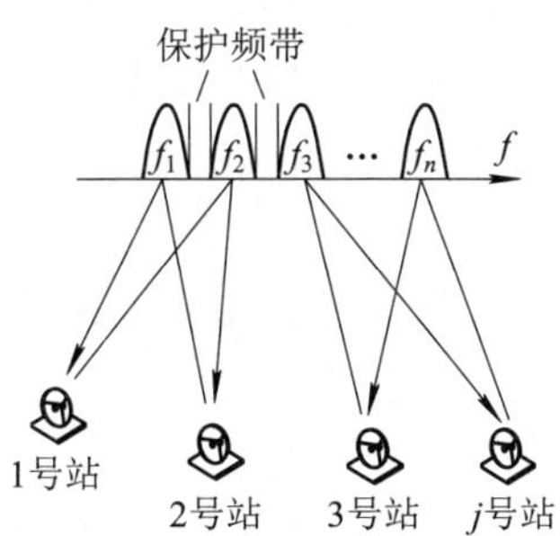

图 3-24　频分多址示意图

1. 单路单载波频分多址(SCPC-FDMA)

SCPC-FDMA 是一种简单、成熟的卫星通信多址体制，单路载波上只传送 1 路电话、数据或视频等业务，载波频率的使用可以采用预分配方式，也可采用按需动态分配方式。SCPC-FDMA 具有以下特点：

(1) 由于低速语音编码和数字信号处理等技术的发展，每路载波的传输速率一般为 2.4～32 kb/s。在视频应用情况下，其传输速率一般可达 512～2048 kb/s。

(2) 设备简单、经济、灵活，特别适合地球站众多，而每个地球站的通信业务量少(稀路由)的系统。

(3) 由于每载波只有 1 路业务，因此业务量很小，地球站设备重量可以很轻，体积可以很小。

(4) 可采用话音激活、载波按需动态分配等技术来增加系统的灵活性，从而充分利用卫星资源。

2. 多路单载波频分多址(MCPC-FDMA)

在 MCPC-FDMA 方式下，每一载波上传送多路业务信息，业务信息可以为群路话音或者群路数据的综合业务，载波频率的使用通常采用预分配方式，也可采用按需动态分配方式。多路业务信号间一般采用时分复用复接方式，首先将多路数字基带信号用时分方式复用在一起，之后调制到一个载波频率上进行发送。MCPC-FDMA 特别适用于业务量比较大、通信对象相对固定的点对点或点对多点的干线通信。

尽管频分多址是一种简单且易于实现的多址方式，但在系统应用和设计时其一些关键技术必须要解决，主要有以下内容：

(1) 严格的功率控制。特别是在功率受限的卫星通信系统中尤为重要，地球站发射功率大于某额定值后，就会侵占卫星上发送给其他地球站的功率资源；发射功率过小，则会影响通信质量。

(2) 设置适当的保护频带。当相邻频道的频谱成分落入本频道后，就会引起邻道干扰。为了避免因为载频的漂移而引起的载波频谱重叠，在各载波占用的频带之间要留有一定的间隙作为保护频带。保护频带过宽，则频带利用率降低；保护频带过窄，则要对卫星和地球站的频率源和滤波器等提出苛刻的要求。

(3) 尽量减少互调的影响。由于卫星转发器功放是一个非线性器件，FDMA 系统多载波工作妨碍了卫星功率的有效利用。功放的幅度非线性使得系统设计时要考虑以下影响：

① 多载波输入时输出要受到压缩。这种压缩是指在输入总功率相等的情况下，多载波工作时总的输出功率比单载波工作时的输出功率要小。越靠近饱和点，这两者的差别越大，载波数越多，总的输出功率越小。另外，各载波功率不等时，小载波要受到大载波的抑制。

② 多载波输入时会产生新的频率分量。如果这些分量落在信号的载频上或落在信号频带内，便会造成干扰。

③ 引入邻道干扰。输入信号频谱的低旁瓣分量通过功放时，由于非线性的左右，其输出可能增大(相对于频谱主瓣而言)，从而增加了邻道干扰。

④ 功放的相位具有调幅-调相变换作用，多载波信号输入时，由于包络的起伏变化使得每个载波中产生一个附加相移，它随总的输入功率的变化而变化。在一定条件下，相位的变化转化为频率的变化，即产生新的频率分量。

一般可以通过功放功率回退使用、载波合理排列等方式，有效降低互调干扰的影响。

3.4.2　时分多址技术

时分多址对各站所发信号的时间参量进行分割，所有站使用同一个载波进行相互间的通信。载波按照时间划分为时隙，多个时隙构成一帧。各站发送的信号在一帧时间内以各不相同的时隙通过卫星，如图 3-25 所示。

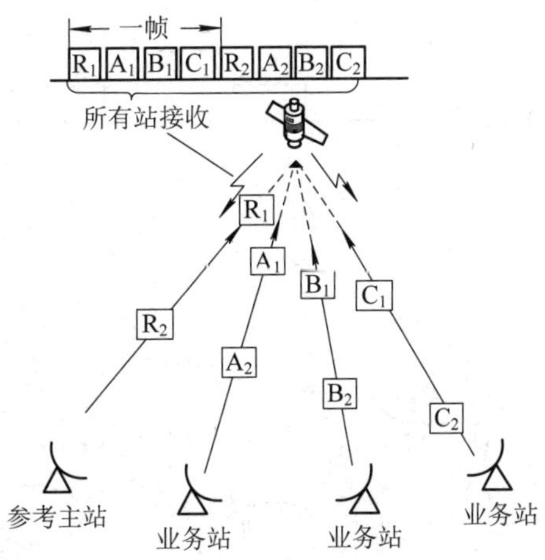

图 3-25　时分多址示意图

时分多址系统在每帧设置一个时隙用于参考主站发送参考基准，其他站以此作为时间基准，在指定的时隙发送业务突发信号，并保证各站发送的突发信号按照规定的时间顺序依次通过卫星转发器。在下行链路，所有站可接收该载波上的所有突发信号。时分多址卫星通信系统任何时刻都只有一路信号通过转发器，若载波信号带宽占用整个转发器频带，则转发器始终处于单载波工作状态，转发器功放可工作于接近饱和点，从而能够有效利用转发器的功率资源。

TDMA 通信方式的特点是系统中的各地球站只在规定的时隙以突发的形式发射已调信号，这些信号在通过转发器时在时间上严格排列，互不重叠。TDMA 多址体制下，所有地球站使用同一个载波，可充分利用卫星通信的广播特性，结合分组处理技术，在地球站仅需配置一个调制解调器就可以非常容易地实现点对多点的网状组网通信。

图 3-26 给出了利用分组技术后突发信号组包结构示例。示例中每个突发信号内部业务信号为一个链路层数据包(MAC 包)，链路层数据包内包含包头以及去往不同站的各类业务分组。图 3-27 给出了地球站点对多点通信示意图，2 号站同时与 3 号站、5 号站和 6 号站间建立一条或多条通信链路。

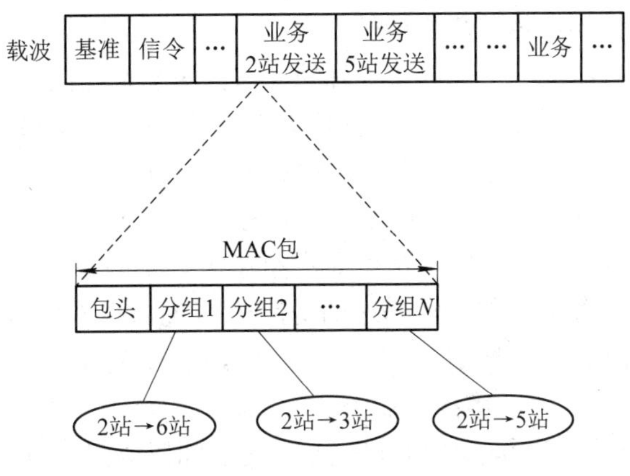

图 3-26　突发信号组包结构

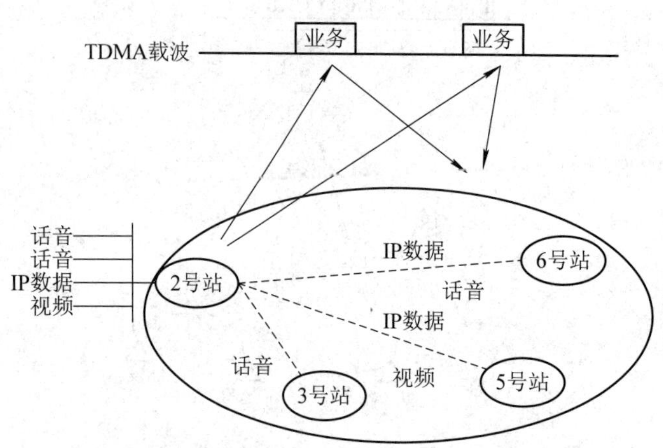

图 3-27　地球站点对多点通信

点对多点网状组网通信时，通常要求所有地球站均具有自发自收通信及互通能力。单载波 TDMA 网状组网能力取决于最小站型通信能力的特点，这就要求多类站型网状组网时的最大网络规模不宜太大，一般在几十个站左右。载波最高速率根据最小能力地球站的 EIRP、G/T 值以及所用卫星参数通过链路预算确定。

3.4.3　码分多址技术

码分多址中利用信号结构参量区分不同用户地址，各个用户所发送的信号在结构上各不相同并且相互之间具有准正交性，但在频率、时间和空间上所有信号都有可能重叠。码分多址方式中利用自相关性非常强而互相关性比较弱的周期性码序列作为地址信息，称为地址码，对被用户信息调制过的载波进行再次调制，使其频谱展宽，称为扩频调制；经过卫星信道传输后，在接收端以本地产生的一致地址码为参考，根据相关性的差异对接收到的信号进行筛选，找出地址码和本地地址码完全一致的宽带信号并还原为窄带，其他无关的信号全部滤去，称之为相关检测或扩频解调。

码分多址通信具有抗干扰能力强、较好的保密性和多址连接能力等优点，但其通信容量和频带利用率都较低，因此码分多址通信比较适合于军事卫星通信，也适合于站型小、通信容量要求不高的民用卫星通信系统中。扩频调制目前主要有以下两类：

一是直接序列扩频(DS)。地址码用伪随机序列，只有当地址码速率远远大于信息速率时，直接序列扩频调制后的频谱宽度才能够极大地扩展。直接序列扩频系统组成如图 3-28 所示，信源信息 $m_i(t)$与一个高速的伪码序列 $a_i(t)$相乘(扩频)，得到扩频码流 $X_i(t)$，然后对扩频码流进行调制后送入信道。其中，伪随机序列 $a_i(t)$速率要远远高于原始信息速率 $m_i(t)$。在接收端，本地伪随机序列产生器产生一个与发送端相一致的伪随机序列，用此本地伪随机序列对混频器的输出信号进行相关解扩。解扩后进行解调，恢复出信息 $m_i(t)$。

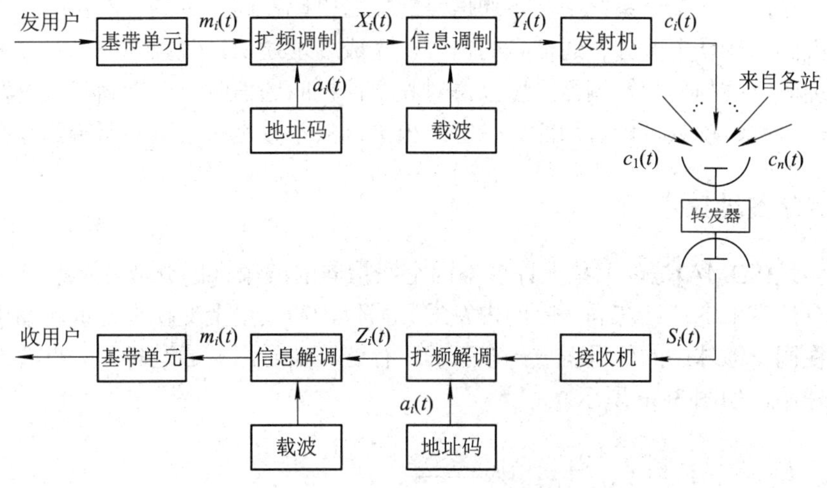

图 3-28　直接序列扩频系统组成

二是跳频扩频(FH)。实现的方法是先用地址码控制频率合成器产生出能在大范围内频率跳变的本振信号，再与调制载波混频后即可。地址码结构决定载频跳变的规律，通常用时间和频率的函数来表示，称其图像为“跳频图案”。跳频扩频系统组成如图 3-29 所示。对于每一路信号，在发送端基带信号调制后再与频率合成器输出的频率进行混频，振荡器输出的频率是固定的，但频率合成器输出的频率受伪随机码控制，频率合成器输出的频率少则几个，多则上千个，这样输出的跳频信号的载波频率随伪随机码变化而变化。在接收端，跳频信号经宽带滤波器滤除干扰后，与频率合成器输出的频率进行混频，由于频率合成器的输出频率受伪随机码控制，如果接收端的伪随机码与发送端的伪随机码不一致，混频后就只能得到噪声而不能获得相应的中频信号，解调器输出的只能是噪声；只有当接收端的伪随机码与发送端的伪随机码一致时，解调器才能恢复出发送端发送的信息。

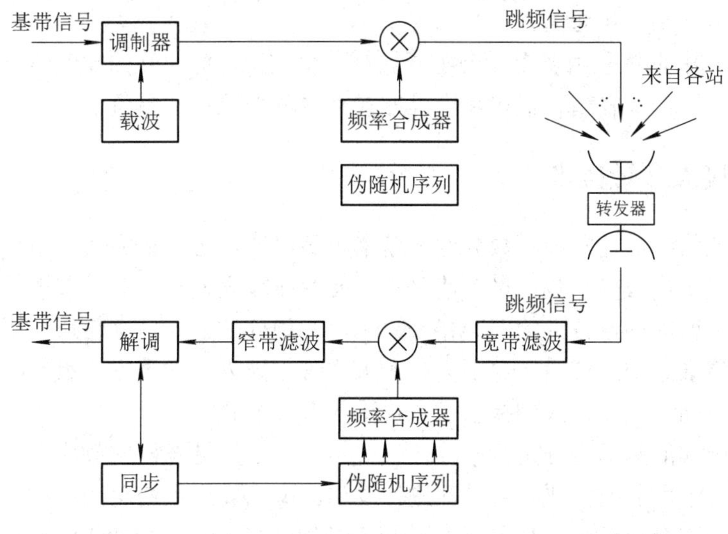

图 3-29　跳频扩频系统组成

由此可见，如果整个系统中，各通信点的伪随机码在同一时刻各不相同，则系统可以通过伪随机码为地址来区分各通信点的信号，完成多址通信，跳频多址每对收发信机具有相同的地址码、调制器和解调器，所以每对收发信机间通信时不会受到其他收发信机的干扰。在任一时刻，跳频多址占用的频带宽度很窄，只不过是在很宽的频带范围内跳动。

3.4.4 空分多址技术

空分多址(SDMA)是以卫星上许多不同空间指向的波束来区分或者覆盖不同区域的地球站。所有波束下地球站在同一时间内发送数据包，通过星上交换设备重新编排，将上行链路中发往同一地球站的信号编成一个新的下行链路信号，再通过相应的点波束天线转发到各个地球站，如图 3-30 所示。

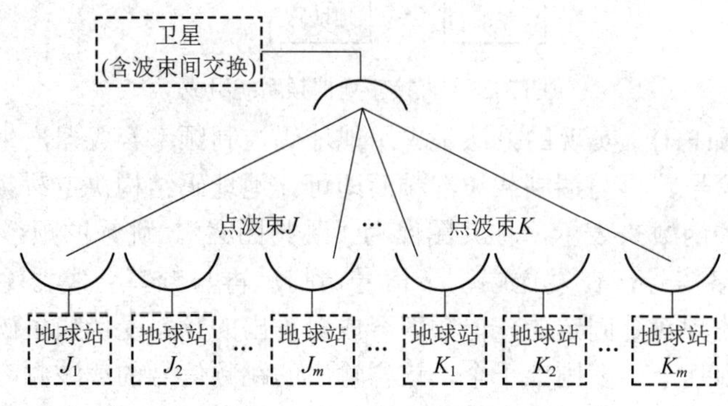

图 3-30　空分多址示意图

在实际应用中，一般很少单独使用 SDMA 方式，更多的是和其他多址方式(如频分多址、时分多址等)结合使用。为了能够在不同波束覆盖的区域之间进行通信，通常要在星上设置交叉矩阵或再生式数据包交换矩阵，构建基于星上再生处理或铰链转发的多波束卫星通信系统。各波束中的地球站除了与本波束地球站通信外，还可以通过星上交换矩阵来与其他波束中的地球站进行通信。

SDMA 方式中卫星采用多个指向不同区域的窄波束，地球站的发射信号在空间上互不重叠，因此可通过频率复用、极化复用等方式有效增加卫星频带资源。

3.4.5 随机接入多址技术

由于卫星通信的快速发展，数据业务越来越多地通过卫星来完成。与传统的语音业务相比，数据业务种类较多，数据量、速率等方面存在较大差异。对于零散数据分组业务而言，如果仍然沿用电话业务中的 FDMA 或 TDMA 预分配方式，则信道利用率将会很低。即使采取按申请动态分配信道，也不会有太大改善，因为发送数据分组的时间可能远小于信道申请分配时间。因此，人们提出了随机接入多址方式。

ALOHA 方式的基本特征是若干地球站共用一个卫星转发器的频段，各站在时间上随机地发送数据分组，若发生碰撞则重新进行发送。ALOHA 系统全网不需要定时和同步，各站发射时间是完全随机的。当需要发送的分组数目不多时，ALOHA 系统可以很好地工作，它的信道利用率比 TDMA 按申请分配方式还要好得多。

假设 ALOHA 信道中所有用户平均每秒共发送 λ 个分组，每个分组的持续时间均为 T，则用户感觉到的信道利用率(或称为吞吐量) ρ 为

$$\rho=\lambda T \tag{3-15}$$

实际上，由于存在分组之间的碰撞，导致分组重发，设定每秒通过转发器的分组总数为 λ'。假设系统中站数远多于 1，各个站相互独立地随机产生数据分组，由概率论知识可知，在卫星信道中每秒产生的分组数日服从泊松分布。因此，t s 产生 n 个分组的概率为

$$P(n)=\frac{(\lambda' t)^n\cdot \mathrm{e}^{-\lambda' t}}{n!} \tag{3-16}$$

用户站发送分组产生碰撞而重发的概率 R 为

$$R=1-\mathrm{e}^{-\lambda'\cdot 2T} \tag{3-17}$$

而 $\lambda=\lambda'(1-R)$，因此信道利用率 ρ 为

$$\rho=\lambda T=\lambda'\cdot T\cdot \mathrm{e}^{-\lambda'\cdot 2T} \tag{3-18}$$

有时一个分组有可能要重发多次。因此，考虑了碰撞的因素，一个给定数据分组的平均需发次数 N 为

$$N=1+R+R^2+R^3+\cdots=\frac{1}{1-R}\cdot \mathrm{e}^{-\lambda'\cdot 2T} \tag{3-19}$$

由式(3-19)可得信道利用率与每个数据分组平均需发次数 N 的关系为

$$\rho=\frac{\ln N}{2N} \tag{3-20}$$

根据式(3-20)，信道利用率有一个最大值，当 $N=\mathrm{e}=2.718$ 时，最高信道利用率为 0.184。也就是说，随着业务量的增加，开始是信道利用率随之增加，但到一定程度后，信道利用率随着业务量的增加却反而下降。这是因为分组较多，相碰机会增加，重发的也就多了，并形成更多的碰撞，说明 ALOHA 系统会出现不稳定现象。为提高信道利用率和系统稳定性，人们提出了一些改进方案，如 S-ALOHA 方式和 R-ALOHA 方式。

S-ALOHA 中的 S 指的是时隙(Slot)，其基本特征是：在以转发器输入口为参考点的时间轴上等间隔地分成若干时隙，而各站发射的数据分组信号必须落入这些时隙内。每一个分组的持续时间基本占满一个时隙。时隙的定时由系统时钟决定，各站的发射控制单元必须与该时钟保持同步。这种方式的优点是发生碰撞的概率比经典 ALOHA 的要小，只有当两个或多个分组同时落在一个时隙内才会碰撞。S-ALOHA 方式的最大信道利用率可达 0.368，与经典 ALOHA 系统相比提高了一倍。其缺点是全网需要定时和同步，每个数据分组的持续时间必须是固定的，所以设备更复杂。

R-ALOHA 中的 R 是指预约(Reservation)。传送长的报文及话音等较长的消息，如果也采用 ALOHA 或者 S-ALOHA 方式，即分成很多数据分组一一发送，由于发生碰撞等造成的延误，需要很长时间才能将整个数据消息接收完整，传输时延很长。为了使长、短报文的传输能够兼容，人们提出了 R-ALOHA 方式。其基本思想是各个地球站在发送长报文时，需要进行申请预约，获得一段时隙的使用，连续发送一批数据；对于短报文则使用非预约的时隙，按照 S-ALOHA 方式进行数据的传输。这种方法既解决了长报文的传输问题，又保留了 S-ALOHA 方式传输短报文信道利用率高的特点。

3.4.6　混合多址技术

将 FDMA、TDMA、CDMA 等多址方式的两种或多种结合使用，则可以形成混合多址方式，比较常用的有 MF-TDMA、OFDMA 和 PCMA 等。

1. MF-TDMA 多址技术

MF-TDMA (Multi-Frequency Time Division Multiple Access，多频时分多址)是一种基于频分和时分相结合的二维多址方式。MF-TDMA 体制在保持 TDMA 技术优势的基础上，首先通过载波数量的扩展而使系统扩容方便，其次通过载波间不同速率的配置解决了大小地球站兼容的通信问题，因而成为国内外研究的热点并得到了广泛应用。MF-TDMA 体制的实现方式主要有以下三种：

(1) 发跳收不跳 MF-TDMA。系统将所有地球站根据能力相近程度按分组进行划分，一组由多个站构成，并为每个组分配一个固定的接收载波，通常称为职守载波。地球站间进行通信时，发送站将突发信号发送到对端站职守载波上，发送站根据对端站所处的职守载波不同而在不同载波上逐时隙跳变发送信号。因此，在由大口径地球站、小口径地球站构成的多类站型混合组网时，大口径站配置的职守载波最高速率取决于小口径站发送、大口径站接收能力，而小口径站配置的职守载波最高速率取决于小口径站本身的自发自收能力。

(2) 收跳发不跳 MF-TDMA。系统同样将所有地球站进行分组，并为每组站分配一个固定的发送载波。与对端站通信时，发送方在自己固定载波的指定时隙位置发送，接收方根据发送方的载波不同而逐时隙跳变接收。多类站型混合组网通信时，大口径站配置的固定发送载波最高速率取决于大口径站发送、小口径站接收的能力，而小口径站配置的职守载波最高速率取决于小口径站本身的自发自收能力。与发跳收不跳组网方式相比，收跳发不跳系统大口径站的最高发送载波速率高于发跳收不跳系统的大口径站最高接收载波速率，而小口径站的发送和接收载波最高速率相同。因此，从多类站型混合组网的系统容量方面比较，收跳发不跳 MF-TDMA 优于发跳收不跳系统。

(3) 收发都跳 MF-TDMA。收发都跳 MF-TDMA 系统既具备 FDMA 体制系统的特点，也具备 TDMA 体制系统的特点。地球站发送和接收突发信号都可根据所处载波的不同而跳变。不同于前两种系统，收发都跳系统的地球站间不再进行分组；为两个通信站间分配载波和时隙基于双方收发能力进行分配，可以根据其不对称传输能力而分配不同载波上的时隙；信道资源分配以时隙为基本单位，一个突发内仅携带去往一个站的信息分组；既支持类似干线的点对点通信，也支持点对多点的组网通信；可实现以业务为驱动的载波、时隙信道资源分配，最大限度地发挥地球站收发通信能力，特别适合于大小天线口径地球站混合组网通信。

2. OFDMA 技术

OFDMA(Orthogonal Frequency Division Multiple Access，正交频分多址)是 OFDM 和 FDMA 技术相结合形成的多址接入方式，通过将可用子载波总数的一部分分配给用户来实现多用户的接入。在分离各个用户信道方面，FDMA 是通过带通滤波器实现的，因此各个信道间需要设置保护间隔；而在 OFDMA 中，由于各子载波相互正交，所以可采用 FFT 技术来处理，这样就省去了 FDMA 中相对较大的保护频带，从而提高了信道利用率。按照对各子载波使用方式不同，OFDMA 可分为子信道 OFDMA 和跳频 OFDMA。

子信道 OFDMA 即将整个 OFDM 系统的可用子载波分成逻辑组，每一组称为一个逻辑子信道。每个子信道包括若干个子载波，分配给一个用户。逻辑子信道是分配给用户的最基本单元，即一个用户可以使用一个子信道也可以使用多个子信道，这样就可以根据需要灵活地满足用户不同的比特速率要求。OFDM 子载波可以按集中式和分布式两种方式组成子信道。集中式即构成子信道的子载波是相邻连续的，将连续子载波分配给一个用户，如图 3-31 中子信道 1。这种方式下系统可以通过频域调度选择较优的子信道进行传输，从而获得多用户分集增益。另外，集中方式也可以降低信道估计难度。但这种方式获得的频率分集增益较小，用户平均性能略差。分布式即构成子信道的子载波分散到整个带宽，各子信道的子载波交织排列(如图 3-31 中子信道 2 和 3)，从而获得频率分集增益，但这种方式下信道估计较为复杂，抗频偏能力也较差。

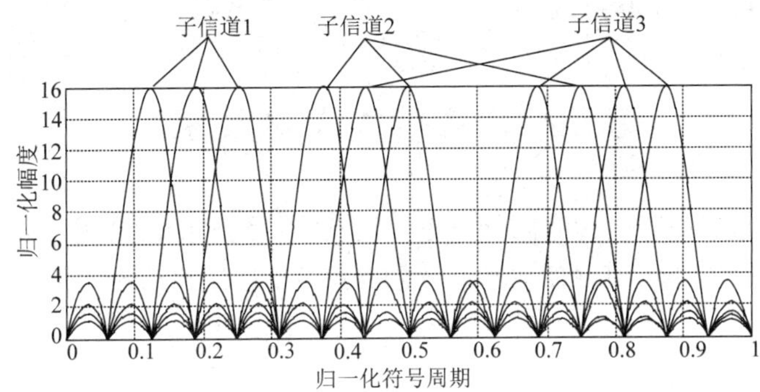

图 3-31　OFDM 子载波分组

跳频 OFDMA 系统中，分配给一个用户的子载波资源快速变化，如图 3-32 所示(以每用户单个子载波为例)。与子信道 OFDMA 不同，这种子载波的选择通常不固定，不依赖信道条件，而是随机抽取。在下一个时隙，无论信道是否发生变化，各用户都跳到另一组子载波发送，但用户使用的子载波不冲突。跳频的周期可能比子信道上 OFDMA 的调度周期短得多，最短可为 OFDM 符号长度。

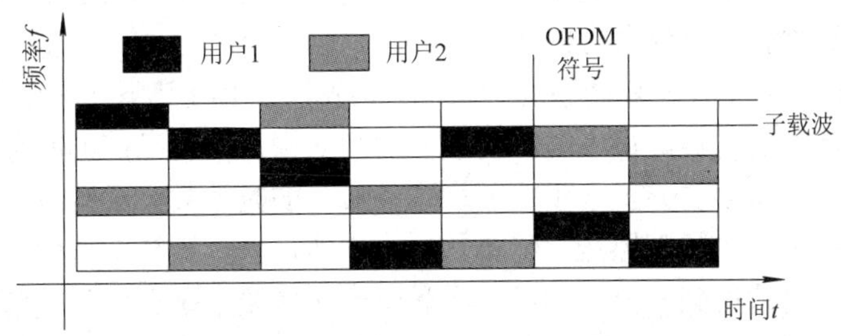

图 3-32　跳频 OFDMA 系统跳频图表

3. PCMA 技术

载波成对多址接入(Paired Carrier Multiple Access，PCMA)技术是由美国 ViaSat 公司在 1998 年首次提出的。对于 PCMA 系统，通信双方用户终端可以同时使用完全相同的频率/时隙/扩频码，采用 PCMA 技术可以大大节省空间频率资源，同时还可以有效防止第三方对双方通信信号的截获，使安全保密性更强。

PCMA 主要针对的是采用透明转发器并且信号可自环(每一个终端发出的信号可以被包括它本身在内的任何一个终端接收到)的双向卫星通信系统。每一个卫星终端发送一个上行信号，同时从另一个终端接收一个下行信号。因此，每一方收到的下行信号是双方通信信号的叠加。由于每个终端都可以确切地知道自身所发送的上行信号，而且也确切地知道该信号的转发、处理过程，所以该终端完全可以对自己发送转发回的下行信号进行估计，并从叠加的信号中抵消滤除，从而正确恢复出对方发来的信号数据。

为了将无用的自发信号从复合信号内除去，必须准确估计链路参数。这些参数主要包括信号的幅度、频率漂移、多普勒频移、传播时延、未知的载波相位和定时等。实际上不可能完全从复合信号中去除其本身下行信号的影响，但通过信道参数估计，可以把影响减小。

PCMA 可结合基本多址方式(FDMA、TDMA 和 CDMA)，也可以采用多种组网模式，如 DVB-S2/TDMA 系统、TDM/SCPC 系统和点对点 SCPC 系统等。

3.5　卫星信道分配技术

卫星信道分配技术是能确保有限的卫星信道资源得到充分的利用，并提供给用户优秀的服务质量的一种技术。信道分配技术又分为固定分配(PA)和按需分配(MA)。

3.5.1　固定分配方式

在固定分配方式下，分配给每一个地面站的容量是固定的，而且和与之相连的其他网络之间的流量要求无关。如果一个地面站要想接收与之相连的其他网络发出的流量要求，而这种流量要求又大于它的容量，这时它不得不丢弃一些呼叫，这种阻塞的情况没有考虑到其他基站可能还有剩余的容量。正因如此，这种卫星网络的资源分配方式利用率较低。

在 TDMA 方式中，固定分配的接入方式将每帧分成固定长度的时隙，并将这些时隙周期地、规则地提供给用户。这种分配的固定特性造成了一个用户在没有数据传输的情况下使网络的利用率很低，分给用户的信道没有被利用，因此这是对信道资源的一种浪费，甚至就是在用户有数据传输时这种方式也是有限的，因为这种方式不能随通信需求的改变而改变，当用户业务量增加时没有足够的时隙，而业务量减少时又不能充分利用现有的时隙。对于可变比特率突发的传输，最大速率传输时用户必须分配有足够的时隙，此外，终端还要保留一定的冗余，这就要分配给用户所需求的最多的时隙数，因此难免要产生一定的时隙浪费。固定分配方式更适于恒定比特率传输，但即使恒定比特率传输情况也只有用户有数据传输的时候信道才得到充分的利用。在长时间传输要求是有序不变的情况下，固定分配方式是一个有效的方式。这种方式的主要好处是在每个用户有用卫星信道固定部分的专有权时提供流量和服务质量要求(QoS)的绝对保证。

3.5.2　按需分配方式

在按需分配方式下，卫星网络能够按照各个地面站对资源的不同需要，对资源进行动态分配。因此必须具有低需求地面站和高需求地面站之间信道分配的转换。

在 FDMA 的按需分配方式中，在一个给定地面站的连接周期里，通过分配给它一个给定频带，就可以把给定的信道容量按需分配给这个地面站。按需分配在“每个地面站到站间的连接采用一个载波”的路由技术中是直接明了的，这种方案也包含了“单路单载波(SCPC)”的概念。当考虑到“每个发送地面站对应一个载波”的按需分配技术时，为了实现使用者连接到不同地面站时的复用，需要采取连接比例可调的方案。如果不考虑每个载波的复用连接，而仅仅考虑“每个地面站到站间的连接采用一个载波”的技术，那么地面站必须装配一些具有可变容量复用器的发射机。这就意味着设备将会增加且缺乏灵活性。

TDMA 的按需分配提供了更大的灵活性，通过调节帧时隙的长度和位置就可以实现按需分配，而完成这些需要一个时隙的同步改变。在按需分配的接入方式中，各地面站根据实际需要向系统请求动态地按需分配上行链路的信道。因此，原则上这种方式满足了各个地面站时变的带宽要求并且不会浪费资源。动态分配利用了信道的冗余，提高了系统通信的吞吐量。

要使按需分配能依照所设计的方案有效地得到执行，还必须配置相应的信道分配控制方式。预约申请的信道分配控制方式大致可以分为集中控制、分散控制与混合控制三种类型。

在星状卫星通信系统中，一般使用集中控制方式来分配信道。集中控制方式是指网络的信道分配指令信号与状态监测、业务量统计和计费等数据信息，均由设在主站的主计算机来执行。根据通信网络传输的业务种类及多址方式，往往在一个分帧里划出一个时隙来传输控制指令和网管信号，有时也单独使用一个信道来传输控制指令和网管信号。在集中控制星状网络结构的情况下，任意两个地面站的通信必须通过主站进行。

在网状卫星通信网络中，一般使用分散控制方式来分配信道。分散控制方式是指信道分配、指令信号、状态监测、业务量统计、计费等数字信号及传输的业务信息均以点对点为基础，各地面站之间直接联系，形成网状网络。分散控制方式使用灵活、方便，建立通信线路时间短，对卫星信道利用率高。

混合控制方式是指信道分配指令信号、状态监测、业务量统计、计费等信号，均经主站的计算机来执行，形成星状网结构。而业务通信信号不经过主站，各站之间直接进行联系。

3.6　卫星通信安全防护技术

应急卫星通信系统要良好地工作，充分发挥其效能，其前提是系统能安全和可靠地工作。当前，针对应急卫星通信系统的主要威胁主要集中在干扰和失/泄密两个方面，因此，需要加强应急卫星通信系统抗干扰技术和保密技术研究。

3.6.1　卫星通信抗干扰技术

1. 卫星通信干扰样式

卫星通信系统中的干扰主要来源于对卫星的干扰。通信卫星覆盖地域广，对通信卫星上行链路信号实施干扰是经济有效的干扰手段，可同时使许多链路甚至整个卫星通信系统受到干扰的威胁。特别是透明转发器，干扰方的上行干扰信号不仅可以直接干扰通信信号，而且还可利用阻塞干扰“吃掉”星上的功率资源(星上功率“掠夺”现象)，使得通信方无法正常进行通信。目前，干扰机功率越来越大，甚至达到数百千瓦，对卫星通信构成较大威胁。对卫星干扰按产生方式分主要可分为跟踪瞄准式干扰和阻塞式干扰两类。

跟踪瞄准式干扰是一种针对某一卫星信道的同频干扰。干扰方需要掌握目标信号的中心频率及带宽，使干扰信号与目标信号的中心频率及带宽重合，达成有效的干扰。在实际应用中，跟踪瞄准式干扰通常采用侦察下行、干扰上行的方法，即在接收机接收到卫星下行信号后，控制单元从数据库内提取出相对应的上行频率，发射同频干扰信号。

阻塞式干扰的最大特点是可以同时对某一频段内所有无线电信号实施压制性干扰。由于阻塞式干扰不需要复杂的频率瞄准和信号引导设备，所以阻塞式干扰设备原理简单，但是干扰功率的有效利用率比较低。若要保证对频段内每个信道中的干扰功率都大到足以压制通信，则要求干扰机具有非常大的输出功率。

2. 卫星通信扩频技术

目前，通信抗干扰技术的主流是扩频通信。根据扩频方式的不同，主要分为直接序列扩频(DS)、跳频(FH)等方式。

直接序列扩频是最常用的通信抗干扰手段之一。直接序列扩频就是直接用高速率的扩频码序列在发射端去扩展信号的频谱，使单位频带内的功率变小，即信号的功率谱密度变低，使信号淹没在噪声里，敌方不容易发现有信号存在。而在接收端，用相同的扩频码去进行解扩，既可把扩频信号能量集中，恢复原状，又能把干扰能量分散并抑制掉，从而有效地提高信干比。该体制的最大特点是信号隐蔽性好，被截获的概率小，抗干扰能力随着码序列长度的增加而增强。

跳频是指通信双方或多方在相同同步算法和伪随机跳频图案算法的控制下，射频频率在约定的频率表内以离散频率的形式伪随机且同步跳变，射频频率在跳变过程中所能覆盖的射频带宽远远大于原信息带宽。跳频通信是目前抗干扰通信领域中应用最广泛的一种通信方式，对扩频带宽较宽的情况，跳频比直接序列扩频更为实用。

此外，还可以采取直扩/跳频方式，即在直扩通信的过程中，扩频信号的载波频率在一个较小的范围内按一定的规律快速抖动，与常规的直扩通信相比，直扩/跳频不具有额外的抗干扰能力，但对于提高系统的抗截获、抗侦收性能却非常有效。

3. 天线抗干扰技术

天线抗干扰技术是指通过波束成形及灵活覆盖技术，使天线能最大限度地接收我方信号的同时“零化”敌方干扰，具体包括多波束天线、自适应调零天线等。

多波束天线可根据战场形势的变化控制发射天线指向，使其波束覆盖范围随用户运动作相应变化，还可恰当选择卫星天线波束形状来提高通信系统的抗干扰能力。当某一波束受到干扰时，关闭这一波束，而其他波束不受影响，这样既阻止了干扰，也不影响卫星接收地面信号。

自适应调零天线根据双方信号在幅度、频率和空间方位的不同，利用MUSIC、径向基函数(RBF)神经网络等自适应算法对来自各个单元的信号进行加权合成，自动控制和优化天线阵的方向图，最终使得在干扰方向出现零点，而用户方向仍保持最大的增益。当前，自适应调零天线调零深度一般可达 25～30 dB，从而使信号受到的干扰最小，并降低副瓣波束来抑制干扰。

4. 转发器抗干扰技术

星上采用抗干扰技术，保护转发器不被干扰、堵塞是提高整个卫星通信系统抗干扰能力的最直接、最有效的手段，包括透明转发器抗干扰处理和再生转发器抗干扰处理两类。

针对透明转发器抗干扰处理通常采用 SmartAGC 技术。SmartAGC 能够以较小的代价提供较强的抗干扰能力，主要思想是通过自适应包络变换实现强干扰的抑制。当无上行干扰时，该装置不进行包络处理，相当于线性放大器；当检测到上行强干扰时，将包络线性放大区右移，从而产生零区，使尽量多的干扰落入零区而被消除，而叠加在强干扰上的小信号部分被放大，因而改善输出信噪比。在卫星转发器前端利用该抗干扰技术，可以有效降低上行强干扰对转发器功放功率的掠夺。

再生转发器相对于透明转发器有明显的抗干扰优势，是避免卫星通信遭受“侦收下行，干扰上行”这一手段的有效方法，如将上行 FDMA 信号变为下行 TDM 信号，或在不同的卫星天线波束之间进行信号交换，或利用星间链路在不同卫星之间进行迂回路由等都可以有效解决此类干扰。

5. 基于认知无线电的抗干扰技术

认知无线电是一种智能无线系统，它能感知周围无线环境，实时改变并且调整系统的内部状态，适应外部无线环境的变化。利用基于认知无线电的智能抗干扰技术可以智能消除外界电磁干扰的影响，适应信道环境并以尽可能高的数据速率实现不间断通信。

智能抗干扰技术将认知、决策的目标直接瞄准消除干扰和适应信道，在保证通信不中断、提高传输效率方面具有明显优势。基于认知无线电的智能抗干扰技术通常采用“认知-决策-行为”机制，即抗干扰通信系统应该首先认知电磁环境，再制定传输策略，最后实施抗干扰通信行为。具体地讲，智能抗干扰设备首先感知并分析外界电磁环境，包括收发双方之间多个频段、多个电波传播路径上的频谱占用、干扰强度、干扰类型、信道类型等情况，并结合用户输入的要求进行决策，制定出最优的无线传输策略。

3.6.2　卫星保密通信技术

保密通信是为了防止通信秘密被窃取，在通信的过程中对秘密信息及其传输方式采取隐蔽的手段，从而达到保密的目的。就应急卫星通信网络而言，其安全保密主要采取加密技术实现。现代保密技术主要有对称密码体制和非对称密码体制。

1. 对称密码体制

对称密码体制是一种传统密码体制，也称为私钥密码体制。在对称加密系统中，加密和解密采用相同的密钥。因为加解密密钥相同，需要通信的双方必须选择和保存他们共同的密钥，各方必须信任对方不会将密钥泄密出去，这样就可以保证数据的机密性和完整性。对于具有 n 个用户的网络，需要 $n(n-1)/2$ 个密钥，在用户群不是很大的情况下，对称加密系统是有效的。但是对于大型网络，当用户群很大、分布很广时，密钥的分配和保存就成了问题。对机密信息的加密和验证是通过随报文一起发送报文摘要(或散列值)来实现的。对称密码算法的优点是计算开销小、加密速度快，是目前用于信息加密的主要算法。

根据密码算法对明文信息的加密方式，对称密码体制可分为分组密码体制和序列密码体制。如果经过加密所得到的密文仅与给定的密码算法和密钥有关，与被处理的明文数据段在整个明文(或密文)中所处的位置无关，称为分组密码体制；如果密文不仅与最初给定的密码算法和密钥有关，同时也是被处理的数据段在明文(或密文)中所处的位置的函数，称为序列密码体制。

对称密码体制的局限性在于它存在着通信双方之间确保密钥安全交换的问题。另外，由于对称加密系统仅能用于对数据进行加解密处理，提供数据的机密性，不能用于数字签名，因而人们迫切需要寻找新的密码体制。

2. 非对称密码体制

为了保证密码算法的抗破译能力，密码设计者都假定他设计的密码算法是众所周知的，而全部保密性仅寓于密钥之中，这就是传统密码体制或者单钥密码体制的一种设计思想。在这种体制中，发方和收方必须使用相同的密钥，而且这种密钥必须保密。非对称密码体制也叫公钥加密技术，该技术就是针对私钥密码体制的缺陷被提出来的。在公开密钥密码体制中，即使公布了加密算法、加密密钥及解密算法，要导出它的解密密钥也是不可能的，或者至少在计算上是不可行的。有了公开密钥密码体制，就可以为每个用户分配一个加密密钥，这个加密密钥是可以公开的。

在公钥加密系统中，加密和解密是相对独立的，加密和解密会使用两把不同的密钥，加密密钥(公开密钥)向公众公开，谁都可以使用，解密密钥(秘密密钥)只有解密人自己知道，非法使用者根据公开的加密密钥无法推算出解密密钥，故其可称为公钥密码体制。

如果一个人选择并公布了他的公钥，其他任何人都可以用这一公钥来加密传送给那个人的消息。私钥是秘密保存的，只有私钥的所有者才能利用私钥对密文进行解密。公钥密码体制的算法中最著名的代表是 RSA 系统，此外还有背包密码、McEliece 密码、零知识证明、椭圆曲线算法等。

3. 量子密码技术

与传统密码对数据直接进行加密处理不同，量子密码的理论基础是量子力学。美国科学家威斯纳在“海森堡测不准原理”和“单量子不可复制定理”的基础上建立了量子密码的概念。“海森堡测不准原理”是量子力学的基本原理，指在同一时刻以相同精度测定量子的位置与动量是不可能的，只能精确测定两者之一。“单量子不可复制定理”是“海森堡测不准原理”的推论，它是指在不知道量子状态的情况下复制单个量子是不可能的，因为要复制单个量子就只能先做测量，测量这一量子会对该系统产生干扰并且会产生关于该系统测量前状态的不完整信息。因此，窃听一个量子通信信道就会产生不可避免的干扰，合法的通信双方则可由此而察觉到有人在窃听。量子密码术利用这一原理，使从未见过面且事先没有共享秘密信息的通信双方建立通信密钥。

量子密码通信不是用来传送密文或明文，而是用来建立和传送密钥的，因此通信依赖于量子密钥分发协议。量子密钥分发协议 BB84 协议是 1984 年由 Charles Bennett 和 Gilles Brassard 共同提出的量子密码协议。其安全性依赖于量子力学中的“海森堡测不准原理”

“量子不可复制定理”和量子的不可分割性，这使得窃听者的任何获取信息的操作都会因破坏量子态而被发现。BB84 协议中，量子通信实际上是由两个阶段共同完成的。第一阶段在量子通道(Quantum Channel)进行量子密码的通信；第二阶段在经典通道(Classical Channel)进行密码的协商，检测窃听者是否存在，确定密码的内容，最终完成量子通信。

跟互联网发展类似，量子密码通信网络也是从小规模的科学试验网开始推广、使用的。2003 年，美国国防部资助建立全球首个量子密钥分发网络。2008 年至 2009 年，中国科学技术大学先后建立了 3 节点与 5 节点的量子密钥分发网络。2013 年，量子密码通信网络“京沪干线”立项，该线全长 2000 多公里，连接北京、上海，贯穿济南、合肥，是世界上第一条量子保密通信干线。2016 年，中国“墨子号”量子科学实验卫星成功发射。2017 年，“京沪干线”与“墨子号”实现了天地互联，标志着中国率先进入量子密码通信网络建设阶段。

但总的来讲，量子密码通信走向实用还存在一些技术问题：第一，制造出高效的单光子源比较困难；第二，工作在所需波长上高效的单光子探测器还未成熟；第三，要防止窃听者假扮合法通信者非法获取通信信息，必须结合一些经典技术如保密加强纠错及认证技术等，这在一定程度上减弱了量子密码术在技术上的优势；第四，量子密码系统在即使没有窃听者窃听的情况下，由于系统自身的不稳定性也会使通信的质量受到影响；第五，阻碍量子密码技术走向实用很重要的非技术问题则是经济问题，因为量子通信技术必须与传统的通信技术竞争以获得市场，而传统方法在长距离上以及成本费用上更低，从而使量子密码通信技术处于不利地位。

3.7　DVB 卫星通信协议

1. DVB 标准的发展

20 世纪 90 年代初，为适应卫星广播电视的快速发展，DVB(Digital Video Broadcast，数字卫星广播)标准开始得到研究和发展。从世界范围看，DVB 标准主要有欧标和美标两种，即由欧盟颁布的 DVB-S 标准和美国 GI 公司独立开发的 Digicipher 标准。其中，DVB-S 标准在世界范围内得到广泛应用，成为卫星广播电视领域的主流传输标准。进入 21 世纪后，随着通信业务需求的快速变化，DVB-S 标准传输速率低、不支持高清电视 HDTV、无法进行 IP 组网等问题日益突出，已不能满足客户的业务需求，亟待改进。

为解决这些问题，2005 年 3 月，在 DVB-S 标准基础上，ETSI 发布了 DVB-S2 标准。DVB-S2 即卫星数字广播电视卫星第二代标准，融合了 2000 年以来卫星通信技术领域发展的最新研究技术成果，DVB-S2 标准的指导思想是在合理的系统建设复杂程度下获得最优的链路传输性能并具备良好的可扩展性。

我国的数字卫星广播技术发展也基本沿用国际标准。1995 年，中央电视台完成了我国首次卫星数字电视广播，通过卫星向全国播出数字压缩加扰电视节目，其技术标准采用了美国的 Digicipher 标准。随着技术发展，模拟卫星数字电视已经基本退出市场，我国各卫星电视频道基本都采用了 DVB-S 和 DVB-S2 技术，我国也发布了具备自主知识产权的国产卫星数字广播标准 AVS。

2. DVB-S2 标准

DVB-S2 标准采用了新的信道编码模式、高阶调制技术、自适应编码与调制技术等卫星数字传输的新技术，使得 DVB-S2 标准相对其他卫星传输技术标准，除了可获取更高的链路数据传输效率，还大大扩展了其应用领域，可有效满足应急通信、远程医疗等交互式业务需要。DVB-S2 标准的技术特点包括：

(1) 灵活丰富的信号输入接口匹配。DVB-S2 设备可接收如基本数据流、MPEG-2 传输复用流等多种格式的单输入流或多输入流、比特流、IP 流或 ATM 流，输入信号既可以是连续的数据流，也可以是离散的数据包。

(2) 灵活高效的多编码率多调制传输技术。DVB-S2 系统支持 1/4～9/10 等 11 种编码率，支持 QPSK、8PSK、16APSK、32APSK 等高阶调制方式，可根据链路情况灵活选择，增加了用户的选择余地。

(3) 高性能的前向纠错编码系统。DVB-S2 前向纠错编码采用内码与外码相级联的方式，内码使用低密度奇偶校验码(LPDC 码)，外码采用 BCH 码，这种内外码相结合的编码方案获取的编码增益与香农极限理论值在性能上只有 1 dB 的差距。

(4) 采用自适应编码调制技术(ACM)。DVB-S2 设备根据终端与关口站所处的不同的信号传输环境，提供实时可变的自适应编码调制方式。在该方式下，可自动进行逐帧编码与调制优化，信号差的端站使用低阶调制，信号强的地方使用高阶调制，从而增强系统抗雨衰等干扰的能力，提高系统射频信号传输的可靠性。

这些显著的优点使得 DVB-S2 标准成为世界卫星数字广播传输领域最具市场竞争力的行业技术标准，在世界各国得到了广泛应用。但由于 DVB-S2 系统具有良好的扩展性，因而在工作流程的各部分都允许用户自主选择选件、适配单元等，因此自由度及复杂度远远超过 DVB-S 标准。一个完整的 DVB-S2 系统可以分为以下几个部分：

(1) 模式适配部分。模式适配部分用来适配 DVB-S2 种类繁多的输入流格式，如单输入流或多输入流、比特流、IP 流或 ATM 流等，是输入数据流的接口。在固定编码调制模式下，模式适配部分还包括对 DVB 并行传输流或 DVB-ASI 流的透明解包及 8 位循环冗余校验(CRC-8)。

(2) 流适配部分。流适配部分完成基带信号的成帧及加扰两个功能。为满足后续纠错编码的需要，基带成帧模块将输入数据按固定帧长度进行打包，不足处用无用字节进行填充补足，不同的纠错编码方案对应不同的固定帧长度。

(3) 前向纠错 FEC 编码部分。前向纠错编码部分完成信道的误码保护和纠错编码功能，采用外码(BCH)与内码(LDPC)级联的形式，先完成外码 BCH 编码，然后完成内码 LDPC 编码，之后进行位交织。位交织部分视采用的调制方式情况以判别是否需要进行比特交织。基带帧经过纠错编码部分进行编码后形成了纠错帧。

(4) 映射部分。映射部分将经过前向纠错编码的输入串行码流及纠错帧按系统具体采用的调制方式如 QPSK、8PSK、16APSK、32APSK 等，转换成能满足特定星座图样式需要的并行码流。

(5) 物理层成帧部分。物理层成帧部分包括物理层标识、导频插入、空帧插入及扰码模块，通过加扰模块实现能量扩散，通过空帧插入满足物理成帧要求。

(6) 调制部分。调制部分包括基带滤波、成形和正交调制，主要完成基带信号的整形及正交调制。在此部分，可以选择不同的滚降系数来适应不同的业务传输需要。信号调制完成后就可以送至射频单元进行上变频后发射到卫星。

3. DVB-RCS 标准

DVB-RCS 即 DVB 回传信道技术标准，2001 年 9 月 ETSI 发布了首个版本 V1.1.1 版，目前 DVB-RCS 标准已经升级为 DVB-RCS2 标准，即第二代 DVB 回传信道技术标准。DVB-RCS 标准是卫星交互式应用的首个行业标准，经过多年的推广，已经成为事实上的全球标准。

依照 DVB-RCS 标准规范，卫星终端站只要使用符合规范要求的双向卫星通信天线、信道设备和卫星 Modem，就可以实现卫星宽带交互式业务。DVB-RCS 标准采用了高效率的多频时分多址(MF-TDMA)接入方式，关口站和远端站都可以根据需要和链路传输能力定义自己的链路传输参数，前向链路和反向链路频率不同、速率不同，以非对称形式实现双向交互式通信。如此一来，大大提高了系统通信链路的利用率，并能适应用户的多样化卫星通信业务需求。

1) 系统网络结构

DVB-RCS 标准规范了卫星 Modem 的 MAC 层和物理层，是卫星通信链路的接入技术行业标准。在 DVB-RCS 系统网络结构中，关口站前向链路采用 DVB 广播方式，所有终端均可以接收前向广播信号，从中解调出系统网络时序分配表 NAT；反向链路采用 MF-TDMA 体制，系统所有终端都按 NAT 规定在多个反向信道上跳跃，反向链路可以采用 CCM、VCM 和 ACM 定义调制方式。终端站的天线为收发一体式通信天线。

DVB-RCS 系统可承载实现多种交互式业务，并可支持 IP 和 ATM 业务的直接连接。典型 DVB-RCS 系统网络由网络控制中心(Network Control Central，NCC)、网络关口站(HUB)和远端站(Return Channel Satellite Terminal，RCST)组成，网关站接入地面骨干通信网络，远端站接入用户数据终端。

2) MF-TDMA 多址接入方式

DVB-RCS 系统采用多频-时分多址(MF-TDMA)的多址接入方式。MF-TDMA 采用频分多址和时分多址相结合的方式，系统反向链路有多个载波信道，每个载波信道按时隙进行划分。由于载波信道资源有限，一般中小型网络配置几组载波即可满足业务需求。

在 DVB-RCS 系统中，系统根据远端站的业务情况进行载波信道和业务划分，规定远端站反向链路的频点、带宽和起止时间。当用户为高优先级业务时，系统固定分配给它专用的载波信道，其他远端站只能使用别的载波信道；当远端站的业务为低优先级时，系统将根据载波信道情况分配频率和时隙，其可以在多个频点之间进行跳变。远端站的业务优先级根据 QoS 等级进行标识。

在 DVB-RCS 标准中，依据时隙频率及时间长短是否能够实时变化，可以划分固定时隙 MF-TDMA 和动态时隙 MF-TDMA 两种工作方式。

(1) 固定时隙的 MF-TDMA 工作方式。

在固定时隙的 MF-TDMA 工作方式下，分配给远端站使用的信道带宽和连续负载时隙的长度均保持固定不变，并且远端站时隙分配表中定义的超帧突发参数也同样保持不变。因为突发参数固定，远端站只允许发送同步突发和业务突发。这些固定参数的修改结果不会立刻生效，须等待一段时间后才能在新的超帧中应用。

(2) 动态时隙的 MF-TDMA 工作方式。

在固定时隙的 MF-TDMA 工作方式下，系统的链路传输参数是可以动态调整的，关口站通过前向广播链路灵活改变，分配远端站的时隙带宽和持续时间，远端站也可以动态调整反向信号传输速率及编码速率。相比固定时隙 MF-TDMA 模式，动态时隙 MF-TDMA 能更好地发挥 DVB-RCS 系统的优势，适应音视频多媒体业务的变速率传输需求。

4. DVB-S2X 标准

随着技术的不断发展，DVB 组织从 2011 年年底开始研发制定 DVB-S2 的扩展标准，即 DVB-S2X。DVB-S2X 并不是新一代的卫星传输标准，而是在 DVB-S2 的基础上做的一些扩展，制定 DVB-S2X 的主要目标有两个：一是进一步提高现行标准的频谱利用率；二是适应移动接收、Ka 波段平台或宽带转发器等卫星工业的新应用。

DVB-S2X 在滚降系数、调制方式和正向纠错等方面提供了更多选择，这将提高卫星传输信道的利用效率，DVB-S2X 的频谱效率能够有效提升 20%～30%，有些条件下可以达到 50%。此外，频道绑定等新的技术可以更有效地利用转发器的信道容量。新的技术规范也对同信道干扰有更好的抑制能力。

1) 物理层的字节定义

在 DVB-S2 系统中，传输头的第二个字节表示系统的自适应编码调制命令(ACM Command)，该字节的第 7 个比特为 0 时表示系统为 DVB-S2 模式，此时其他比特称为 MODCOD，定义了系统的 LDPC 码长、是否存在导频以及调制方式和前向纠错码码率等信息。当该字节的第 7 比特为 1 时，表示当前系统为 DVB-S2X 模式，此时 ACM 字节可以表示更为丰富的调制方式和纠错码码率。由于这些新模式的引入，DVB-S2X 可以获得更细化的模式设置以适应不同的应用需求。

2) 更多的编码调制方式

在 DVB-S2 中，采用的调制方式有 QPSK、8PSK、16APSK 和 32APSK 四种，其中 16APSK 和 32APSK 在广播服务中属于可选选项。而在 DVB-S2X 中，16APSK 和 32APSK 成为广播服务的必选选项，另外还增加了 BPSK、64APSK、128APSK 和 256APSK 四种模式。其中，在广播服务中，64APSK 为可选项，而 128APSK 和 256APSK 不要求实现，BPSK 只在甚低信噪比模式(VL-SNR)下使用。在前向纠错码方面，DVB-S2X 仍旧沿用了 DVB-S2 的 LDPC + BCH 编码方式。除了兼容原来 DVB-S2 的全部码率外，DVB-S2X 还增加了许多新的码率，对应新码率解码后的长度，也会相应地增加很多新的 BCH 模式。因此，DVB-S2X 能够提供更为精细的粒度，在特定接收信噪比条件下，可以选择最贴合该接收条件的编码和调制方式，从而获得高的频谱带宽效率。

3) 更低的滚降系数

由于 DVB-S2X 系统采用更低的滚降系数，频谱效率的增益会进一步提高。在 DVB-S2 中，采用的滚降系数为 0.35、0.25 和 0.2。DVB-S2X 中，新增了 0.15、0.10 和 0.05 的滚降。因此，对于相同符号率的信号，采用更低的滚降系数可以占用更少的传输带宽。同样地，对于相同的传输带宽，采用更低的滚降系数可以直接获得更高的符号率。由于 DVB-S2X 最低的滚降系数是 0.05，因此相对于 DVB-S2 的 0.2，最多可获得多达 15%的符号率增益。

4) 频道绑定(Channel Bonding)

随着超高清视频技术的发展，承载视频需要的比特率越来越高。为了更有效地利用频带资源，DVB-S2X 中新增了频道绑定技术，允许将一个流并行地通过最多 $L(L\leqslant3)$个转发器进行传输，在接收端则使用 L 套解码器解出视频流，并将其重新合成一个流。对于高清电视(HDTV)，使用 H.264 技术编码一套高清节目约需要 10 Mb/s，这样一个 60 Mb/s 带宽的信道可以传输六套高清节目，而使用统计复用流的方法可以获得一定的增益，传输七套节目。而对于超高清电视，即使使用最新的 H.265 技术，传输一套节目也需要 20 Mb/s，通过统计复用得到的增益不够传输一套节目，使用频道绑定技术，就可以将 L 个频道的增益合为一个，多传输一套节目。

5) 新增的扰码方式

为了减小同频信号的干扰，DVB-S2X 增加了六组新的物理层扰码，使得同频信号间的差异达到最大，从而达到减小相互干扰的目的。接收 DVB-S2X 信号时，需要从索引为 0 的扰码序列开始尝试，直到试出实际使用的扰码序列。

6) 甚低信噪比模式

DVB-S2X 新增了甚低信噪比(VL-SNR)模式，在恶劣的信道衰落条件或者移动应用中使用。在 DVB-S2X 中，有九个 VL-SNR 模式，这时系统采用 QPSK 或 BPSK 调制。可以在非常低的信噪比下接收卫星数据，从而增加了卫星链路的稳定性。其中某些 BPSK 模式还采用了扩频技术，将信号功率扩展到更宽的频带上以获得更低的频谱功率密度(dBW/Hz)，从而使得更小的天线可以被使用。另外，VL-SNR 的 MODCOD 也使用了更强纠错能力的编码，使其能够在低至 −10 dB 的信噪比条件下被解出。

第 4 章　卫星通信链路

4.1　卫星通信链路的基本概念

卫星通信链路通常是由信源开始，经信源编码、信道编码、调制及上变频、功率放大和天线等环节，再经电磁波空间传播至卫星接收天线，通过卫星转发器放大、混频后，由卫星发射天线发射至地面接收天线，再经低噪声放大及下变频、解调、信道译码、信源译码等，最后到达信宿。卫星通信信号传输链路中包括上行链路和下行链路，如图 4-1 所示。

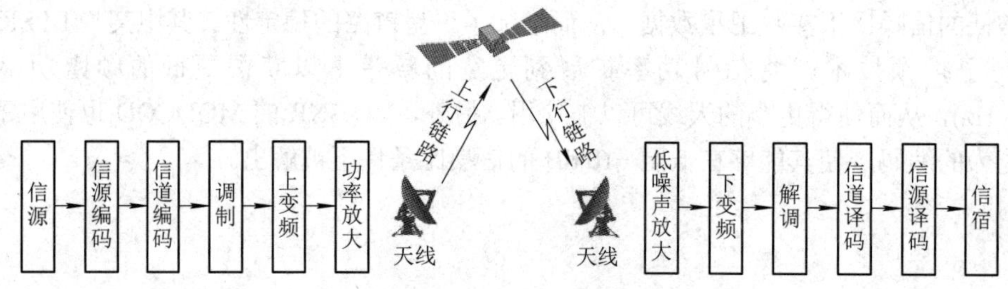

图 4-1　卫星通信链路组成示意图

构建一个可靠高效的应急卫星通信系统离不开精确的链路分析，通过链路计算可以确保系统性能和主要指标满足国际规范标准及设计要求，可以确定应急通信地球站的最佳配置，以及地球站链路余量是否满足系统需求等。

4.1.1　载波占用带宽

对于无码间串扰的基带系统，若符号速率为 R_s，则需要的最小单边带宽是 $R_s/2$(Hz)，但受到实际滤波器的限制，卫星通信系统载波带宽一般是奈奎斯特带宽的 1.1～1.4 倍。

信息速率 R_b 为单位时间(s)传送的比特数，单位是 b/s，一般是指信号在信道编码之前的传输速率，也称比特速率；传输速率 R_s 是指信号在传输线路中信道编码、调制映射后的传输速率，也称符号速率。信息速率 R_b 与传输速率 R_s 之间的关系为

$$R_s = \frac{R_b}{C_r \mathrm{lb} M} \quad \text{(b/s)} \tag{4-1}$$

在卫星链路设计时，数字调相信号一般取载波扩展因子为 1.2，此时等效噪声带宽计算公式为

$$B_n = 1.2R_s = \frac{1.2R_b}{C_r \text{lb} M} \quad \text{(Hz)} \tag{4-2}$$

式中，C_r为编码效率(C_r＜1)。如采用 3/4 码率卷积码编码时，其编码效率为 0.75。M为M进制正交信号。

载波占用带宽是指载波实际占用的带宽资源，一般定义为−26 dB 带宽，即载波频谱从峰值下降 26 dB 时所占的频谱宽度。数字调相信号载波占用带宽的工程计算方法为

$$B_o = (1+\alpha)R_s = \frac{(1+\alpha)R_b}{C_r \text{lb} M} \quad \text{(Hz)} \tag{4-3}$$

式中α为滚降系数。为了保护载波免于或少于被相邻载波干扰，或防止可能由于自身原因干扰其他载波，在分配频率带宽时，要在载波占用带宽的基础上加上一定的保护带宽，一般保护带宽B_g等于占用带宽的±2.5%，则有

$$B_a = B_o + B_g = (1+\alpha+0.05)R_s \quad \text{(Hz)} \tag{4-4}$$

如果调制器滚降系数为 0.15，载波分配带宽可按R_s的 1.2 倍考虑。如载波分配的带宽位于转发器的边沿，保护带宽应考虑减半。

由于载波占用带宽与载波分配带宽数值相差不大，在卫星链路设计时，经常用载波占用带宽代替载波分配带宽。

4.1.2　载噪比

1. 载波功率

功率和带宽都是卫星转发器的重要资源。一般情况下，用户所能占用的转发器功率应与租用的转发器带宽相平衡，即用户载波所占用的转发器功率与转发器总功率的比值应该和用户占用带宽占转发器总带宽的比例大致相等。

载波占用转发器功率的比例可以通过回退值这一概念进行定义。转发器载波功率的输出回退值与转发器输出回退值的差值，即为载波占用转发器功率的比例。当载波在转发器中的功率占用率与带宽占用率相平衡时，有

$$\text{BO}_{oc} - \text{BO}_o = 10\lg\left(\frac{B_T}{B_a}\right) \quad \text{(dB)} \tag{4-5}$$

$$\text{BO}_{oc} = \text{BO}_o + 10\lg\left(\frac{B_T}{B_a}\right) \quad \text{(dB)} \tag{4-6}$$

式中，BO_{oc}为载波的输出回退值；BO_o为转发器的输出回退值；B_T和B_a分别为转发器带宽和载波分配带宽。载波在转发器中的功率占用率与带宽占用率相平衡时所需要的功率EIRP_S为

$$\text{EIRP}_S = \text{EIRP}_{SS} - \text{BO}_o - 10\lg\left(\frac{B_T}{B_a}\right) \quad \text{(dBW)} \tag{4-7}$$

式中，EIRP_{SS}为转发器饱和输出功率，EIRP_S为转发器分配给载波的功率。

2. 等效噪声功率

导体内的电子热运动都会产生热噪声。功率谱密度在 1 THz 以下为常数的热噪声，称

为白噪声。通信接收机一般将热噪声看成加性高斯白噪声(AWGN)。假定噪声功率叠加在带宽为 B 的已调载波上，其功率谱密度 N_0 在频率带宽内是恒定的，通常等效噪声带宽 B_n 与 B 匹配($B_n = B$)，接收机在等效噪声带宽内收到的等效噪声功率 N 为

$$N = N_0 B_n \quad (\mathrm{W}) \tag{4-8}$$

由于绝对温度 T 相当于每 1 Hz 产生功率为 kT 的噪声，因此有

$$N_0 = kT \quad (\mathrm{W/Hz}) \tag{4-9}$$

$$N = kTB_n \quad (\mathrm{W}) \tag{4-10}$$

式中，k 为玻尔兹曼常数，$k = 1.38 \times 10^{-23}$ J/K。

3. 载波与噪声功率比

无线电信号通过卫星传输时，无论是在地球站、卫星转发器，还是在空间传播，都会有噪声引入，假定传输线路的噪声功率谱密度为 N_0，载波功率为 C，则传输线路的载波与噪声功率比为 C/N_0。

C/N_0 也可以用载波功率与等效噪声温度比 C/T 来表示，两者真值的换算关系为

$$\frac{C}{N_0} = \frac{C}{T} \cdot \frac{1}{k} \tag{4-11}$$

$$\frac{C}{N} = \frac{C}{N_0} \cdot \frac{1}{B_n} = \frac{C}{T} \cdot \frac{1}{kB_n} \tag{4-12}$$

两者的 dB 表达式为

$$[C/T] = [C/N_0] - 228.6 \quad (\mathrm{dBW/K}) \tag{4-13}$$

$$[C/T] = [C/N_0] + [B_n] - 228.6 \quad (\mathrm{dBW/K}) \tag{4-14}$$

式中：$[C/T]$为用 dB 表示的载波功率与等效噪声温度比(dBW/K)；$[C/N_0]$为用 dB 表示的载波功率与噪声功率谱密度比(dBW/Hz)；$[C/N]$为载波功率与噪声功率比(dB)。

C/N_0 与 E_b/N_0 的真值换算关系为

$$\frac{C}{N_0} = \frac{E_b}{N_0} \cdot R_b \tag{4-15}$$

用 dB 表示为

$$[C/N_0] = [E_b/N_0] + 10\lg R_b \quad (\mathrm{dBW/Hz}) \tag{4-16}$$

$$[C/T] = [E_b/N_0] + 10\lg R_b - 228.6 \quad (\mathrm{dBW/Hz}) \tag{4-17}$$

式中，R_b 的单位是 b/s。

由此可知，当有确定的调制编码方式和性能要求时，即得到传输线路需要的 C/T 值；或者已知传输线路的调制编码方式和 C/T 值，即得到系统的传输性能。

4.1.3　香农-哈特莱容量定理

香农证明，在 AWGN 信道下，系统容量 C 是平均接收信号功率 S、平均噪声功率 N 和带宽 B 的函数，香农-哈特莱容量定理(简称“香农公式”)表达式为

$$C = B\text{lb}\left(1+\frac{S}{N}\right) \tag{4-18}$$

理论上，只要比特速率 $R_b < C$，通过采用足够复杂的编码方式，该信道就能以任意小的差错概率进行速率为 R_b 的信息传输；若 $R_b = C$，则有

$$\frac{C}{B} = \text{lb}\left(1+\frac{E_b}{N_0}\frac{R_b}{B}\right) = \text{lb}\left(1+\frac{E_b}{N_0}\frac{C}{B}\right) \tag{4-19}$$

$$\frac{E_b}{N_0} = \frac{B}{C}(2^{C/B}-1) \tag{4-20}$$

可知，当 $C/B \to 0$ 时，有$[E_b/N_0] = -1.6(\text{dB})$。该$[E_b/N_0]$值就是香农极限，这意味着对于任何比特速率传输的系统，不可能以低于该值的$[E_b/N_0]$进行无差错传输。

香农公式理论上证明了存在可以提高误码性能的编码方式或者说降低所需 E_b/N_0 的编码方式，并给出了理论极限，也就是说，通过编码方式提高误码性能或降低所需 E_b/N_0 都是有限度的。在链路计算中，需要根据系统设计要求及系统资源情况，选择最佳的调制和编码方式以高效利用系统功率和带宽。

4.1.4 频带和功率利用率

卫星转发器的频带利用率 η_f 和功率利用率 η_p 是卫星链路计算中两个重要的指标。卫星通信系统设计的主要目标是：在满足系统误比特率要求的基础上，使系统的传输容量最大，系统所需的功率最小，即系统的频带利用率和功率利用率最大；或者在系统占用频带和功率资源一定的情况下，使系统传输误比特率最小。

载波频带利用率 η_{fc} 定义为载波占用带宽(有的地方用载波分配带宽)与转发器带宽之比，即

$$\eta_{fc} = \frac{B_a}{B_T} \times 100\% \tag{4-21}$$

载波功率利用率 η_{pc} 定义为载波占用功率与转发器总输出功率之比，即

$$\eta_{pc} = \frac{\text{EIRP}_S}{\text{EIRP}_{SS} - \text{BO}_o} \times 100\% \tag{4-22}$$

式中，EIRP_S 为载波所需的 EIRP 真值，$\text{EIRP}_{SS} - \text{BO}_o$ 为转发器总输出功率真值。

由香农公式可知，功率和带宽资源是可以互换的。对于小站之间的通信，由于地球站发射功率较小、接收能力较差，可以采用带宽利用率较低而功率利用率较高的传输体制(如 BPSK、QPSK)；而对于大站之间的通信，由于地球站发射功率较大、接收能力较强，可以采用带宽利用率较高而功率利用率较低的传输体制(如 8PSK、16APSK、16QAM)。当然以上只是需要考虑的一个方面，在实际系统中还是应该根据系统的实际情况进行全面考虑。

4.2 卫星链路空间传播特性

卫星通信电波在传播过程中会有各种损耗，具体包括自由空间传播损耗、大气吸收损

耗以及降雨、云、雾等造成的散射和衰减等。

4.2.1 自由空间传播损耗

假定自由空间中有一个发射天线为各向同性辐射源，即以球面波形式向各个方向均匀辐射电磁波。在辐射过程中，单位面积上通过的功率定义为功率通量密度。设定天线的发射功率为 P_T，则在距离该天线 d 处的功率通量密度为

$$W_E = \frac{P_T}{4\pi d^2} \quad (\text{W/m}^2) \tag{4-23}$$

实际卫星天线一般都是定向天线，即在某方向的辐射功率大于其他方向的辐射功率。假设发射机天线的发射功率为 P_T，天线增益为 G_T，接收机天线的接收功率为 P_R，接收天线增益为 G_R，如图 4-2 所示。

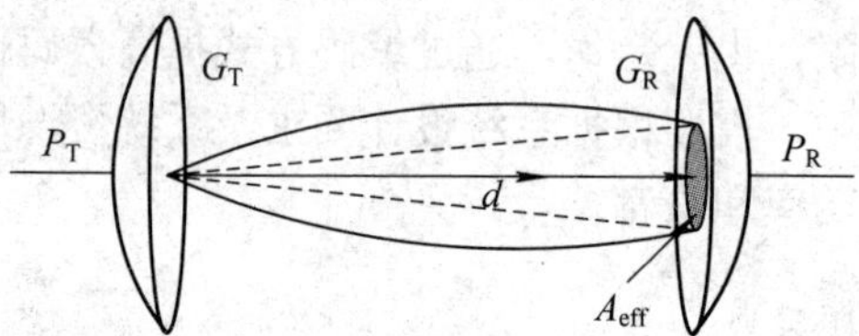

图 4-2　理想卫星通信系统示意图

则在天线视轴方向上距离 d 处的功率通量密度为

$$W_E = \frac{G_T P_T}{4\pi d^2} = \frac{\text{EIRP}}{4\pi d^2} \quad (\text{W/m}^2) \tag{4-24}$$

在接收天线端，入射到接收天线孔径上的能量中，部分能量会被反射到自由空间中，部分能量会被有损器件吸收。利用天线的有效孔径面积 A_{eff} 可以说明天线孔径效率降低的程度。根据天线基础理论，抛物面天线的增益和有效面积满足

$$A_{eff} = G_R \frac{\lambda^2}{4\pi} \tag{4-25}$$

其中，λ 是工作频率对应的波长，则对于接收天线为抛物面天线的接收系统来说，天线的接收功率为

$$A_{eff} = G_R \frac{\lambda^2}{4\pi} \tag{4-26}$$

$$P_R = W_E A_{eff} = \frac{\text{EIRP}}{4\pi d^2} \frac{\lambda^2 G_R}{4\pi} = (\text{EIRP})(\text{G}_R)\left(\frac{\lambda}{4\pi d}\right)^2 \tag{4-27}$$

公式(4-27)即是自由空间条件下的无线电传输方程。式中右边共三项，分别与发射机、接收机以及自由空间距离有关。用 dB 值表示，则上式变为

$$[P_R] = [\text{EIRP}] + [G_R] - 10\log\left(\frac{4\pi d}{\lambda}\right)^2 \tag{4-28}$$

电波在传播过程中总能量将随着传输距离的增大而扩散，由此引起的传输损耗称为链

路的自由空间传输损耗。上式中等号右边的第三项即为自由空间传输损耗(FSL)。以 dB 表示的自由空间损耗计算为

$$[\mathrm{FSL}]=10\log\left(\frac{4\pi d}{\lambda}\right)^2 \tag{4-29}$$

在实际应用过程中，常常知道通信所用的频率而非波长，两者之间可以通过 $\lambda=c/f$ 进行转换，其中 $c=3\times10^8$ m/s，如果频率的单位为 GHz，距离的单位为 km，则自由空间损耗可表示为

$$[\mathrm{FSL}]=92.45+20\log d+20\log f \tag{4-30}$$

因此，式(4-28)可改写为

$$[P_{\mathrm{R}}]=[\mathrm{EIRP}]+[G_{\mathrm{R}}]-[\mathrm{FSL}] \tag{4-31}$$

通过这个公式我们可以得出，自由空间传输损耗随着星地距离的增加而增大，随着频率的增加而增大，如图 4-3 所示。在卫星通信过程中，自由空间传输损耗占总损耗的比例可达到 98%以上。

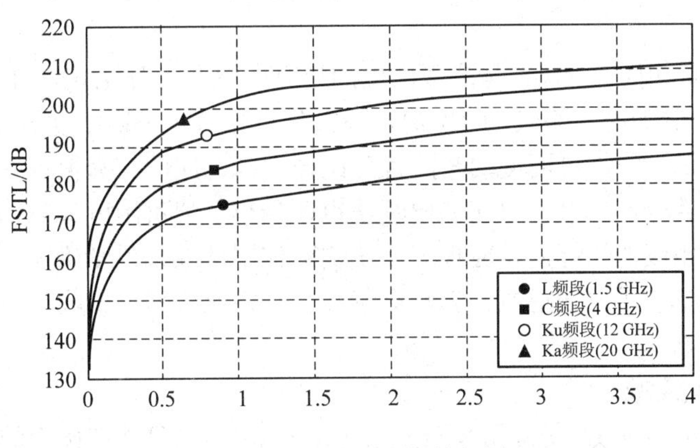

图 4-3　自由空间传输损耗

4.2.2　大气的影响

卫星通信的上行链路和下行链路信号均需要穿越大气层。目前卫星通信常用的频率范围是 1～30 GHz，未来可能扩展到 60 GHz，甚至 100 GHz 以上。从电磁波传播的观点来看，大气中只有 3 个区域对这些频率有影响，分别是对流层、平流层和电离层。

对流层的水汽和氧气、平流层的臭氧，均对电磁波有吸收作用。降雨时，雨滴对电磁波有散射和吸收作用，这些作用就是射电窗口高频截止的基本原因。在 1～300 GHz 的微波频段内，大气的吸收谱线主要有 22 GHz 和 183 GHz 的水汽吸收线、60 GHz 附近和 118 GHz 的氧气吸收线和 100 GHz 以上的许多条较弱的臭氧吸收线。

电磁波传播到电离层会发生反射和衰减，当电磁波的频率低于电离层(F 层)的临界频率时，就要受到电离层的反射，这就是射电窗口低频截止的基本原因。当电磁波的频率

接近临界频率时，电磁波的折射达到最大，直至发生反射，这就是短波通信的基本机理。如果电磁波的频率高于临界频率，电磁波就可以穿透电离层，卫星通信信号都可以穿过电离层。

大气对电磁波传输产生的影响主要有降雨衰减、降雨去极化衰减、大气吸收衰减、雨云冰云衰减、沙尘暴衰减、闪烁衰减、法拉第旋转衰减等，在链路预算中，需要根据不同的气候条件计算相应的衰减。

1. 降雨的影响

降雨对 10 GHz 以上的电磁波有显著的衰减作用，衰减值与雨滴大小、降雨强度等密切相关。降雨的出现用时间的百分比定义，它是指超过给定降雨率的时间。在链路预算中，有关降雨有以下 3 个重要概念。

(1) 降雨率，用 R_p 来表示，单位为 mm/s(或 mm/h)。

(2) 降雨出现的年时间概率百分比，用 p 表示，降雨率只能表明降雨强度的大小，不能表明降雨持续了多长时间，比如某地经常小雨绵绵，很少下大雨或暴雨，另一地很少下雨，但一下就是中、大雨，这两地要考虑的雨衰值相差很大，一定要综合考虑降雨率和降雨出现的年时间概率百分比，不能只考虑一个。一般的表述为：某地一年中有 0.01%的时间降雨率超过 80 mm/s，即一年中约有 53 min 时间的降雨率超过 80 mm/s，可以记为 $R_{0.01}$ = 80 mm/s。

(3) 降雨可用度，用 α 表示，它是降雨出现的年时间概率百分比 p 的相反表示($\alpha = 1 - p$)，如某地 $R_{0.01}$ 为 80 mm/s 时，雨衰为 12 dB，那么就意味着在平均年度的 α=99.99%的时间内，雨衰低于 12 dB。降雨可用度的时间百分比越大，对应的雨衰值也就越大。反过来，降雨可用度的时间百分比越小，对应的雨衰值也就越小。但可用度太低，又会影响系统的传输质量，因此可用度的指标确定应根据系统实际使用情况来科学确定。

降雨对卫星通信信号传输造成的影响有衰减、去极化和恶化接收系统品质因数，下面分别介绍这 3 个影响。

(1) 降雨引起的衰减。

降雨引起的衰减值 A_{RAIN} 是降雨衰减系数 γ_{R}(dB/km)与电磁波在雨中的有效路径 L_{e}(km)的乘积，因为降雨密度在整个实际路径中的分布是不均匀的，所以采用有效路径长度比实际长度更合适，即

$$A_{\text{RAIN}} = \gamma_{\text{R}} L_{\text{e}} \quad \text{(dB)} \tag{4-32}$$

降雨衰减的大小与工作频率、极化方式、降雨率(mm/h)、降雨高度(冰晶层高度)以及天线仰角有关，天线的仰角和降雨高度决定了降雨的有效路径长度。图 4-4 给出了不同仰角时的雨衰频率特性。从图 4-5 中可以看出，当工作频率大于 20 GHz 时，即使小雨造成的损耗也不能忽视。在 10 GHz 以下时，则必须考虑中雨以上的影响。对于暴雨，其衰减更为严重，但分布范围很小，实际暴雨区的有效路径也较短。为了保证可靠通信，在进行链路设计时，通常先以晴天为基础进行计算，然后留有一定的余量，以保证降雨、下雪等情况仍然满足通信质量要求，这个余量叫降雨余量。而对于暴雨的影响，通常要求地球站的发射功率要有一个增量。

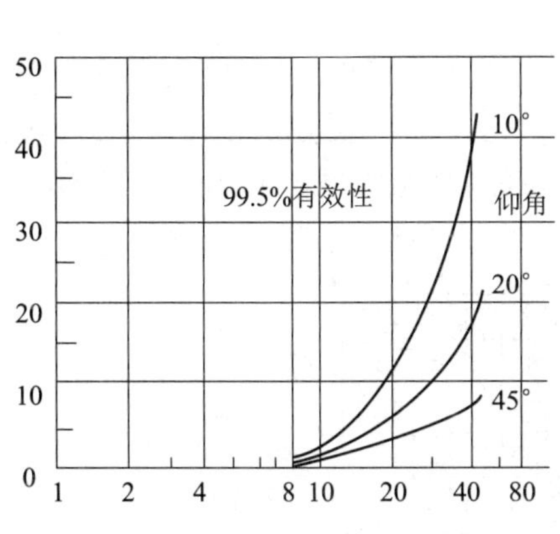

图 4-4　不同仰角时的雨衰频率特性

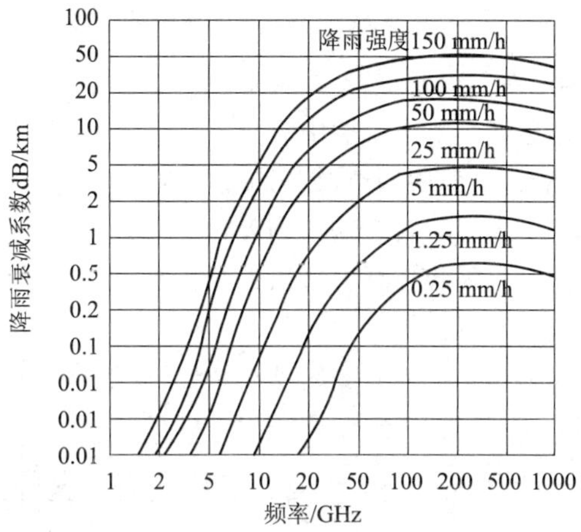

图 4-5　降雨衰减系数 γ_R 的频率特性

(2) 去极化影响。

降雨会对电磁波的极化特性产生衰减和相移，从而产生去极化。大气中的雨在刚开始时是非常小的水滴，这些小水滴的表面张力可以保证其维持球形形状。随着雨滴之间相互碰撞结合，形成的大雨滴受到空气阻力作用，形状变为扁球形。但由于风的作用，使得雨滴形状产生随机角度的倾斜。假设一电磁波的电场矢量与倾斜降落雨滴的长轴夹角为 τ，由于电场的垂直分量与雨滴的短轴平行，它经过雨水的路径要比水平分量短，所以两个电场分量受到的衰减和相位偏移都存在差别，这两种差别分别称为差分衰减和差分相位偏移。因此，电磁波在穿过雨滴后的极化角相对于进入雨滴前的极化角发生了变化，引起电磁波的去极化效应。如图 4-6 所示为极化矢量与雨滴长短轴的关系。此外，冰晶层位于降雨区的顶部，冰晶的存在也可导致去极化效应。

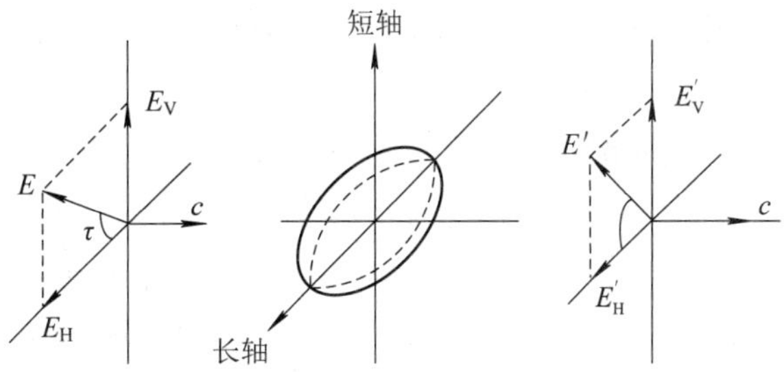

图 4-6　极化矢量与雨滴长短轴的关系

(3) 降雨会增加地球站天线的噪声温度，恶化接收系统 G/T 值，对此问题的详细论述见下文“大气吸收损耗”。

总结起来，降雨对频率在 10 GHz 以下的电磁波信号造成的衰减及交叉极化特性的恶化都比较小，对系统链路性能影响不大；对频率在 10 GHz 以上的电磁波信号造成的衰减、G/T 值恶化及交叉极化特性恶化都比较大，因此对 10 GHz 以上的系统进行设计时，应充分考虑降雨带来的各种影响。

除降雨外，冰晶、冰雹、降雪甚至沙尘暴都会造成信号衰减。冰晶、冰雹和降雪可参考降雨进行分析，但其衰减通常较小。由沙尘暴引起的衰减与粒子潮湿度及电磁波穿过沙尘暴的路径长度有关：在 14 GHz 时，对于干燥粒子的衰减在 0.03 dB/km 的量级；湿度大于 20%时的粒子衰减是 0.65 dB/km 的量级。

2. 大气吸收损耗

电磁波受到大气层中氧分子、水分子等的吸收，将造成信号衰减，大气吸收衰减的 dB 值记为[AA]。大气吸收衰减与通信频率、地球站仰角等参数有关。图 4-7 给出的是频率低于 30GHz 时的标准大气吸收衰减，当天线仰角为 30° 时，C 频段的大气吸收损耗典型值为 0.1 dB，Ku 频段的大气吸收损耗典型值为 0.2 dB，Ka 频段的大气吸收损耗典型值为 0.35 dB。

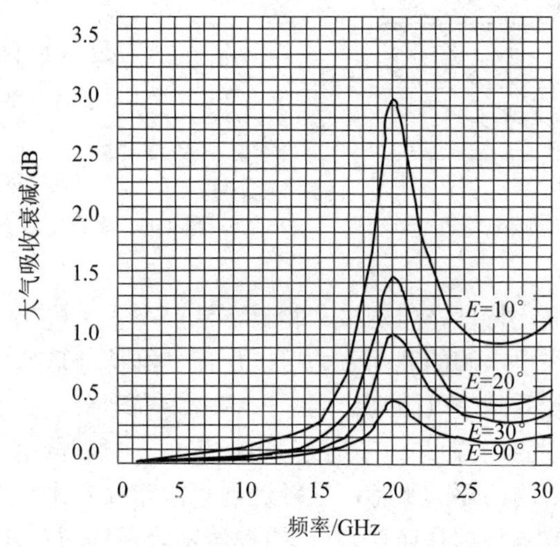

图 4-7　大气吸收衰减与频率及仰角的关系曲线

3. 电离层吸收衰减

电离层中除自由电子外，还存在正离子、负离子和中性的气体分子和原子。当电磁波频率与等离子体碰撞频率接近时，吸收功率达到峰值。当电磁波频率比等离子体碰撞频率低时，电磁波频率越高，被吸收的越多，卫星通信使用的微波频率比电离层中的碰撞频率高不少，不会引起电波与电子的共振，所以通常能够低反射、低吸收地穿过电离层，频率越低，吸收越强烈。

4. 电离层闪烁

电离层中不均匀气体使得电磁波穿过时发生折射和散射，造成电波信号的幅度、相位、到达角、极化状态等发生短期不规则的变化，这就是电离层闪烁现象。

电离层闪烁发生的频率和强度与时间、太阳活动、纬度、地磁环境有关，衰落强度还与工作频率有关，衰减近似与频率的平方成反比。因此，电离层闪烁对 VHF、UHF 和 L 波段的信号影响尤其严重，电离层闪烁效应必须考虑。

电离层闪烁影响的频率和地域都较宽，不易通过频率分集、极化分集、扩展频谱等方法解决，但可通过编码、交织、重发等技术来克服衰落，减少电离层闪烁的影响。

5. 法拉第旋转

电离层会使线极化波的极化平面产生旋转，旋转角度与极化方向相反并与频率的平方成反比。它是电离层中电子成分的函数，并随着时间、季节和太阳周期变化。一般情况下，电离层对工作在 Ku 或 Ka 频段的电磁波的极化影响很小，基本可以忽略；但工作在 L 频段下的线极化的电磁波极化面会明显旋转而严重影响通信质量。

地球站可通过调高极化隔离度以增加储备余量和安装下行极化跟踪装置来消除法拉第旋转的影响。一般卫星公司要求上行载波的极化隔离度达到 33 dB 以上。法拉第旋转效应无法改变圆极化波的极化方向，因此圆极化波不受影响。

4.2.3 减轻大气影响的主要措施

1. 极化调整

降低去极化影响的最好方法是对地球站天线的极化特性进行调整，具体方法是：对于上行链路，对发射天线的极化进行预校正，使得卫星天线接收的电磁波极化方向与其匹配；对于下行链路，对接收天线的极化进行校正，使得地球站天线极化方向与接收的电磁波匹配。

2. 分集技术

分集技术是解决雨衰问题的有效措施。在卫星通信系统中的抗雨衰分集技术有位置分集和频率分集两种。

1) 位置分集

由于降雨量较大的区域一般比较小，如果要克服大降雨量的严重影响，则可布置两个地球站，并使其距离大于降雨区域中相距最远两点的距离，这两个地球站各自与卫星的路径相互就是统计独立的。位置分集就是利用这种特性，将一条通信链路分配给两个地球站，利用地面链路的分集处理器，对两个站进行择优选用。如果其中有一个站的衰减超过了该站的功率储备，那么至少还有另一个站可以使用，这样就使链路可用度得到提高。只要两个站位置设计合适，不处于同一个严重降雨区内，则并不需要地球站有多大的功率储备也能保证系统的可用度。位置分集还能减轻闪烁和交叉极化干扰的影响。

2) 频率分集

由于雨衰与频率的关系很大，在高频段(如 Ku、Ka 频段)，降雨对链路影响较大，而在低频段(如 L、S、C 频段)，降雨对链路影响较小。频率分集的含义就是卫星通信系统可以工作在高、低两个频段，当雨衰不大时工作在高频段，当雨衰严重时工作在低频段。这样虽然可以减少雨衰的影响，但系统的复杂性及成本也会大大增加。

3. 自适应

自适应是指改变信号衰减期间的链路参数，以这样的方式维持所需要的载噪比。常用的几种自适应方法有：

(1) 改变调制制式或编码方式，也就是说，在衰减期间采用功率利用率更高的调制方式或编码增益更高的编码方式。

(2) 采用上行功率控制技术，提高发射链路 EIRP，补偿链路雨衰等损耗。

(3) 降低容量。在使用前向纠错码时，减小所需要的 C/N_0 值，代价是降低信息比特率 R_0。

4.3 接收系统的噪声特性

卫星链路中接收机收到的信号功率为皮瓦级，并且在接收机的输入端总是存在噪声的影响。卫星链路中的噪声来源主要分为三类：一是接收机中正在工作的各种电阻和器件中的电子布朗运动，这是设备中电子噪声的主要来源，这种随机运动与温度有关，因此称为热噪声；二是天线中有损耗的组件产生的热噪声、被天线所接收的各种噪声，也类似于热噪声；三是多载波工作时卫星及发射地球站的非线性器件产生的互调噪声及各类干扰噪声等，将在后续部分进行讨论。

4.3.1 天线噪声温度

1. 卫星天线噪声温度

卫星天线外部输入的噪声主要是来自地球和外部空间的噪声。地球静止轨道卫星的地球视角是 17.4°，此时如果天线波束宽度 $\theta_{3dB} = 17.4°$，则天线噪声温度与频率和卫星轨道位置有关。对于较小的波束(点波束)，噪声温度依赖于频率和覆盖区域，Ku 频段陆地辐射的噪声温度为 260～290 K，海洋辐射的噪声温度在 150 K 左右。雨衰对卫星接收天线等效噪声温度的影响非常有限，由于星上天线的主瓣对准地球，而地球是一个表面温度约为 290 K 的热噪声源，与大气中的降雨层介质温度接近，星上接收机的等效噪声温度也在几百开尔文(K)，所以上行雨衰对星上天线的噪声温度影响很小，一般不予考虑。

2. 地球站天线噪声温度——晴天条件

地球站天线外部输入的噪声包括来自天空和地面辐射的噪声以及由大气及降雨引起的噪声，天线噪声温度计算公式为

$$T_A = T_{GROUND} + T_{SKY} \quad (K) \tag{4-33}$$

图 4-8 显示净空亮度温度是频率和仰角的函数。由图 4-8 可知，在相同天线口径的条件下，频率越高，天线噪声温度越高。此外，在相同频率条件下，天线噪声温度随仰角增加而减少，天线口径越大，天线噪声温度越低。在晴天条件下，大型 C 波段地面天线的总噪声温度的典型值是 60 K，而 Ku 波段地面天线的总噪声温度的典型值是 80 K。

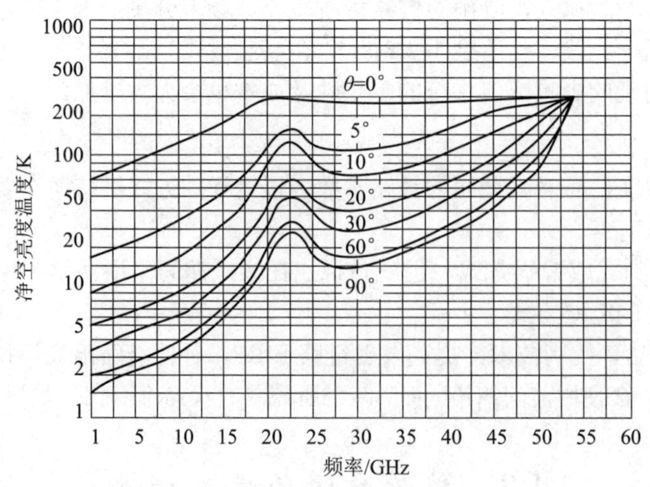

图 4-8　净空亮度温度与频率和仰角的关系

3. 地球站天线噪声温度——降雨条件

当出现云和雨等气象情况时，天线的噪声温度会增加，电波穿过的雨区相当于在下行

链路上串联了一个物理温度为 T_m，衰减为 A_{RAIN} 的无源衰减器。这个衰减对天线噪声温度的影响一方面是对天空噪声产生衰减，另一方面也会产生热噪声，此时天线噪声温度变为

$$T_A = \frac{T_{SKY}}{A_{RAIN}} + \left(1 - \frac{1}{A_{RAIN}}\right) + T_{GROUND} \text{ (K)} \tag{4-34}$$

由降雨给天线噪声温度带来的增量为

$$\begin{aligned}\Delta T_A &= \frac{T_{SKY}}{A_{RAIN}} + T_m\left(1 - \frac{1}{A_{RAIN}}\right) + T_{GROUND} - T_{SKY} - T_{GROUND} \\ &= (T_{SKY} - T_m)\left(1 - \frac{1}{A_{RAIN}}\right) \\ &= (T_{SKY} - T_m)(1 - 10^{-[A_{RAIN}]/10})\end{aligned} \tag{4-35}$$

式中$[A_{RAIN}]$为用 dB 表示的雨衰值。由式(4-34)可知，由于降雨造成噪声温度的增量是降雨衰减的单调增函数，如图 4-9 所示。

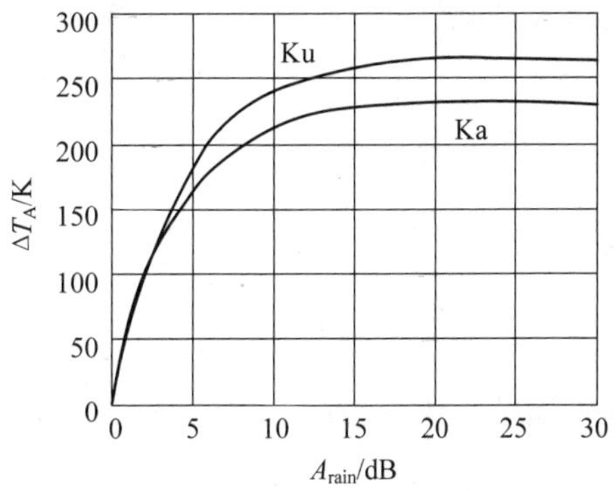

图 4-9　雨衰与噪声温度增量的关系曲线

4.3.2　接收机等效噪声温度

卫星通信系统中的电路主要工作于线性或近线性状态，可以近似为一个线性网络。为了分析方便，将链路中各种线性网络产生的噪声等效为热噪声，引入等效噪声温度来描述。线性网络的等效噪声温度 T_e 可以这样理解：若该网络工作时内部噪声产生的噪声功率为 ΔN，则如果把该网络看成是理想器件，为在其输出端产生相同的噪声功率，需要在其输入端连接一个噪声温度为 T_e 的理想电阻，该电阻产生的热噪声功率(ΔN)相当于该器件的内部噪声功率。噪声源的等效噪声温度是一个虚拟的温度，与绝对物理温度不同，比如一个天线的绝对物理温度为 300 K，它的等效噪声温度可能只有 35 K。

1. 放大器噪声温度

对于天线和低噪声放大器组成的系统，低噪声放大器的可用功率增益用 G(绝对值)表示，天线输入的噪声功率谱密度为

$$N_{0,ant} = kT_{ant} \tag{4-36}$$

那么经放大器放大后的输出噪声功率谱密度变为 $GN_{0,\text{ant}}$ 加上放大器本身的噪声。如果放大器的输入端用等效噪声温度 T_e 表示，则放大器的输出噪声为

$$N_{0,\text{out}} = Gk(T_{\text{ant}} + T_{\text{e}}) \tag{4-37}$$

因此放大器输入端总的等效噪声为

$$N_{0,\text{in}} = k(T_{\text{ant}} + T_{\text{e}}) \tag{4-38}$$

当有 N 个级联的放大器时，此时总的增益为

$$G = G_1 G_2 \cdots G_N \tag{4-39}$$

先考虑 N=2 的情况，放大器 2 的内部噪声等效到它的输入端时为 kT_{e2}。由前一级放大器输入到放大器 2 的噪声为 $G_1k(T_{\text{ant}} + T_{e1})$，因此放大器 2 的输入总噪声为

$$N_{0,2} = G_1 k(T_{\text{ant}} + T_{\text{e1}}) + kT_{\text{e2}} \tag{4-40}$$

可以认为在放大器 1 输入端输入的噪声功率谱密度就是式(4-40)除以放大器 1 的有效增益，即

$$N_{0,1} = \frac{N_{0,2}}{G_1} = k\left(T_{\text{ant}} + T_{\text{e1}} + \frac{T_{\text{e2}}}{G_1}\right) \tag{4-41}$$

现在将系统噪声温度定义为 T_s，则有

$$T_{\text{s}} = T_{\text{ant}} + T_{\text{e1}} + \frac{T_{\text{e2}}}{G_1} \tag{4-42}$$

式(4-42)表明第二级放大器的噪声温度除以第一级放大器增益就得到该噪声折算到第一级放大器输入端的噪声温度。因此为了使整个系统的噪声尽可能低，第一级放大器(通常为 LNA)的增益要尽量高，且噪声温度要尽量低。当存在更多级($N \geqslant 2$)级联情况时

$$T_{\text{s}} = T_{\text{ant}} + T_{\text{e1}} + \frac{T_{\text{e2}}}{G_1} + \frac{T_{\text{e2}}}{G_1 G_2} + \cdots + \frac{T_{\text{e2}}}{G_1 G_2 \cdots G_{N-1}} \tag{4-43}$$

卫星通信系统的信号传播距离远，损耗大。弱的接收信号需要对接收系统的内部噪声进行较精确的估计，不恰当地提高系统指标，会付出较大代价。因此通常采用较精细的等效噪声温度来估计系统噪声性能。除了用等效噪声温度表示放大器噪声外，还可以用噪声系数 F 来衡量。噪声系数定义为输出端有效噪声功率与器件输入端噪声源形成的噪声功率的比。假定噪声源处于室温下，记为 T_0，通常认为室温为 290 K。放大器的放大增益为 G，噪声带宽为 B，放大器的噪声系数 F 为

$$F = \frac{(Gk(T_0 + T_{\text{e}})B)}{(GkT_0 B)} = \frac{T_0 + T_{\text{e}}}{T_0} = 1 + \frac{T_{\text{e}}}{T_0} \tag{4-44}$$

或者

$$T_{\text{e}} = (F - 1)T_0 \tag{4-45}$$

以分贝值来表示噪声系数 F 为

$$[F]=10\log F \quad (\text{dB}) \tag{4-46}$$

这说明了噪声系数和噪声温度之间的等价关系。为了方便，在实际卫星接收系统中，噪声温度用于规定低噪声放大器和变频器，而噪声系数则用于规定主要的接收机单元。

2. 吸收网络的噪声温度

含有电阻的网络称为吸收网络。电阻会吸收信号的能量并将其转换为热量，结果导致信号损失。电阻衰减器、传输线、波导等都是吸收网络的例子。甚至可以认为降雨过程中也形成了一个吸收网络，因为无线电波通过雨区时会产生衰减。由于吸收网络中含有电阻，自然将产生热噪声。

现在分析一个功率损耗为 L 的吸收网络，如图 4-10 所示。功率损耗定义为输入功率与输出功率的比值，显然 L 总是大于 1，并可以等效为通过该网络的放大增益为 $G=1/L$。令网络的一端接终端阻抗 R_T，另一端接天线，且两端都匹配，如图 4-10 所示。假设环境噪声为 T_0，则由 R_T 输入网络的噪声能量为 kT_0。令输出终端(此刻该终端与天线相连)的网络噪声用等效噪声温度 $T_{NW,O}$ 表示，则由天线辐射的噪声能量 N_{rad} 为

$$N_{rad}=\frac{kT_0}{L}+kT_{NW,O} \tag{4-47}$$

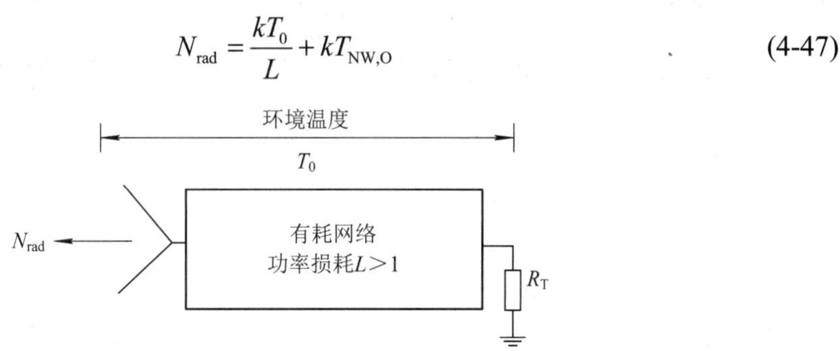

图 4-10　双端匹配网络(一端匹配于终端电阻 R_T，另一端匹配一根天线)

因为天线等效于温度为 T_0 的阻抗源，所以进入天线并被辐射的噪声能量为 kT_0。注意，天线阻抗与网络匹配是一种假设，假设的条件是该天线的阻抗只表示辐射的功率，但不产生噪声功率。将 N_{rad} 的表达式带入式(4-47)，可得

$$T_{NW,O}=\left(1-\frac{1}{L}\right)T_0 \tag{4-48}$$

这就是网络输出端的网络等效噪声温度。网络输出端的等效噪声温度除以网络增益 $1/L$，就可以算出网络输入端的等效噪声温度为

$$T_{NW,I}=(L-1)T_0 \tag{4-49}$$

由于网络是双向的，所以上面两个式子均可以拥有两种信号流向。

3. 全系统的噪声

对于全系统的噪声温度，我们以如图 4-11(a)所示的一个典型接收系统为例进行说明，根据前面对吸收网络和放大器的分析可得，系统在输入端的噪声温度为

$$T_S=T_{ant}+T_{e1}+\frac{(L-1)T_0}{G_1}+\frac{L(F-1)T_0}{G_1} \tag{4-50}$$

当接收系统的连接方式如图 4-11(b)所示时，系统在输入端的噪声温度为

$$T_S = T_{ant} + (L-1)T_0 + LT_{e1} + \frac{L(F-1)T_0}{G_1} \tag{4-51}$$

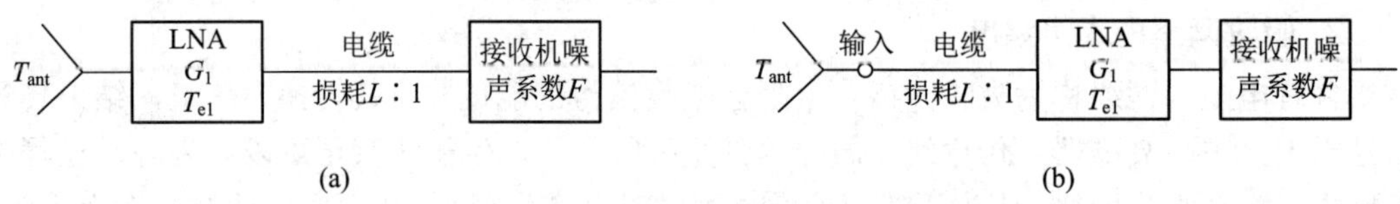

图 4-11　典型接收系统

4.4　地球站和卫星特性

4.4.1　地球站地理参数

与链路预算有关的地球站地理参数主要有地球站对卫星的天线仰角、方位角、极化角及站星距离。本章只讨论位于北半球的地球站相对静止轨道卫星的地理参数，设地球站 A 的坐标为(ϕ_1,θ_1)，卫星的星下点坐标为$(\phi_1,0)$，上述 4 个地理参数都与卫星与地球站经度差$\phi=\phi_2-\phi_1$及地球站纬度θ_1有关，如图 4-12 所示。

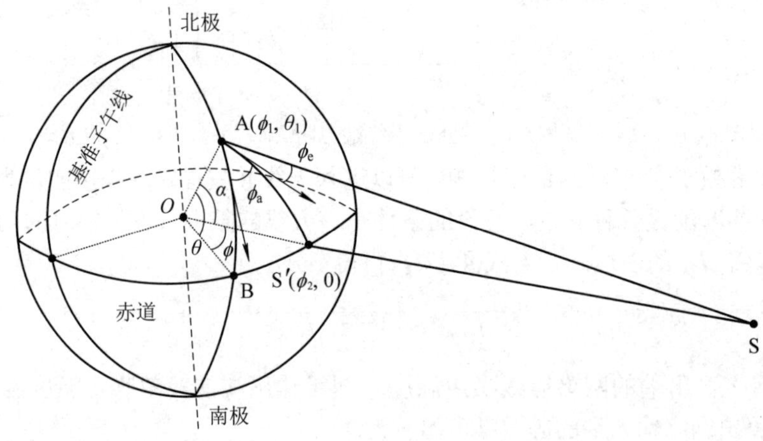

图 4-12　卫星与地球站的相对关系

地球站要对准卫星必须实时调整其俯仰角、方位角和极化角。地球站天线俯仰角定义为地球站与卫星的轴向方向与地球站水平面的夹角，用ϕ_e或 el 表示。地球站方位角定义为以地球站正北方向为基准，顺时针旋转至地球站与卫星星下点连线的角度，用ϕ_a或δ表示。由于位于赤道上空的卫星经度与地球站经度一般并不相同，这时地球站天线的极化必须旋转一个角度才能与卫星电波的极化方向相匹配，这个旋转的角度就叫极化角。极化角等于星下点地球站天线所在的地平面与该地球站天线所在的地平面之间的夹角，如图 4-13 所示，极化角用θ_p表示。

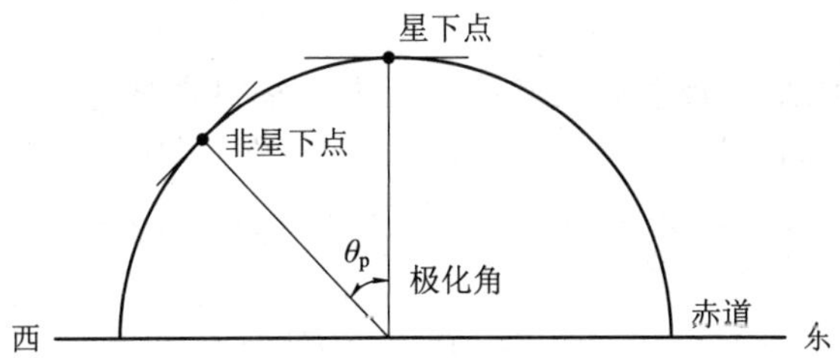

图 4-13　地球站极化角示意图

由球面三角形的余弦定理，可得地球站的方位角和俯仰角分别为

$$\phi_e = \arctan\left[\frac{\cos\theta_1 \cos\phi - 0.151}{\sqrt{1-(\cos\theta_1 \cos\phi)^2}}\right] \quad (^\circ) \tag{4-52}$$

$$\phi_a = 180 \pm \arctan\left(\frac{\tan\phi}{\sin\theta_1}\right) \quad (^\circ) \tag{4-53}$$

$$\theta_p = \pm\left[\arctan\left(\frac{\tan\theta}{\sin\phi}\right) - 90\right] \quad (^\circ) \tag{4-54}$$

对于 ϕ_a 和 ϕ_p 两个角度，当 $\phi>0$ 时，卫星位于地球站东侧，公式取“−”；当 $\phi<0$ 时，卫星位于地球站西侧，公式取“+”。

星站距定义为地球站与卫星之间的直线距离，用 d 表示，即

$$d = 13505 \times \sqrt{10 - 3\cos\theta_1 \cos\phi} \quad (\text{km}) \tag{4-55}$$

4.4.2　天线参数

1. 天线增益

天线增益是指在给定方向上天线每单位角度功率辐射密度(或接收)与馈送相同功率的全向天线每单位角度上功率辐射密度(或接收)之比，一般用最大辐射方向上(也称轴向)的增益表示天线增益，即

$$G = \frac{4\pi}{\lambda^2} A_{\text{eff}} \tag{4-56}$$

式中：A_{eff} 为天线等效口径面积。对于一个直径为 D 的圆反射面天线，几何面积 $A = \pi D^2/4$，则 $A_{\text{eff}} = \eta_A$，η 是天线效率，因而有

$$G = \eta\left(\frac{\pi D}{\lambda}\right)^2 = \eta\left(\frac{\pi Df}{c}\right)^2 \tag{4-57}$$

实际工程中经常用 dBi(相对于全向天线的增益)表示天线增益，即

$$[G] = 20.4 + 20\lg D \cdot f + 10\lg\eta \quad (\text{dBi}) \tag{4-58}$$

式中：D 为天线口径(m)；f 为频率(GHz)；η 为天线效率，其典型值是 55%～75%。

2. 波束宽度

波束宽度定义为沿最大辐射方向向两侧延展，辐射强度降低到某个值的两点间的夹角。波束宽度越窄，方向性越好。3 dB 宽度 θ_{3dB} 是经常使用的，3 dB 波束宽度对应于最大增益方向上衰落一半的角度，又叫半功率波束宽度。通常有下面表达式，即

$$\theta_{3dB}=70\frac{\lambda}{D}=70\frac{c}{fD}\quad (°) \tag{4-59}$$

3. 极化损耗

当接收天线的极化方向与接收电磁场的极化方向不完全吻合时，需要考虑极化适配误差，用 L_p 表示。

对圆极化链路，发射波只在天线轴向是圆极化，偏离该轴就变为椭圆极化。在大气中传播也能使圆极化变为椭圆极化。对于线极化链路，在大气中传播时，电磁波会在它的极化平面上产生旋转，假设极化面旋转角度为 θ_p，相当于发射信号线极化方向与接收设备所要求的线极化方向之间的夹角，则有极化适配损耗计算公式为

$$[L_p]=-20\lg\cos\theta_p\quad (dB) \tag{4-60}$$

需要说明的是，利用圆极化天线接收线极化波或线极化天线接收圆极化波的情况下，极化损耗 L_p 都是 3 dB。

4. 指向损耗

当天线指向偏离最大增益方向时，其结果是造成天线增益降低，该天线增益降低值就叫指向损耗。指向损耗是偏离角度 θ_e 的函数，即

$$[L_e]=12\left(\frac{\theta_e}{\theta_{3dB}}\right)^2\quad (dB) \tag{4-61}$$

具体地可以将天线指向损耗分为发射天线指向损耗和接收天线指向损耗，它们分别是发射偏离角 L_T 和接收偏离角 L_R 的函数。引起天线指向误差的因素主要有 3 种：星体漂移引起的误差、天线初始指向误差以及由风等因素引起的误差。当地球站配置了天线跟踪设备时，可减小天线指向误差，一般跟踪精度为 1/10～1/8 的半功率波束宽度。这样天线指向损耗约为 0.12 dB～0.2 dB。

在链路预算中，有时还要考虑天线面精度不够而引起的增益损失。例如，在 6 GHz 时，1 mm 的面精度误差就会造成 0.27 dB 的增益损失；20 GHz 时，0.5 mm 的面精度误差就会造成 0.76 dB 的增益损失。而且表面精度误差还会造成天线旁瓣性能恶化，因此系统设计时不能忽视对天线表面精度的要求，尤其是对 Ka 频段及 EHF 等高频段天线。

4.4.3 地球站 EIRP

假定地球站高功率放大器输出功率为 P_T，天线发射增益为 G_T，则 P_TG_T 称为地球站有效全向辐射功率(EIRP)，如果考虑到发射机和天线之间的馈线损耗为 L_{FTX}，则地球站有效全向辐射功率用 dBW 表示为

$$[EIRP_E]=[P_T]+[G_T]-[L_{FTX}]\quad (dBW) \tag{4-62}$$

4.4.4　地球站 G/T

地球站 G/T 是地球站接收天线增益与接收系统噪声温度之比，又叫地球站品质因数，即

$$[G/T]=[G_{ER}]-10\lg T \quad (\text{dB/K}) \tag{4-63}$$

地球站 G/T 是卫星通信链路预算的重要参数，对 G/T 的计算必须准确，以反映传输链路及地球站的性能。

为了更真实准确地说明问题，图 4-14 给出了 G/T 分析模型。图中：

(1) G_R 为天线接收增益(dB)；

(2) T_a 为天线折算到输出法兰盘的噪声温度(K)；

(3) P 为反射系数，又称失配损耗；

(4) L_1 为阻发滤波器损耗(dB)；

(5) T_s 为折算到低噪声放大器输入端的噪声温度(K)；

(6) G_R' 为折算到低噪声放大器输入端的天线接收增益(dB)；

(7) T_{LNA} 为低噪声放大器的噪声温度(K)；

(8) G_{LNA} 为低噪声放大器增益(dB)；

(9) L_2 为低损耗电缆损耗、微波分路器损耗及其他损耗(dB)；

(10) F_2 为下变频器噪声系数(dB)。

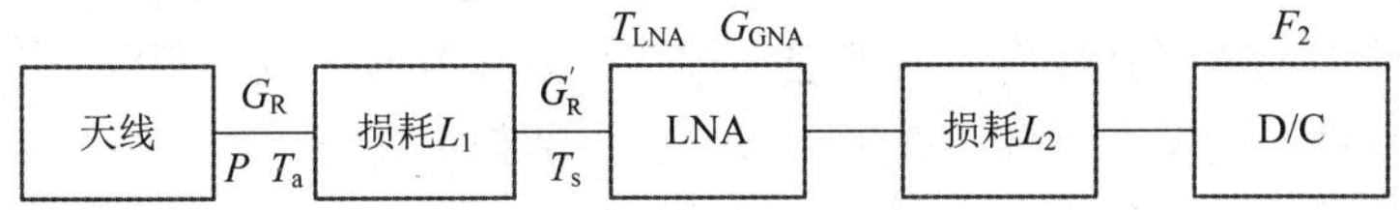

图 4-14　G/T 分析典型模型

以下的计算参考点就选择为低噪声放大器的输入口，这样就需要把天线接收增益和接收系统噪声温度都折算到这一点来进行计算。接收系统噪声温度为天线、低噪声放大器及后端设备折算到低噪声放大器输入口的噪声温度之和，即

$$T_S=T_{LNAU}+T_{LNA}+T_{LNAD} \quad (\text{K}) \tag{4-64}$$

式中，与 T_{LNAU} 为低噪声放大器前面设备(天线等)的噪声温度折算到低噪声放大器输入口的噪声温度；T_{LNA} 为低噪声放大器本身在输入口的噪声温度；T_{LNAD} 为把低噪声放大器后面设备(下变频器等)的噪声温度折算到低噪声放大器输入口的噪声温度。

$$T_{LNAU}=\frac{T_a+(L_1-1)T_0}{L_1}(1-P^2) \quad (\text{K}) \tag{4-65}$$

$$T_{LNAD}=\frac{(F_2\cdot L_1-1)T_0}{G_{LNA}} \quad (\text{K}) \tag{4-66}$$

折算到低噪声放大器输入口的天线接收增益为

$$[G_R']=[G_R]+10\lg(1-P^2)-[L_1] \quad (\text{dB}) \tag{4-67}$$

根据以上计算公式就可以比较准确地计算出系统的 G/T 值，即

$$[G/T]=[G_{\mathrm{R}}']-10\lg T_{\mathrm{s}} \quad (\mathrm{dB/K}) \tag{4-68}$$

需要说明的是，以上计算的是净空条件下的 G/T 值。在雨天条件下，降雨除了造成雨衰和去极化的影响以外，还会增加接收系统的噪声温度，恶化接收系统的 G/T 值。由降雨带来的 G/T 值的恶化量为

$$\Delta[G/T]=10\lg\frac{T_{\mathrm{s}}+\Delta T_{\mathrm{A}}}{T_{\mathrm{s}}} \quad (\mathrm{dB}) \tag{4-69}$$

降雨条件下的地球站接收品质因数为

$$\Delta[G/T]_{\mathrm{RAIN}}=[G/T]-\Delta[G/T] \quad (\mathrm{dB/K}) \tag{4-70}$$

4.4.5 卫星转发器主要参数

卫星转发器有许多参数来描述其特性，但对卫星通信链路分析，常用的只有 5 个参数，分别是饱和功率通量密度 SFD、有效全向辐射功率 EIRP、接收系统品质因数 G/T、转发器功率输出回退 $\mathrm{BO_o}$ 及输入回退 $\mathrm{BO_i}$。转发器的饱和功率通量密度 SFD、有效全向辐射功率 EIRP、接收系统品质因数 G/T 这 3 个参数与卫星波束覆盖区域的具体地理位置有关，一般来说，越靠近波束中心，这 3 个参数的值要大一些，越靠近波束边缘，3 个参数的值要小一些，具体与波束的赋形特性有关，但也不排除在某些特殊区域，可以采用区域波束增强技术来提高局部地区的覆盖性能。在进行应急卫星通信系统设计时，需要从相关卫星公司获取所使用卫星的覆盖性能图或性能表，据此选取链路的转发器参数，需要注意的是，选取饱和功率通量密度 SFD 和卫星品质因数 G/T 时应参考发地球站的地理位置，选取卫星有效全向辐射功率 EIRP 时应参考收地球站的地理位置。

1. 单载波饱和功率通量密度

单载波输入饱和通量密度 SFD(Saturation Flux Density)的含义是为使卫星转发器处于单载波饱和状态工作，在其接收天线的单位有效面积上应输入的功率，单位为 $\mathrm{dBW/m^2}$。SFD 是上行链路的重要参数，SFD 反映卫星信道的接收灵敏度，在链路预算中的主要作用是计算地球站的上行全向辐射功率，进而计算出所需的发射站天线口径和功放大小。通过调整转发器信道单元中的可变衰减器，可以在一定范围内改变 SFD 的数值。SFD 值越小，所要求的上行功率就越低，即很容易就把转发器推至饱和状态。不过，一味提高 SFD 灵敏度也不是好事，因为灵敏度提高了，虽然降低了对上行功率的需求，也相应降低了上行载噪比，会降低上行链路的抗干扰能力。

2. 有效全向辐射功率

卫星的有效全向辐射功率 EIRP(Equivalent Isotropic Radiated Power)是指转发器被单载波推到饱和工作点时，转发器的最大输出功率，记为 $\mathrm{EIRP_{SS}}$，单位为 dBW；SFD 相当于转发器的输入，而 EIRP 相当于转发器的输出。此外，在链路预算中还有两个重要参数，

一个是单载波所需的转发器 EIRP 值，记为 $EIRP_S$，另一个是系统各载波所需总的 EIRP 值，记为 $EIRP_{SM}$，卫星 EIRP 值的计算是下行链路计算中的重要内容。

3. 接收系统品质因数

卫星接收系统的品质因数 G/T 中，G 为卫星天线增益，T 为卫星接收系统的噪声温度，因此品质因数的单位为 dB/K。卫星接收系统的品质因数定义为卫星接收天线增益与接收系统噪声温度之比，同样用$[G/T]_S$表示。$[G/T]_S$反映了卫星接收系统的质量，表征了卫星接收不同地理位置的信号的放大能力，$[G/T]_S$在链路预算中的主要作用是计算上行载噪比，$[G/T]_S$和 SFD 反映的是卫星接收系统的性能。

4. 输入/输出回退

卫星转发器的功率放大器多采用行波管放大器(TWTA)或固态功率放大器，这两种放大器在最大输出功率点附近的输入/输出关系曲线都会呈现非线性特性，固态功率放大器的线性特性比行波管放大器的要好一些。当多载波工作于同一个转发器时，为了避免由于非线性产生的交调干扰，必须控制转发器不能使输出功率过大以至进入非线性区。转发器输出功率一定要回退一定数值，数值多少以使放大器工作在线性状态为准，但此时整个转发器的输出功率将远低于最大功率。为了减小这种损失，有的转发器配置有线性化器以改善放大器的非线性。带线性化器的转发器，一般输入回退是 6 dB，输出回退是 3 dB；如不带线性化器，则一般输入回退是 9～11 dB，输出回退是 4～6 dB。整个转发器只有一个大载波工作则不需要回退，转发器可以达到饱和最大功率输出。

对多载波工作的转发器，首先就必须设置转发器的输入和输出回退点，然后在此基础上每个载波再按照分配的转发器带宽，按比例进行回退。这就要求每个载波都按照相应比例，发射自己应该发的功率，即使整个转发器安排满了载波，转发器的总输出功率也会被控制在输出回退点上。

上面讲了两个概念，一个是转发器的输入回退和输出回退，分别记为 BO_i 和 BO_o，另一个是载波的输入/输出回退，分别记为 BO_{ic} 和 BO_{oc}。还有一个载波回退值的概念，计算公式为

$$BO_c = 10\lg(B_T/B_o) \quad (dB) \tag{4-71}$$

式中，B_T 为转发器带宽，B_o 为载波占用带宽。

载波输入回退/输出回退与转发器输入回退/输出回退的关系为

$$BO_{ic} = BO_c + BO_i \quad (dB) \tag{4-72}$$

$$BO_{oc} = BO_c + BO_o \quad (dB) \tag{4-73}$$

上面讨论的是针对卫星转发器的输入/输出补偿及载波输入/输出补偿，但其概念和计算方法同样可以用在地球站的功率放大器上。地球站功率放大器的输入/输出补偿用于计算载波的上行 $EIRP_E$。卫星转发器的输入/输出补偿用于计算载波下行 $EIRP_S$。

4.5 卫星通信链路分析

4.5.1 上行链路分析

1. 上行链路载噪比$[C/T]_U$

上行链路载噪比的计算公式为

$$[C/T]_U = [\mathrm{EIRP}]_E - [\mathrm{LOSSES}]_U + [G/T]_S \quad (\mathrm{dBW/K}) \tag{4-74}$$

式中，$[C/T]_U$为上行链路载噪比；$[\mathrm{LOSSES}]_U$为上行链路传播损耗；$[G/T]_S$为卫星接收品质因数；$[\mathrm{EIRP}]_E$为地球站全向有效辐射功率，其中

$$[\mathrm{EIRP}]_E = [P_T] + [G_T] - [L_{FTX}] \quad (\mathrm{dBW}) \tag{4-75}$$

$$[\mathrm{LOSSES}]_U = [\mathrm{FSL}]_U + [A_{RAIN}] + [\mathrm{AA}] + [L_o] \quad (\mathrm{dB}) \tag{4-76}$$

式中，$[\mathrm{FSL}]_U$为上行自由空间传播损耗；$[A_{RAIN}]$为降雨损耗；[AA]为大气吸收损耗；$[L_o]$为其他损耗，如天线指向误差损耗、极化损耗等。

对上行链路来说，还有一个重要的参数要考虑，这就是卫星饱和输入功率密度SFD，即卫星灵敏度。SFD是卫星单一载波饱和输出在卫星接收点所需的输入功率密度。为了使得卫星转发器能够达到单一载波饱和输出，地球站所需发送的功率为EIRP_{ES}，则两者的关系为

$$\mathrm{SFD} = \frac{\mathrm{EIRP}_{ES}}{4\pi d^2} = \frac{\mathrm{EIRP}_{ES}}{(4\pi d/\lambda)^2} \cdot \frac{4\pi}{\lambda^2} \tag{4-77}$$

用dB表示为

$$[\mathrm{SFD}] = [\mathrm{EIRP}_{ES}] - [\mathrm{FSL}]_U + 10\lg\frac{4\pi}{\lambda^2} \quad (\mathrm{dBW/m^2}) \tag{4-78}$$

式中，$10\lg(4\pi/\lambda^2)$可以定义为地球站天线单位面积增益，λ为地球站发射信号波长。

EIRP_{EM}为实际工作状态下的地球站各载波EIRP总和(dBW)，即

$$[\mathrm{EIRP}_{EM}] = [\mathrm{EIRP}_{ES}] - [\mathrm{BO}_{oe}] \quad (\mathrm{dBW}) \tag{4-79}$$

式中，$[\mathrm{BO}_{oe}]$为地球站功率放大器的输出补偿。在多载波条件下，可得上行载噪比的最大值为

$$[C/T]_{UM} = [\mathrm{SFD}] - [\mathrm{BO}_i] + [G/T]_S - 10\lg\frac{4\pi}{\lambda^2} \quad (\mathrm{dBW/K}) \tag{4-80}$$

式中，$[\mathrm{BO}_i]$为转发器输入补偿；$[C/T]_{UM}$为多个载波时，进入该转发器的全部载波功率集中起来才能达到的总的$[C/T]_U$，它表示各载波$[C/T]_U$的上限。

在卫星上天以后，天线口径、单位面积增益及转发器功率特性都确定了，因此式(4-80)中的后3项都是不变的，唯一可调的就是卫星灵敏度了，降低卫星灵敏度(相当于加大SFD，如由−95 dB 调为−85 dB)，就可以提高$[C/T]_U$，卫星灵敏度的调整是通过调整衰减器的挡

位来实现的，降低卫星灵敏度就是降低卫星转发器的增益。降低卫星灵敏度在提高上行载噪比的同时，也相应增大了地球站发送功率的要求，因此，在实际系统设计中，应合理地设置卫星灵敏度，使得可以在上行载噪比和地面发射功率两方面取得最合理的折中。

把式(4-80)中转发器输入补偿$[BO_i]$换成载波输入补偿$[BO_{ic}]$，可得上行单载波的载噪比表达式为

$$[C/T]_U = [\mathrm{SFD}] - [\mathrm{BO}_{ic}] + [G/T]_S - 10\lg\frac{4\pi}{\lambda^2} \quad (\mathrm{dBW/K}) \tag{4-81}$$

2. 地球站上行功率

地球站单载波上行 $EIRP_E$ 的计算公式为

$$[\mathrm{EIRP}_E] = [\mathrm{SFD}] - [\mathrm{BO}_{ic}] + [\mathrm{LOSSES}]_U - 10\lg\frac{4\pi}{\lambda^2} \quad (\mathrm{dBW}) \tag{4-82}$$

3. 卫星通信系统上行链路分析

设想某卫星地球站发射天线的直径 $D = 5$ cm，馈给该天线的功率是 80 W，即 19 dBW，频率 $f_U = 14$ GHz，它把该功率发向距该站天线轴向 40 000 km 的卫星。卫星接收天线波束宽度 $\theta_{3dB} = 2°$，卫星接收的等效噪声温度为 800 K。假设地球站位于卫星天线覆盖区域中心，能得到天线的最大增益。设卫星天线的效率 $\eta_S = 0.55$，地球站天线效率 $\eta_E = 0.65$。链路中，大气吸收损耗 0.2 dB，其他损耗 0.4 dB。可以计算出晴天条件下卫星接收的功率通量密度、功率及上行链路载噪比。

1) *卫星功率通量密度*

地球站天线增益为

$$G_T = \eta_E\left(\frac{\pi D}{\lambda_U}\right)^2 = \eta_E\left(\frac{\pi D f_U}{c}\right)^2 = 0.65\times\left(\frac{\pi\times5\times14\times10^9}{3\times10^8}\right)^2 = 348\ 920 \tag{4-83}$$

地球站发射天线增益用 dB 表示，即$[G_T] = 55.4$ dBi，地球站发射功率$[P_T] = 19$ dBW，则地球站的有效全向辐射功率为

$$[\mathrm{EIRP}_E] = [G_T] + [P_T] = 19 + 55.4 = 74.4\ \mathrm{dBW} \tag{4-84}$$

位于地球站天线视轴上的卫星功率通量密度为

$$[\mathrm{SFD}] = [\mathrm{EIRP}_E] - 10\lg(4\pi d^2) = 74.4 - 10\lg(4\pi\times(4\times10^7)^2) = -88.6\ \mathrm{dBW/m^2} \tag{4-85}$$

2) *卫星天线接收的功率*

上行链路的自由空间衰减为

$$[\mathrm{FSL}]_U = 92.45 + 20\lg d + 20\lg f = 92.45 + 20\lg 40000 + 20\lg 14 = 207.4\ \mathrm{dB} \tag{4-86}$$

晴天时链路损耗为

$$[\mathrm{LOSSES}]_U = [\mathrm{FSL}]_U + [\mathrm{AA}] + [L_o] = 207.4 + 0.2 + 0.4 = 208\ \mathrm{dB} \tag{4-87}$$

卫星接收天线增益为

$$G_{RS} = \eta_S \left(\frac{\pi D}{\lambda_U} \right)^2 \tag{4-88}$$

由于 $\theta_{3dB} = 70(\lambda_U/D)$，因此得到

$$\frac{D}{\lambda_U} = \frac{70}{\theta_{3dB}} \tag{4-89}$$

$$G_{RS} = \eta_S \left(\frac{70\pi}{\theta_{3dB}} \right)^2 = 0.7 \times \left(\frac{70\pi}{2} \right)^2 = 6650 \tag{4-90}$$

$$[G_{RS}] = 10\lg 6650 = 38.2\ \text{dBi} \tag{4-91}$$

因此，卫星接收功率为

$$[P_R] = [\text{EIRP}_E] + [G_R] - [\text{FSL}]_U = 74.4 + 38.2 - 208 = -95.4\ \text{dBW} \tag{4-92}$$

3) 上行链路载噪比

卫星接收的等效噪声温度为 800 K，则卫星 G/T 值为

$$[G/T]_S = 38.2 - 10\lg 800 = 9.2\ \text{dB/K} \tag{4-93}$$

计算得到上行链路载噪比为

$$[C/T]_U = [\text{EIRP}_E] - [\text{LOSSES}]_U + [G/T]_S = 74.4 - 208 + 9.2 = -124.4\ \text{dBW/K} \tag{4-94}$$

4.5.2　下行链路分析

1. 下行链路载噪比

下行链路载噪比的计算公式为

$$[C/T]_D = [\text{EIRP}_S] - [\text{LOSSES}]_D + [G/T]_E \quad (\text{dBW/K}) \tag{4-95}$$

式中：$[C/T]_D$ 为下行链路载噪比(dBW/K)；$[\text{EIRP}]_S$ 为载波需要的卫星全向有效辐射功率(dBW)；$[\text{LOSSES}]_D$ 为下行链路传播损耗(dB)；$[C/T]_E$ 为地球站接收品质因数(dB/K)。

$$[\text{LOSSES}]_D = [\text{FSL}]_D + [A_{RAIN}] + [\text{AA}] + [L_o] \quad (\text{dB}) \tag{4-96}$$

式中：$[\text{FSL}]_D$ 为下行自由空间传播损耗；$[A_{RAIN}]$为降雨损耗；[AA]为大气吸收损耗；$[L_o]$为其他损耗，如天线指向误差损耗、极化损耗等。

在实际应用中，卫星转发器都要工作在回退状态，因此在计算时都要考虑输出回退，因此

$$[\text{EIRP}_{SM}] = [\text{EIRP}_{SS}] - [\text{BO}_o] \quad (\text{dBW}) \tag{4-97}$$

$$[\text{EIRP}_S] = [\text{EIRP}_{SS}] - [\text{BO}_{oc}] \quad (\text{dBW}) \tag{4-98}$$

式中：$[\text{EIRP}_{SS}]$为卫星单载波饱和输出功率；$[\text{EIRP}_{SM}]$为实际工作状态下卫星总的 EIRP；$[\text{EIRP}_S]$为实际工作状态下所用卫星载波的 EIRP。

$$[C/T]_D = [\mathrm{EIRP_{SM}}] - [\mathrm{LOSSES}]_D + [G/T]_E \quad (\mathrm{dBW/K}) \tag{4-99}$$

2. 卫星至地球站表面辐射功率限制

为了防止由于卫星下行信号过大对地面系统造成干扰，ITU 对卫星下行信号的辐射功率谱密度进行了限制。对 ITU 频段系统，到达地球表面的辐射功率谱密度 PSD 限制为

$$[\mathrm{PSD}] = \begin{cases} -148 + (\mathrm{el} - 5)/2 & \mathrm{el} < 25° \\ -138 & \mathrm{el} \geqslant 25° \end{cases} \quad (\mathrm{dBW/m^2/4\ kHz}) \tag{4-100}$$

3. 卫星通信系统下行链路计算

设想某地球同步卫星发射天线的输出功率 $P_{TS} = 10$ W，即 10 dBW，频率 $f_D = 12$ GHz，天线口径 0.75 m。地球站处于卫星天线视轴方向 40 000 km 的位置，天线直径为 5 m。卫星天线效率假设为 $\eta_S = 0.55$，地球站天线效率 $\eta_E = 0.65$。可以计算出晴天条件下，地球站接收的功率通量密度、功率及下行载噪比。

1) 地球站接收功率通量密度

卫星天线发射增益为

$$G_{TS} = \eta_S\left(\frac{\pi D}{\lambda_D}\right)^2 = \eta_S\left(\frac{\pi D f_D}{c}\right)^2 = 0.55\times\left(\frac{\pi\times0.75\times12\times10^9}{3\times10^8}\right)^2 = 4880.5 \tag{4-101}$$

卫星天线发射增益用 dB 表示，即$[G_{TS}] = 36.9$ dBi，地球站发射功率$[P_{TS}] = 10$ dBW，则地球站的有效全向辐射功率为

$$[\mathrm{EIRP_S}] = [G_T] + [P_T] = 10 + 36.9 = 46.9\ \mathrm{dBW} \tag{4-102}$$

到达地球站卫星天线视轴的功率通量密度为

$$[\mathrm{PSD}] = [\mathrm{EIRP_S}] - 10\lg(4\pi d^2) = 46.9 - 10\lg(4\pi(4\times10^7)^2) = -116.1\ \mathrm{dBW/m^2} \tag{4-103}$$

2) 地球站接收的功率

下行自由空间衰减为

$$[\mathrm{FSL}]_U = 92.45 + 20\lg d + 20\lg f = 92.45 + 20\lg 40\,000 + 20\lg 12 = 206.1\ \mathrm{dB} \tag{4-104}$$

晴天时总的链路损耗为

$$[\mathrm{LOSSES}]_D = [\mathrm{FSL}]_D + [\mathrm{AA}] + [L_o] = 206.1 + 0.2 + 0.4 = 206.7\ \mathrm{dB} \tag{4-105}$$

地球站接收天线增益为

$$G_{RE} = \eta_E(\pi D/\lambda_D)^2 = 0.65\times\left(\frac{5\pi\times12\times10^9}{3\times10^8}\right)^2 = 256\,609 \tag{4-106}$$

地球站接收天线增益用 dB 表示，即$[G_{RE}] = 54.1$ dBi，则地球站接收的功率为

$$[P_{RE}] = [\mathrm{EIRP_S}] - [\mathrm{LOSSES}]_D + [G_{ER}] = 46.9 - 206.7 + 54.1 = -105.7\ \mathrm{dBW} \tag{4-107}$$

3) 下行链路载噪比

假定地球站接收的等效噪声温度为 140 K，则地球站$[G/T]_E$值为

$$[G/T]_E = 54.1 - 10\lg 140 = 32.6 \text{ dB/K} \tag{4-108}$$

下行链路载噪比为

$$[C/T]_D = [\text{EIRP}_S] - [\text{LOSSES}]_D + [G/T]_E = 46.9 - 206.7 + 32.6 = -127.2 \text{ dBW/K} \tag{4-109}$$

4.5.3 链路干扰分析

采用极化复用、空间复用和缩小轨位间距等手段，可以大大增加系统容量，但在不同极化、重叠服务区，或者相邻卫星的系统之间也会引发难以避免的相互干扰。下面介绍交调干扰、邻星干扰、交叉极化干扰及其他干扰对卫星通信链路性能的影响。

1. 交调干扰

卫星转发器和地球站设备中的功率放大器均为非线性放大器，当它以接近饱和的功率放大多个载波时，载波之间产生的互调分量将抬高噪声，从而降低输出信号的载噪比。避免非线性放大器产生交调干扰的措施是限制输出功率，使放大器工作在线性区。

当卫星转发器工作在多载波状态时，交调噪声就会成为系统噪声的主要组成部分，交调载噪比主要取决于转发器工作的载波数、放大器的非线性特性曲线(工程设计时可以用在轨测试得到的实测曲线，也可以用设计曲线)。

在国内通信卫星设计时，交调载噪比 C/IM 与转发器输入补偿BO_i关系的典型值见表 4-1。

表 4-1　C/IM 与转发器输入补偿 BO_i 关系的典型值

BO_i/dB	0	6	9	11
C/IM/dB	10.4	17.7	24.1	28.4

交调载噪比$[C/T]_{\text{IM}}$与 C/IM 的关系为

$$[C/T]_{\text{IM}} = [C/\text{IM}] + 10\lg B_o - 228.6 \quad (\text{dBW/K}) \tag{4-110}$$

一般要求载波与 3 阶交调产物之间的差值应不小于 23 dB。

亚洲卫星公司给出的工程计算方法采用转发器载波输出补偿 BO_{oc} 进行计算，即

$$[C/T]_{\text{IM}} = -134 - \text{BO}_{oc} \quad (\text{dBW/K}) \tag{4-111}$$

2. 邻星干扰

静止通信卫星的轨位间距通常在 2° 左右，工作频段相同的两颗邻星一般都有共同的地面服务区，由于天线波束具有一定的宽度，地面发送天线会在指向邻星的方向上产生干扰辐射(上行邻星干扰)，地面接收天线也会在邻星方向上接收到干扰信号(下行邻星干扰)。为了限制相互之间的干扰，两颗邻星的操作者会按照 ITU 制定的无线电规则，对载波功率谱密度和地面天线口径作适当的限制，因此，在一般情况下，邻星干扰可以容忍但必须控制在允许的范围内，在链路预算中应考虑邻星干扰带来的影响。

国际电联颁布的无线电规则中给出了邻星干扰的计算方法。上行邻星干扰载噪比为

$$[C/T]_{\mathrm{UASI}}=[C/I]_{\mathrm{UASI}}+10\lg B_{\mathrm{n}}-228.6\quad(\mathrm{dBW/K}) \tag{4-112}$$

下行邻星干扰载噪比为

$$[C/T]_{\mathrm{DASI}}=[C/I]_{\mathrm{DASI}}+10\lg B_{\mathrm{n}}-228.6\quad(\mathrm{dBW/K}) \tag{4-113}$$

ITU-R.M.585-5 建议对 $D/\lambda>50$ 的天线，在 $1^{\circ}\leqslant\theta\leqslant20^{\circ}$ 范围内，90%的旁瓣峰值不应超过

$$[G(\theta)]=29-10\lg\theta\quad(\mathrm{dBi}) \tag{4-114}$$

分别以 C、Ku、Ka 频段的 6 GHz、14 GHz 及 30 GHz 为例进行计算，波长分别为 5 cm、2.14 cm 及 1 cm，对应的 C 频段的口径大于 2.5 m 的天线、Ku 频段的口径大于 1 m 的天线及 Ka 频段口径大于 0.5 m 的天线必须满足以上要求，目前卫星公司对于小于上述口径的天线使用都是有条件使用或限制使用，因此在进行链路预算时应根据实际邻星干扰情况具体对待。

需要注意的是，式(4-112)和式(4-113)给出的是依据 ITU 规则计算出的邻星干扰载噪比的最大值，在实际链路预算中，该值只能作为系统设计的参考。一般卫星公司都会给出所用卫星上、下行邻星干扰的工程计算方法，如亚洲卫星公司给出的公式为

$$[C/T]_{\mathrm{UASI}}=-125.2-[\mathrm{BO_{ic}}]\quad(\mathrm{dBW/K}) \tag{4-115}$$

$$[C/T]_{\mathrm{DASI}}=-177.8-[\mathrm{BO_{oc}}]+[G_{\mathrm{RE}}]\quad(\mathrm{dBW/K}) \tag{4-116}$$

式中，$[G_{\mathrm{RE}}]$为工作地球站接收天线增益。

3. 交叉极化干扰

为了充分利用有限的频谱资源，卫星通信采用正交极化频率复用方式，在给定的工作频段上提供双倍的使用带宽。交叉极化干扰是指工作在不同极化的同频率载波之间的相互干扰。为了避免交叉极化干扰，卫星天线和地面天线都应该满足一定的极化隔离度指标。卫星公司通常要求入网的地面发送天线在波束中心的交叉极化鉴别率(XPD)不低于 33 dB。

交叉极化干扰分为上行交叉极化干扰和下行交叉极化干扰，上行交叉极化干扰通常只出现在一个或某几个载波上，下行交叉极化干扰通常影响整个接收频段。亚洲卫星公司提供的工程计算方法为

$$[C/T]_{\mathrm{UXPOL}}=-122.4-[\mathrm{BO_{ic}}]\quad(\mathrm{dBW/K}) \tag{4-117}$$

$$[C/T]_{\mathrm{DXPOL}}=-124.4-[\mathrm{BO_{oc}}]\quad(\mathrm{dBW/K}) \tag{4-118}$$

4. 其他干扰

在卫星通信系统中，除了前面讨论的交调、交叉极化、邻星干扰外，还有其他一些干扰分量，如同频干扰、地球站功放交调损耗、地面干扰、其他地面设备噪声等。工程设计中，有时为了简化设计过程，可以将所有干扰对系统载噪比的影响统一考虑，也就是说，本节讨论的交调干扰、邻星干扰、交叉极化干扰及其他干扰综合在一起考虑，一般系统的总干扰恶化量为 3～5 dB。

4.5.4　总链路性能

1. 链路总载噪比

完整的卫星链路包括一条上行链路和一条下行链路，如图 4-15 所示。在上行链路卫星接收机的输入处将引入噪声。记单位带宽的噪声功率为 P_{NU}，链路的平均载波功率为 P_{RU}，则上行链路的载噪比为$(C/N_0)_U = (P_{RU}/P_{NU})$。重要的是，需要注意这里用的是功率电平，不是分贝。

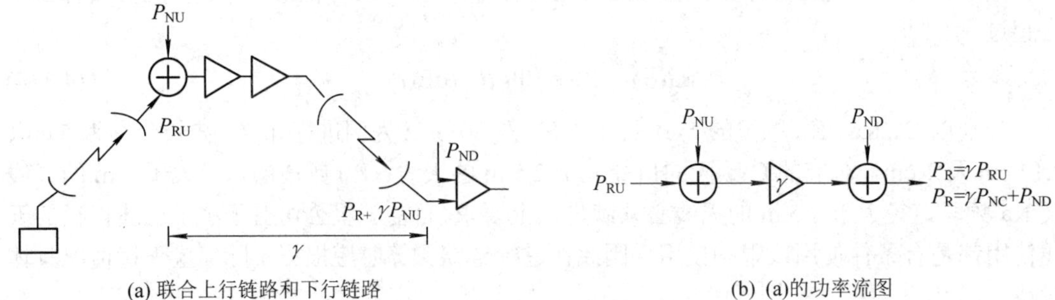

(a) 联合上行链路和下行链路　　(b) (a)的功率流图

图 4-15　卫星链路示意图和功率流图

空间链路终端的载波功率为 P_R，它也是下行链路接收到的载波功率，且等于卫星载波功率输入的 γ 倍，这里 γ 是从卫星输入到地球站输入的系统功率增益，如图 4-15 所示。它包括卫星转发器和发射天线增益、下行链路损耗、地球站接收天线增益和馈线损耗。

卫星输入噪声被扩大 γ 倍后也出现在地球站输入上，并且地球站还引入其自身的噪声，记作 P_{ND}，因此链路的端噪声为 $\gamma P_{NU}+P_{ND}$。当不计入 γP_{NU} 时，单独的下行链路载噪比$(C/N_0)_D = (P_R/P_{ND})$，地面接收机的联合载噪比$(C/N_0)_T = P_R/(\gamma P_{NU} + P_{ND})$，其功率流图如图 4-15(b)所示。为了更好地表示联合载噪比，可以用噪声载波比进行表示，即

$$\left(\frac{N_0}{C}\right)_T=\frac{P_N}{P_R}=\frac{\gamma P_{NU}+P_{ND}}{P_R}=\frac{\gamma P_{NU}}{P_R}+\frac{P_{ND}}{P_R}=\frac{\gamma P_{NU}}{\gamma P_{RU}}+\frac{P_{ND}}{P_R}=\left(\frac{N_0}{C}\right)_U+\left(\frac{N_0}{C}\right)_D \tag{4-119}$$

该式表明，为了得到联合载噪比，可求每个值的倒数。从另一种角度看，求倒数和之倒数的原因是：单个信号功率通过该系统传送的同时，存在多个加性噪声功率。该计算方式也可用在 C/N 和 C/T 的计算上。

以上 3 节分别讨论了卫星通信链路的上行载噪比、下行载噪比及各种干扰信号对传输链路的影响，信号从发送地球站到卫星，经透明转发器转发至接收地球站这样一条通信链路的总载噪比为

$$\left(\frac{C}{T}\right)_T^{-1}=\left(\frac{C}{T}\right)_U^{-1}+\left(\frac{C}{T}\right)_D^{-1}+\left(\frac{C}{T}\right)_{ASI}^{-1}+\left(\frac{C}{T}\right)_{IM}^{-1}+\left(\frac{C}{T}\right)_{XPOL}^{-1} \tag{4-120}$$

式中：$(C/T)_T^{-1}$ 为总载噪比的真值的倒数；$(C/T)_U^{-1}$ 为上行载噪比的真值的倒数；$(C/T)_D^{-1}$ 为下行载噪比的真值的倒数；$(C/T)_{ASI}^{-1}$ 为邻星干扰载噪比的真值的倒数；$(C/T)_{IM}^{-1}$ 为星上交调干扰载噪比的真值的倒数；$(C/T)_{XPOL}^{-1}$ 为交叉极化干扰载噪比的真值的倒数。

由式(4-120)可知，总载噪比取决于 5 项中的最小值，对大站发小站收链路，一般下行

链路的载噪比比较小，因此下行链路对总载噪比的影响比较大，当下行功率严重受限时链路的总载噪比则基本上是由下行链路载噪比决定的；对小站发大站收链路，一般上行链路的载噪比比较小，此时上行链路对总载噪比的影响可能比较大；在某些特殊情况下，也不排除某种干扰载噪比对系统载噪比影响最大。

2. 链路余量

1) 门限余量

假设 E_b/N_0 是为了满足系统误比特率要求，接收端解调器入口所需的单位比特能量噪声功率密度比的理论值，R_b 为系统传输链路的信息速率(b/s)，则传输链路的门限载噪比计算公式为

$$[C/N_0]_{TH}=[E_b/N_0]_{TH}+[R_b]$$

或

$$[C/T]_{TH}=[E_b/N_0]_{TH}+[R_b]-228.6 \tag{4-121}$$

$$[E_b/N_0]_{TH}=[E_b/N_0]-[G_c]+[D_e] \tag{4-122}$$

式中：$[G_c]$为编码增益；$[D_e]$为设备性能损失(一般情况下小于 1 dB)。

链路的门限载噪比$[C/N_0]_{TH}$是信号传输链路必须确保的最低载噪比，也就是说要保证信号达到系统要求的传输质量，链路总载噪比为$[C/N_0]_T$，应确保其不小于$[C/N_0]_{TH}$，在实际链路预算中，除了要考虑前面讨论的各种噪声及干扰的影响外，还要考虑其他一些不定因素，如气候的变化、设备性能的不稳定及计算的误差等，因此在选择$[C/N_0]_T$时，要留有适当的余量，即$[C/N_0]_T$要比$[C/N_0]_{TH}$大某个值，这个值就称为门限余量，又称链路余量，记为$[M]_{TH}$，即

$$[M]_{TH}=[C/N_0]_T-[C/N_0]_{TH}=[C/T]_T-[C/T]_{TH}\quad \text{(dB)} \tag{4-123}$$

2) 降雨余量

链路可用度 a 与降雨出现的年平均时间概率百分比 p 的关系为 $a=1-p$，也就是说，在超过年平均时间概率百分比 a 的时间，降雨衰减都低于 $A_{RAIN}(p)$。

本节引入链路可用度的概念，链路可用度是指在降雨时间超过年平均时间概率百分比 p 时，链路性能都满足设计要求，或者说系统载噪比都不小于门限载噪比。例如，当链路可用度要求为 99.9%时，就是要确保链路在一年 99.9%的时间里都正常工作(满足设计要求)，或者说在一年的时间里只允许其中 0.1%的时间工作不正常(通信中断或低于设计要求工作)。在链路预算时，需要将链路可用度 a 分解为上行链路 a_U 和下行链路 a_D。三者的关系为

$$a=1-[(1-a_U)+(1-a_D)] \tag{4-124}$$

可用度分配可以平均分配也可以根据具体要求来分配，平均分配就是使得上、下行链路可用度相同。例如，链路可用度要求为 99.9%时，平均分配时上、下行的链路可用度要求均为 99.95%；也可以分给上行链路可用度高一些(如上行 99.98%、下行 99.92%)或下行链路可用度高一些(如上行 99.92%、下行 99.98%)，当发地球站具有上行功率控制功能时，可以考虑给上行链路分配更高的可用度。

还有一个系统可用度的概念，包含地球站可用度和链路可用度，地球站可用度与设备的 MTBF 与 MTTR 有关，本节只讨论链路可用度。

在计算雨衰或降雨余量时，工程上可以将链路可用度与降雨可用度的概念等同起来，即链路可用度也用 a 表示，$A_{RAIN}(p)$是时间概率百分比 p 或降雨可用度 a 的函数，它随着 p 的减小而增加，或随着 a 的增加而增加。要完全补偿降雨衰减，就必须使得$[C/T]_{TH}$ = $[C/T]_{RAIN}$，这可以通过在晴天链路预算中增加降雨余量 $M(p)$得到，即

$$M(p)=[C/T]_{T}-[C/T]_{TH}=[C/T]_{T}-[C/T]_{RAIN}\quad(\text{dB}) \tag{4-125}$$

式中：$[C/T]_T$ 为晴天条件下的载噪比；$[C/T]_{RAIN}$ 为雨天条件下的载噪比，具体也可以分为上行链路降雨余量 $M_U(p)$和下行链路降雨余量 $M_D(p)$，即

$$M_{U}(p)=[C/T]_{U}-[C/T]_{URAIN}\quad(\text{dB}) \tag{4-126}$$

$$M_{D}(p)=[C/T]_{D}-[C/T]_{DRAIN}\quad(\text{dB}) \tag{4-127}$$

式中：$[C/T]_U$ 为晴天条件下的上行载噪比；$[C/T]_{URAIN}$ 为雨天条件下的上行载噪比；$[C/T]_D$ 为晴天条件下的下行载噪比；$[C/T]_{DRAIN}$ 为雨天条件下的下行载噪比。

根据上述讨论，可以计算出以上各载噪比的具体值。

对上行链路，有

$$[C/T]_{URAIN}=[C/T]_{U}-A_{RAIN}(p)\quad(\text{dBW/K}) \tag{4-128}$$

$$M_{U}(p)=A_{RAIN}(p)\quad(\text{dB}) \tag{4-129}$$

对下行链路，有

$$[C/T]_{DRAIN}=[C/T]_{D}-A_{RAIN}(p)-[\Delta(G/T)]\quad(\text{dBW/K}) \tag{4-130}$$

$$M_{D}(p)=A_{RAIN}(p)+[\Delta(G/T)]\quad(\text{dB}) \tag{4-131}$$

式中：$[\Delta(G/T)]$为由于噪声温度增加造成的地球站品质因数恶化的 dB 值。

4.5.5　典型卫星通信系统链路分析

1. 单载波链路分析

单载波链路分析主要用于在保证单载波占用转发器功率和带宽资源比例相当的条件下，求单载波所需要的地球站功率放大器功率及链路余量。

1) 载波参数

已知某卫星通信系统单载波最大信息速率为 2Mb/s，采用 QPSK 调制，3/4 卷积码及 RS(204，188)级联编码，编码增益 G_c=5 dB，滤波器滚降系数为 α = 0.3，设备性能损失 D_e= 0.8 dB，系统误比特率要求为 1×10^{-6}，无编码时要求的$[E_b/N_0]$ = 10.5 dB。

那么门限载噪比及载波占用带宽分别为

$$C_{r}=\frac{3}{4}\cdot\frac{188}{204}=0.69 \tag{4-132}$$

$$B_o = \frac{(1+\alpha)R_b}{C_r \text{lb} M} = \frac{(1+0.3)\times 2}{0.69\text{lb}4} = 1.88\ \text{MHz} \tag{4-133}$$

$$[E_b/N_0]_{TH} = [E_b/N_0] - [G_c] + [D_e] = 10.5 - 5 + 0.8 = 6.3\ \text{dB} \tag{4-134}$$

$$[C/T]_{TH} = [E_b/N_0]_{TH} + [R_b] - 228.6 = 6.3 + 10\lg(2\times 10^6) - 228.6 = -159.3\ \text{dBW/K} \tag{4-135}$$

2) 卫星转发器参数

已知 EIRP_{SS}=55 dBW，$[G/T]_S$ = 5 dB/K，SFD = −90 dBW/m²，卫星位置东经 110.5°，转发器带宽为 54 MHz，输入与输出补偿为 6 dB 和 3 dB，上行频率 f_U = 14.25 GHz，下行频率 f_D = 12.5 GHz，则在此工作状态下，转发器增益为

$$\begin{aligned}[G] &= [\text{EIRP}_{SS}] - [\text{BO}_o] - ([P_R] - [\text{BO}_i]) \\ &= [\text{EIRP}_{SS}] - [\text{BO}_o] + [\text{BO}_i] - [\text{SFD}] + 10\lg\frac{4\pi}{\lambda^2} \\ &= 55 - 3 + 6 + 90 + 10\lg 4\pi\left(\frac{14\times 10^9}{3\times 10^8}\right)^2 = 192.5\ \text{dB}\end{aligned} \tag{4-136}$$

注意，其中由

$$P_R \cdot G_R = \text{SFD} \cdot A_{eff} = \text{SFD} \cdot G_R\frac{\lambda^2}{4\pi}$$

可得

$$[P_R] + [G_R] = [\text{SFD}] + [G_R] + 10\lg\frac{\lambda^2}{4\pi}$$

转发器载波功率回退为

$$[\text{BO}_c] = 10\lg\frac{54}{1.88} = 14.6\ \text{dB} \tag{4-137}$$

转发器载波输出补偿为

$$[\text{BO}_{oc}] = [\text{BO}_c] + [\text{BO}_o] = 14.6 + 3 = 17.6\ \text{dB} \tag{4-138}$$

转发器载波输入补偿为

$$[\text{BO}_{ic}] = [\text{BO}_c] + [\text{BO}_i] = 14.6 + 6 = 20.6\ \text{dB} \tag{4-139}$$

3) 发地球站参数

地理位置：北京，东经 116.4°，北纬 39.9°。天线参数：口径 5 m，效率 0.65，指向损耗 L_e = 0.5 dB。则有地球站仰角和方位角为

$$\text{el} = \arctan\left[\frac{\cos 5.9^\circ \cos 39.9^\circ - 0.151}{\sqrt{1-(\cos 5.9^\circ \cos 39.9^\circ)^2}}\right] = 43^\circ \tag{4-140}$$

$$\delta = 180^\circ - \arctan\left(\frac{\tan 5.9^\circ}{\sin 39.9^\circ}\right) = 169^\circ \tag{4-141}$$

北京地球站的天线发射增益为

$$[G_T] = 20.4 + 20\lg D \cdot f_U + 10\lg\eta = 55.6 \text{ dBi} \tag{4-142}$$

4) 收地球站参数

地理位置：福州，东经 119.3°，北纬 26.08°。天线参数：口径 2.4 m，效率 0.6，馈源至低噪声放大器的损耗为 0.5 dB，天线噪声温度 50 K，低噪声放大器噪声温度 80 K，指向损耗 L_e = 0.5 dB。那么有地球站仰角 el = 58°，方位角为 δ=165°。天线接收增益 G_R=47.7 dBi。

接收系统噪声温度为

$$T_S = T_{ant}/L + (L-1)T_0 + T_{el} = 50/1.12 + (1.12-1)\times 290 + 80 = 175 \text{ K} \tag{4-143}$$

接收系统的品质因数为

$$[G/T] = 47.7 - 22.4 = 25.3 \text{ dB/K}$$

5) 降雨损失

设定链路可用度要求为 99.8%，那么分解到上、下行链路的可用度均为 99.9%。对北京地区，上行链路雨衰 $A_{0.01}$=10 dB；对福州地区，下行链路雨衰 $A_{0.01}$=20 dB。可得：

保证上行链路 99.9%可用度的雨衰补偿值 $A_{0.1}$=3.9 dB；

保证下行链路 99.9%可用度的雨衰补偿值 $A_{0.1}$=7.7 dB。

6) 上行链路载噪比

上行链路载噪比为

$$\begin{aligned}[C/T]_U &= [\text{SFD}] - [\text{BO}_{ic}] + [G/T]_S - 10\lg(4\pi/\lambda^2) \\ &= -90 - 17.4 + 5 - 44.5 = -146.9 \text{ dBW/K}\end{aligned} \tag{4-144}$$

上行自由空间传输损耗为

$$[\text{FSL}] = 92.45 + 20\log d + 20\log f = 207.4 \text{ dB} \tag{4-145}$$

晴天时，链路中，大气吸收损耗 0.2 dB，其他损耗 0.4 dB。总的链路损耗有

$$[\text{LOSSES}]_U = [\text{FSL}]_U + [A_{\text{RAIN}}] + [\text{AA}] + [L_o] = 207.4 + 0 + 0.2 + 0.4 = 208 \text{ dB} \tag{4-146}$$

雨天时，总的链路损耗有

$$[\text{LOSSES}]_U = [\text{FSL}]_U + [A_{\text{RAIN}}] + [\text{AA}] + [L_o] = 207.4 + 3.9 + 0.2 + 0.4 = 211.9 \text{ dB} \tag{4-147}$$

晴天时所需要的功率为

$$\begin{aligned}[\text{EIRP}_E] &= [\text{SFD}] - [\text{BO}_{ic}] + [\text{LOSSES}]_U - 10\lg(4\pi/\lambda^2) \\ &= -90 - 20.6 - 44.5 + 208 = 52.9 \text{ dBW}\end{aligned} \tag{4-148}$$

假设发馈线损耗为 1 dB，则由 $[\text{EIRP}]_E = [P_T] + [G_T] - [L_{\text{FTX}}]$ 可得

$$[P_T] = [\text{EIRP}]_E + [L_{\text{FTX}}] - [G_T] = 52.9 + 1 - 55.6 = -1.7 \text{ dBW} \tag{4-149}$$

即发送一个 2 Mb/s 的载波，晴天时所需要的地球站功放功率为 0.68 W。

雨天时所需要的功率为

$$\begin{aligned}[\mathrm{EIRP_E}] &= [\mathrm{SFD}] - [\mathrm{BO_{ic}}] + [\mathrm{LOSSES}]_\mathrm{U} - 10\lg(4\pi/\lambda^2) \\ &= -90 - 20.6 - 44.5 + 211.9 = 56.8\ \mathrm{dBW}\end{aligned} \tag{4-150}$$

$$[P_\mathrm{T}] = [\mathrm{EIRP}]_\mathrm{E} + [L_\mathrm{FTX}] - [G_\mathrm{T}] = 56.8 + 1 - 55.6 = 2.2\ \mathrm{dBW} \tag{4-151}$$

即发送一个 2 Mb/s 的载波，雨天时所需要的地球站功放功率为 1.66 W。

7) 下行链路

单载波需要的卫星功率为

$$[\mathrm{EIRP_S}] = [\mathrm{EIRP_{SS}}] - [\mathrm{BO_{oc}}] = 55 - 17.6 = 37.4\ \mathrm{dBW} \tag{4-152}$$

上行自由空间传输损耗为

$$[\mathrm{FSL}] = 92.45 + 20\log d + 20\log f = 206.1\ \mathrm{dB} \tag{4-153}$$

晴天时，链路中，大气吸收损耗 0.2 dB，其他损耗 0.4 dB。总的链路损耗有

$$[\mathrm{LOSSES}]_\mathrm{D} = [\mathrm{FSL}]_\mathrm{D} + [A_\mathrm{RAIN}] + [\mathrm{AA}] + [L_\mathrm{o}] = 206.1 + 0 + 0.2 + 0.4 = 206.7\ \mathrm{dB} \tag{4-154}$$

晴天时的下行载噪比为

$$[C/T]_\mathrm{D} = [\mathrm{EIRP_S}] - [\mathrm{LOSSES}]_\mathrm{D} + [G/T]_\mathrm{E} = 37.4 - 206.7 + 25.3 = -144\ \mathrm{dBW/K} \tag{4-155}$$

降雨带来的天线噪声温度增量为

$$\Delta T_\mathrm{A} = (T_\mathrm{m} - T_\mathrm{SKY})\left(1 - 10^{-\frac{[A_\mathrm{RAIN}]}{10}}\right) = (275 - 8)(1 - 10^{-0.77}) = 221\ \mathrm{K} \tag{4-156}$$

接收地球站 G/T 值恶化量为

$$[\Delta(G/T)] = 10\lg\frac{T_\mathrm{S} + \Delta T_\mathrm{A}}{T_\mathrm{S}} = 10\lg\frac{155 + 221}{155} = 3.85\ \mathrm{dB} \tag{4-157}$$

降雨条件下的地球站接收品质因数为

$$[(G/T)_\mathrm{rain}] = [G/T] - [\Delta(G/T)] = 25.3 - 3.85 = 21.45\ \mathrm{dB/K} \tag{4-158}$$

雨天时，总的链路损耗有

$$[\mathrm{LOSSES}]_\mathrm{D} = [\mathrm{FSL}]_\mathrm{D} + [A_\mathrm{RAIN}] + [\mathrm{AA}] + [L_\mathrm{o}] = 206.1 + 7.7 + 0.2 + 0.4 = 214.4\ \mathrm{dB} \tag{4-159}$$

下雨时的下行载噪比为

$$[C/T]_\mathrm{D} = [\mathrm{EIRP_S}] - [\mathrm{LOSSES}]_\mathrm{D} + [G/T]_\mathrm{E} = 37.4 - 214.4 + 21.45 = -155.55\ \mathrm{dBW/K} \tag{4-160}$$

8) 干扰

对交调干扰载噪比、交叉极化干扰及邻星干扰，可参考亚洲卫星公司给出的工程计算公式，即

$$[C/T]_{\mathrm{IM}} = -134 - [\mathrm{BO_{oc}}] = -134 - 17.6 = -151.6\ \mathrm{dBW/K} \tag{4-161}$$

$$[C/T]_{\mathrm{UASI}} = -125.2 - [\mathrm{BO_{ic}}] = -125.2 - 20.6 = -145.8\ \mathrm{dBW/K} \tag{4-162}$$

$$[C/T]_{\mathrm{DASI}} = -177.8 - [\mathrm{BO_{oc}}] + [G_{\mathrm{RE}}] = -177.8 - 17.6 + 47.4 = -147.7\ \mathrm{dBW/K} \tag{4-163}$$

$$[C/T]_{\mathrm{UXPOL}} = -122.4 - [\mathrm{BO_{ic}}] = -122.4 - 20.6 = -143\ \mathrm{dBW/K} \tag{4-164}$$

$$[C/T]_{\mathrm{DXPOL}} = -124.4 - [\mathrm{BO_{oc}}] = -124.4 - 17.6 = -142\ \mathrm{dBW/K} \tag{4-165}$$

9) 总载噪比

晴天时，总载噪比为

$$\begin{aligned}\left(\frac{C}{T}\right)_{\mathrm{T}}^{-1} &= \left(\frac{C}{T}\right)_{\mathrm{U}}^{-1} + \left(\frac{C}{T}\right)_{\mathrm{D}}^{-1} + \left(\frac{C}{T}\right)_{\mathrm{IM}}^{-1} + \left(\frac{C}{T}\right)_{\mathrm{DASI}}^{-1} + \left(\frac{C}{T}\right)_{\mathrm{UASI}}^{-1} + \left(\frac{C}{T}\right)_{\mathrm{DXPOL}}^{-1} + \left(\frac{C}{T}\right)_{\mathrm{UXPOL}}^{-1} \\ &= 10^{14.69} + 10^{14.4} + 10^{15.16} + 10^{14.77} + 10^{14.58} + 10^{14.2} + 10^{14.3} \\ &= 3\ 138\ 328\ 943\ 391\ 050\end{aligned} \tag{4-166}$$

则晴天时，总载噪比为$[C/T]_{\mathrm{T}} = -155$ dBW/K；同理，雨天时总载噪比为$[C/T]_{\mathrm{T}} = -158$ dBW/K。

10) 链路余量

由于门限载噪比$[G/T]_{\mathrm{TH}} = -159.3$ dBW/K，因此如果再考虑其他干扰带来的 1 dB 损失，那么晴天时的链路余量为

$$M_{\mathrm{TH}} = -155 + 159.3 - 1 = 3.3\ \mathrm{dB} \tag{4-167}$$

雨天时的链路余量为

$$M_{\mathrm{TH}} = -158 + 159.3 - 1 = 0.3\ \mathrm{dB} \tag{4-168}$$

由前面分析可知，对应上行链路 99.9%可用度时的降雨余量为 $M_{\mathrm{U}}(p) = 3.9$ dB；对应下行链路 99.9%可用度时的降雨余量为 $M_{\mathrm{U}}(p) = 11.55$ dB。

11) 到达地球表面的辐射功率谱密度

到达地球表面的辐射功率谱密度为

$$\begin{aligned}[\mathrm{PSD}] &= [\mathrm{EIRP_S}] - [\mathrm{LOSSES}]_{\mathrm{D}} + 10\lg(4\pi/\lambda^2) - 10\lg(B_{\mathrm{n}}/4) \\ &= 37.4 - 206.7 + 44.5 - 10\lg(1880/4) = -152.5\ \mathrm{dBW/(m^2/4kHz)}\end{aligned} \tag{4-169}$$

因地球站仰角 el=58°，ITU 的 PSD 限制是小于 −138 dBW/(m^2/4 kHz)，因此该系统满足 ITU 限制要求。

以上计算的是 5 m 站发、2.4 m 站收链路预算的情况，反过来，用同样的办法，可以计算 2.4 m 站发、5 m 站收的链路性能。并且以上的计算是在确保单载波占用转发器功率和带宽资源比例相当的条件下，求单载波所需要的地球站功放功率及系统余量。同样地，也可以计算在确保链路性能和余量情况下，单载波所需要的星上功率和地球站功率。方法是先确定链路余量，进而求得转发器载波输出补偿，最后得到单载波所需要的星上功率。

2. 全转发器链路分析

上一部分所有的计算都是基于单载波的，也就是说把转发器的功率和带宽资源分给单载波，在此基础上进行链路预算，实际上也可以假定转发器的全部资源都用上时，计算系统的容量。仍以单载波链路分析中所举的例子为基础，主要过程如下。

1) 上行链路载噪比

上行链路载噪比为

$$\begin{aligned}[C/T]_{\mathrm{U}} &= [\mathrm{SFD}] - [\mathrm{BO_i}] + [G/T]_{\mathrm{S}} - 10\lg(4\pi/\lambda^2) \\ &= -90 - 6 + 5 - 44.5 = -135.5\ \mathrm{dBW/K}\end{aligned} \tag{4-170}$$

2) 下行链路载噪比

晴天时的下行载噪比为

$$\begin{aligned}[C/T]_{\mathrm{D}} &= [\mathrm{EIRP_{SS}}] - [\mathrm{BO_o}] - [\mathrm{LOSSES}]_{\mathrm{D}} + [G/T]_{\mathrm{E}} \\ &= 55 - 3 - 206.7 + 25.3 = -129.4\ \mathrm{dBW/K}\end{aligned} \tag{4-171}$$

下雨时的下行载噪比为

$$\begin{aligned}[C/T]_{\mathrm{D}} &= [\mathrm{EIRP_{SS}}] - [\mathrm{BO_o}] - [\mathrm{LOSSES}]_{\mathrm{D}} + [G/T]_{\mathrm{E}} \\ &= 55 - 3 - 214.4 + 21.45 = -141\ \mathrm{dBW/K}\end{aligned} \tag{4-172}$$

3) 干扰

为简化计算，可考虑各种干扰对链路载噪比带来的总恶化量为 4 dB。

4) 总载噪比

晴天时，未考虑干扰带来的载噪比恶化量为

$$(C/T)_{\mathrm{T1}}^{-1} = (C/T)_{\mathrm{U}}^{-1} + (C/T)_{\mathrm{D}}^{-1} = 10^{13.55} + 10^{12.94} = 4.42\times 10^{13} \tag{4-173}$$

总载噪比为

$$[C/T]_{\mathrm{T}} = [C/T]_{\mathrm{T1}} - 4 = -136.5 - 4 = -140.5\ \mathrm{dBW/K} \tag{4-174}$$

雨天时，未考虑干扰带来的载噪比恶化量为

$$(C/T)_{\mathrm{T1}}^{-1} = (C/T)_{\mathrm{U}}^{-1} + (C/T)_{\mathrm{D}}^{-1} = 10^{13.55} + 10^{14.1} = 1.61\times 10^{14} \tag{4-175}$$

总载噪比为

$$[C/T]_{\mathrm{T}} = [C/T]_{\mathrm{T1}} - 4 = -142 - 4 = -146\ \mathrm{dBW/K} \tag{4-176}$$

5) 系统容量

由于门限载噪比为

$$[C/T]_{\mathrm{TH}} = -159.3\ \mathrm{dBW/K} \tag{4-177}$$

假定晴天需要确保的链路余量为 3 dB，那么晴天时的系统功率容量为

$$N_{\mathrm{P}} = [C/T]_{\mathrm{T}} - [C/T]_{\mathrm{TH}} - M_{\mathrm{TH}} = -140.5 + 159.3 - 3 = 15.8\ \mathrm{dB} \tag{4-178}$$

对应的系统功率容量真值为 $N_{\mathrm{P}} = 38$，系统带宽容量为 $N_{\mathrm{b}} = 54/1.88 = 29$，很明显，晴天时该系统是一个带宽受限系统。

假定雨天时的链路余量为 0，那么雨天系统功率容量为

$$N_{\mathrm{P}} = [C/T]_{\mathrm{T}} - [C/T]_{\mathrm{TH}} = -146 + 159.3 = 13.3\ \mathrm{dB} \tag{4-179}$$

对应的系统功率容量真值为 $N_{\mathrm{P}} = 21$。

第 5 章　VSAT 应急卫星通信系统

5.1　VSAT 卫星通信系统概述

VSAT(Very Small Aperture Terminal)即“甚小口径终端”，指的是一类具有甚小口径天线、价格低廉的智能化小型卫星通信地球站。VSAT 卫星通信系统主要采用静止通信卫星，通过固定和移动通信方式为区域用户提供卫星通信服务。VSAT 卫星通信系统最早定义了采用小型地面站天线(3 m 以下)组成的卫星通信网络，是最接近用户本身可以控制的卫星通信系统。同时，VSAT 系统降低了卫星通信的门槛，具有安装方便、可点对多点通信、易开通易扩容等独特优势，因此在应急通信领域得到了广泛应用。

工作在 C 频段(4～6 GHz)的 VSAT 天线口径约为 1.8～2.4 m，工作在 Ku 频段(11～14 GHz)的 VSAT 天线口径约为 1.2～1.8 m。近年来，还出现了工作在 Ka 频段(20～30 GHz)、天线口径在 0.3～0.6 m 的 VSAT，于是也有人把天线口径小于 0.6 m 的这类小型卫星通信地球站称为 USAT(Ultra Small Aperture Terminal)，即“超小口径终端”。

VSAT 卫星通信系统一般是由大量 VSAT 小站与一个主站(Hub Earth Station)协同工作，共同构成一个广域稀路由(地域分布广，站多，各站业务量小，从几千比特每秒到几十万比特每秒)的卫星通信系统。随着技术的发展，VSAT 卫星通信系统也可用于单向或双向的高速传输，信息传输的速率可达数兆比特每秒到上百兆比特每秒。

从 VSAT 系统的发展历程来看，大致可分为以下三代：

第一代 VSAT 阶段，1983—1988 年。VSAT 系统以采用星形网络结构、可实现数据传输、采用 Ku 频段为显著标志。早期的证券数据广播系统、银行清算系统即属于这种方式。

第二代 VSAT 阶段，1988 年至 20 世纪 90 年代中期。VSAT 以采用网状网络结构、支持话音通信为显著标志。原来星状网络结构中的两个 VSAT 站进行通信时需要经过主站中转，这样就需要两次经过卫星(两跳)，较大的传输时延导致话音交流困难。后来，VSAT 采用网状网络结构，这样两个小站只需一次经过卫星(单跳)就可以实现相互通信，时延大大减小，可以较好地满足话音通信的需求。

从 20 世纪 90 年代中期开始，VSAT 逐步向第三代发展，其典型标志是支持基于 IP 业务的混合卫星/地面网络连接。20 世纪 90 年代，互联网行业飞速发展，基于互联网协议(Internet Protocol，IP)的各类数据、图像、话音业务逐渐成为主流。VSAT 卫星通信系统也融入这一发展趋势中，开发出支持 IP 协议的各类 VSAT 系统。

相比传统的固定卫星通信系统，VSAT 卫星通信系统具有以下特点：

(1) 天线口径小、价格低廉、架设方便，既可用于各行各业的专用网，又可与现有地面网络互联互通；

(2) 组网灵活、支持综合业务(话音、数据、传真、图像、视频)，具备传输高速、宽带、大容量业务的吞吐能力；

(3) 通信链路建立迅速，带宽分配可在瞬间完成，可适应应急通信的需求。

5.2　VSAT 卫星通信系统组网

5.2.1　VSAT 卫星通信系统组成

VSAT 卫星通信系统由通信卫星转发器、天线口径较大的主站(中央站)和众多甚小口径天线的小站组成，如图 5-1 所示。

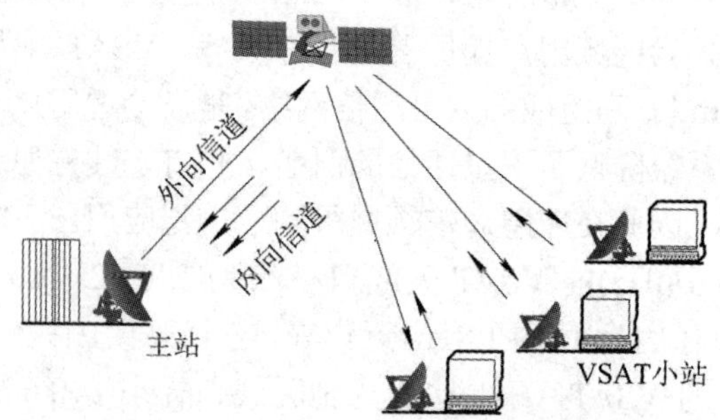

图 5-1　VSAT 卫星通信系统示意图

通常，把从主站通过卫星转发器向小站发数据的信道称为外向(Outbound)信道，从小站通过卫星转发器向主站发数据的信道称为内向(Inbound)信道。

主站也叫中心站或中央站，是 VSAT 网的心脏。主站承担网络的控制、调度和管理等功能，起着“中枢”作用。主站通常使用大型天线，天线直径一般约为 3.5～8 m(Ku 频段)或 7～13 m(C 频段)。主站通常与主计算机放在一起或通过其他(地面或卫星)线路与主计算机连接，作为业务中心；同时在主站内还有一个网络控制中心(Network Control Center, NCC)负责对全网进行监测、管理、控制和维护。在以数据业务为主的 VSAT 卫星通信网(简称数据 VSAT 网)中，主站既是业务中心也是控制中心。在以话音业务为主的 VSAT 卫星通信网(简称话音 VSAT 网)中，控制中心可以与业务中心在同一个站，也可以不在同一个站，通常把控制中心所在的站称为主站或中心站。由于主站涉及整个 VSAT 网的运行，其故障会影响全网正常工作，故其设备皆有备份。

为了便于重新组合，主站采用模块化结构，包括天线、室外单元(Out Door Unit，ODU)、室内单元(In Door Unit，IDU)和主计算机。主计算机与 IDU 设备之间采用高速局域网的方式互连。

VSAT 系统小站(终端)由小口径天线、ODU 和 IDU 组成。VSAT 天线有正馈和偏馈两种形式，正馈天线尺寸较大，而偏馈天线由于避开了馈电喇叭的遮挡，因此尺寸小、性能好(增益高、旁瓣小)，且不易积冰雪，故常被采用。室外单元主要为射频设备，包括固态功放(Solid State Power Amplifier，SSPA)、低噪声放大器(Low Noise Amplifier，LNA)、上/

下变频器(Upper/Down Converter，U/DC)和相应的监测电路等。为减小信号功率的损耗和引入的噪声，一般都将 SSPA、LNA 和上/下变频器装在一个金属盒内安装在天线后面，并由室内经电缆供电。室内单元主要包括调制解调器、编译码器和数据接口设备等。室内外两单元之间以同轴电缆连接，传送中频信号和供电电源，整套设备结构紧凑、造价低廉、全固态化、安装方便、环境要求低，可直接与其数据终端如微计算机、数据通信设备、传真机、电传机等相连，不需要地面中继线路。

5.2.2　VSAT 网络结构

VSAT 卫星通信系统从网络拓扑结构上可分为三类，即星状网络拓扑结构、网状网络拓扑结构和混合网络拓扑结构。

星状网中各 VSAT 小站仅与主站经卫星直接联系，VSAT 小站之间不能通过卫星直接通信。采用星状结构的 VSAT 网最适合于广播、信息收集等进行点到多点间通信的应用环境。

网状网中各 VSAT 小站彼此可经卫星直接沟通，通过卫星单跳完成通信。在网状网结构中，由于各小站之间可以任意建立通信链路，为提高信道利用率，一般采用按需分配(Demand Assignment Multiple Access，DAMA)方式。采用网状网络拓扑结构的 VSAT 网较适合于点到点之间进行实时性通信的应用环境。但在网络管理方面，进行信道分配、网络监控管理等一般仍要采用星状网络拓扑结构。

混合网是星状网和网状网的结合。可以在主干网用网状网，分支网用星状网，也可以网状网和星状网重叠使用。混合网综合了前两种结构的优点，允许两种口径差别较大的 VSAT 站在同一个网内较好地共存，能进行综合业务传输，能择优选择最合适的多址方式，但网络管理较复杂。

VSAT 组网非常灵活，可根据用户要求单独组成一个专用网，也可与其他用户一起组成一个共用网(多个专用网共用同一个主站)。一个 VSAT 网实际上包括业务子网和控制子网两部分，业务子网负责交换、传输数据或话音业务，控制子网负责对业务子网的管理和控制。传输数据或话音业务的信道可称为业务信道，传输管理或控制信息的信道称为控制信道。目前，典型 VSAT 网的控制子网都是星状网，而业务子网的组网则视业务的要求而定，通常数据网为星状网，而话音网为网状网。

在数据 VSAT 卫星通信网中，小站和主站通过卫星转发器构成星状网，主站是 VSAT 网的中心节点。星状网充分体现了 VSAT 系统的特点，即小站要尽可能小。主站的 EIRP 高，接收 G/T 大，故所有小站均可同主站互通。由于小站天线口径小、发射 EIRP 值低、接收 G/T 小，因此小站之间不能直接通信，必须经主站转发。数据 VSAT 网通常是分组交换网，数据业务采用分组传输方式。在星状数据 VSAT 网中，业务信道和控制信道是一致的，即业务子网和控制子网由相同的星状结构主站通过卫星转发器向小站发数据。用于外向传输的信道(外向信道)一般采用 TDM 方式，用于内向传输的信道(内向信道)一般采用随机争用方式(常用 ALOHA 方式)，也有采用 SCPC 和 TDMA 方式的。

一般情况下，话音 VSAT 网的业务子网是网状网，控制子网是星状网，网控中心所在的站称为主站或中心站。话音 VSAT 网通常采用线路交换方式，这是由电话业务的实时性决定的。话音 VSAT 网的业务子网中，业务信道(话音信道)多采用简单易行的 SCPC 方式，也可以采用 TDMA 等多址方式。对以话音业务为主、采用线路交换的话音 VSAT 网来说，显然采用按申请分配信道资源方式是比较合适的，同时在少数大业务量站间可分配一定数量的预分配信道。话音 VSAT 网的控制子网相当于一个数据网，通常为星状网络拓扑结构。在控制子网中，小站与主站之间一般采用 TDM/ALOHA 体制，即外向传输采用异步时分复接，内向传输采用随机竞争时分复接。此种方式技术简单，造价低廉，因此在实用系统中应用较多。

5.2.3 VSAT 网络管理

网络管理是指对通信网的性能、质量进行监测和控制，它包括网络运行、管理、维护和供给(Operation，Administration，Maintenance & Provisioning，OAM&P)等功能。为了实现对通信网的管理，必须要有一个专门的系统来承担此功能，此系统称为网络管理系统(Network Management System，NMS)。图 5-2 给出了网络管理系统的基本组成。在一个网络管理系统中存在着一个网络管理中心(NMC)、一个管理信息库(Management Information Base，MIB)、多个管理代理(Agent)和网元(Network Element，NE)及用于人机接口的网管操作台。

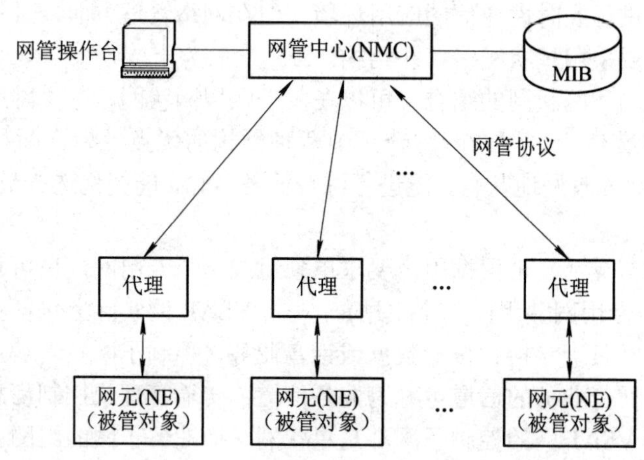

图 5-2　网络管理系统的基本组成

图 5-2 中各部分的功能如下：

(1) 网管中心(NMC)：它是整个网络管理系统的管理者(Manager)，通过代理实现对网元的管理。

(2) 管理信息库(MIB)：它是一个有关被管理的网元的信息数据库，通常位于 NMC 中。MIB 中包括有关各被管对象的名字、允许的行为以及可以在其上执行的操作的信息，这些信息由 NMC 和代理共享。

(3) 网管操作台：它实际上是 NMC 的人机接口部分，这是由于网络管理员的管理操作是通过它来实现的，因此把它作为一个单独的部分列出。网络管理员通过此操作台监视 NMC 得到的有关网络的各种信息，同时也通过它向 NMC 发布控制网络的各种命令。

(4) 代理(Agent)：NMC 对被管理的网元的管理操作是通过代理来实现的，它通常设在被管理的网元中或附设在网元处。代理负责向 NMC 报告被管理的网元的状态，并从 NMC 接收关于对这些网元采取何种动作的操作命令。

(5) 网元(NE)：它是网络中需要被管理的具体的通信设备或逻辑实体(如电信网中被管理的交换机、传输系统、复用设备、终端设备及完成特定功能的软件包等网络资源)。

网络管理系统是 VSAT 网络的核心，也是决定全网性能、效率和保障正常运行的关键因素之一。网络管理系统通常在主站设置一个网络管理计算机和相应的数据库；在各个地球站和网络设备上，有一个网络管理计算机的代理设备，即网络管理代理。网络管理设备和网络管理代理之间需要通过卫星通信网的通信信道进行数据通信。

1. 网络结构管理

网络结构信息存储于网络结构数据库中，它们决定着全网的设备配置和通信。其中包括：

(1) 系统结构数据库：确定网络中实时单元的系统参数。

(2) 处理单元硬件数据库：确定全网各个处理单元的硬件结构。

(3) 接续数据库：确定全网的通信接续和端点。

(4) 卫星多址数据库：确定 TDMA 脉冲时间和有关公共卫星通信资源的管理信息。

2. 计费管理和设备管理

计费管理功能用于管理网络工作费用并根据对网络资源的使用情况计算费用。数据分组、字符数、通信时长、时间戳等都是 VSAT 网的计费参数。设备管理功能用于保持和控制网中的设备清单，包括各种选用设备和备用设备以及接到小站终端和主站的用户设备等。

3. 安全管理

所谓安全管理，狭义地说就是保密管理，特别是指密钥管理，保密管理工作必须从用户和网络两方面考虑。用户只涉及密钥管理设备的维修问题，网络则必须有能力防止用户使用网络资源库和管理设施，并使已被放弃的网络部分失效以及禁用某些部件以防危害网络安全。安全管理还包括对异常情况，如阻塞、错码、故障、超时等情况的处理。

4. 运行管理

1) 数据采集、归档和报告的生成

要保证一个小站能正常有效地工作，就必须经常采集网络状态和性能数据，以满足长期的管理要求。此外，管理系统还应定期提供各小站业务活动报告。

2) 操作员接口功能

网络管理系统的操作员接口是网络监控人员接通全网的通道。操作员用这种接口能快速有效地接触各种管理功能，连续检查可能对网络正常工作造成重大影响的网络变化。网络操作员接口可采用树状等级结构，操作员可以从一种监控功能转到另一种监控功能。

3) 网络监控功能

对 VSAT 网的实时监控是靠采集各个网络部分的数据来实现的。对各个 VSAT 站的发送频率、功率和时间必须加以协调使之符合规定，才能尽可能降低彼此的干扰。主站内向链路调制解调器随时将接收信号的上述参数汇总到网络管理计算机，计算出需要调整的参数，并以适当命令经外向链路发到 VSAT 站来实现调整。这种参数调整在 VSAT 站入网时

尤其必要。监控管理计算机的 VSAT 数据库还实时记录各站的工作状态和优先等级以及所预分的入网方式。

VSAT 网监控设备的另一种重要功能是切换主站的备用设备，报告所有联机和备用设备的状态变化，还能防止切换到不存在的或已经失效的备用设备上。

4) 资源使用管理

VSAT 网有以下两种资源管理功能：

(1) 对信道的资源进行拥塞检测。发往主站的每个分组报头上都有一位重发指示信息，其状态表示该分组是首次发送还是第二次发送。在主站监视含有重发指示信息分组的接收比例，如果这种比例超过了预定标准，则系统为拥塞状态。

(2) 采用快速流量控制算法，用以减缓或防止共用卫星资源的拥塞。各 VSAT 监视各自数据分组缓冲器的占用情况，当占用情况超过预定标准时，就请求一条快速流量控制信道。发往主站的每个数据分组都有一个快速流量控制信道请求位。如果一个 VSAT 站需要或正在使用一条快速流量控制信道，就置入请求位。如果它不再需要这条信道，就将请求位清零。主站检测每个内传数据分组的快速流量控制位，如果发现有请求信息且提出申请的 VSAT 正通过一条 RA/TDMA 信道发射，主站就从可用的信道中分配一条连续信道给该小站。如果请求位无请求信息且小站正在通过一条连续信道发信，主站就把该信道释放回备用信道群，并通知该 VSAT 回到一条指定的 RA/TDMA 信道。采用这种方法，有短时高吞吐量要求的 VSAT 站就可以无竞争地获得通信资源。

5.3 VSAT 系统常用通信体制

卫星通信体制是指卫星通信系统的工作方式，即采用的信号传输方式、信号处理方式和信号交换方式等。它由基带信号形式、信源编码方式、差错控制方式、基带信号传输方式、基带信号多路复用方式、信号调制方式、多址方式和信道分配与交换方式等部分组成，每部分又有不同的方式可选择，是一个较为复杂的结构。

虽然 VSAT 系统在许多领域得到了广泛应用，相关厂商也研制出不同种类的 VSAT 设备，但 VSAT 系统并没有统一的标准，对通信体制也没有统一的规范。

卫星通信体制的先进性主要体现在节省射频信号带宽和功率，提高信号传输质量和可靠性。当今卫星通信体制标准主要是卫星运营商或产品生产商制定的企业标准，另有少量的行业标准和国家标准。国际组织制定的标准至今仅有 DVB-S、DVB-S2、DVB-S2X 和 DVB-RCS。

5.3.1 VSAT 选择通信体制的原则

由于数据 VSAT 网是不对称网，外向和内向传输应选择不同的通信体制，主要考虑的原则是：

(1) 外向传输：主站发射信息量大，因此转发器的频带和功率利用率必须很高；小站接收信息量小，要求设备尽可能简单。

(2) 内向传输：小站发射信息量小，要充分利用小站的发射功率，尽量降低其发射功率，以使小站实用、经济；主站接收来自多个小站的突发性业务，要求其信道解调设备能在足够短的时间内获得载波同步、位定时与同步。

(3) VSAT 系统中有相当数量的小站建在大中城市市区，因此，要求尽量降低它与相邻卫星系统及地面微波中继通信系统之间的干扰，要尽可能采用不同频段或采用扩频。

对于话音 VSAT 网来说，不论采用哪一种多址方式和交换方式，最终应实现等效的线路交换方式，以满足话音实时通信的需求。

总而言之，由于 VSAT 系统通常是功率受限而不是频率受限系统，因此在选择通信体制时需要考虑的原则包括：

(1) 要采用功率利用率高的调制解调方式。VSAT 网中一般采用 BPSK 调制和相干解调方式或与之相近的 QPSK 调制和相干解调方式。

(2) 要采用高编码增益的编译码方式。为了进一步降低 VSAT 小站的天线口径和提高小站的传输能力，VSAT 网中的编译码常采用 1/2 卷积编码和软判决维特比译码(编码增益可达 4～5 dB)方式。随着 Turbo 码、低密度奇偶校验码(LDPC)等编译码技术的成熟，越来越多的 VSAT 终端采用 Turbo 码和 LDPC 码方式，可获得 7～9 dB 甚至更高的编码增益。

(3) 要采用高效率的信道分配方式和多址方式。

为了提高系统的吞吐量、时延和服务质量性能，VSAT 网的信道分配一般采用按需申请分配(DA)的方式，其中申请信道采用改进型的随机争用(RA)方式，使得 VSAT 网络能够支持大量的用户。

5.3.2 常用 VSAT 通信体制

1. TDM/BPSK/CFEC/CDMA/PA 体制

这里的内向信道通信体制指的是调制/前向差错控制信道编码/多址/信道分配方式，即 BPSK/CFEC/CDMA/PA。外向信道的通信体制指的是调制/前向差错控制信道编码/信道复接/信道分配方式，即 BPSK/CFEC/TDM/PA。

在该体制中，外向信道采用 TDM 复用方式，内向信道采用 CDMA 多址方式，调制方式采用 BPSK，编码方式采用卷积编码前向纠错方式(Convolution coding Forward Error Correction，CFEC)，信道采用预分配(PA)方式。此方式的优点是外向传输发射一个 TDM 载波时对卫星功率利用率高，且抗干扰性强和隐蔽性好；内向采用 CDMA 避免了碰撞问题，且对过载不敏感。其缺点是频带利用率低，网络的容量较小。

2. TDM/BPSK/RS+CFEC/SCPC/PA 体制

这里的内向信道通信体制指的是 BPSK/RS+CFEC/SCPC/PA。外向信道的通信体制指的是 BPSK/RS+CFEC/TDM/PA。

在该体制中，外向信道采用 TDM 复用方式，内向信道采用 SCPC 多址方式(FDMA 方式)，调制方式采用 BPSK，信道纠错编码方式采用里德-索罗门(Reed Solomon，RS)编码加卷积编码的级联码，信道采用固定预分配 PA 方式。

该体制外向信道采用 TDM 方式，可以进行一定的扩频(扰码)，每个小站接收同一个 TDM 载波，同时搜索小站地址或用选择小站时隙的方法，从中提取发往本站的数据。内向信道采用 SCPC 方式，每个小站一个载波。该体制中每个 VSAT 不论有无业务均占用一个固定载波和固定空间段。换频需换晶体，灵活性差、抗干扰能力较差，小站天线直径为 1.2～1.8 m(Ku 频段)或 1.8～2.4 m(C 频段)。当频段工作在大城市时由于地面微波干扰严重，因而选址不方便。

3. TDM/QPSK/TPC/TDMA/DA 体制

这里的内向信道通信体制指的是 QPSK/TPC/MF-TDMA/DA。外向信道的通信体制指的是 QPSK/TPC/TDM/DA。

在该体制中，外向信道采用 TDM 复用方式，内向信道采用 TDMA 多址方式，调制方式采用 QPSK，编码采用 TPC(Turbo Product Code)编码。信道分配方式采用按需分配 DA 方式。

该体制是一种比较先进的体制。系统信道利用率高，容量大，灵活性好，扩容方便。可工作在 C 频段或 Ku 频段。换频可由主站通过软件程序修改主站和 VSAT 小站的频率合成器来实现，因此比较方便，受干扰影响小。当内向信道采用多个载波时，便产生了多载波 TDMA(MF-TDMA)，即一个转发器的频带容纳多个不同的载波，各载波以窄带 TDMA 方式工作。网中各站发射或接收所用的频率和时隙均可调整。由于采用了 TDMA、FDMA 和 TDM 的组合，系统灵活性增加，显著提高了系统容量。此体制特别适合于网络容量大、由许多稀路由地球站组成、每站含有几路话音且业务类型多变、需要动态和灵活连接的情况。采用这种方式的网络效率高，但技术较复杂。

4. QPSK/CFEC/SCPC/ALOHA+TDM/DA 体制

该体制控制信道和业务信道分离。控制信道的内向信道采用 ALOHA 方式，外向信道广播采用 TDM 方式。信道分配方式采用按需分配 DA 方式。业务信道采用 SCPC 多址方式(FDMA 方式)，对于窄带业务信道编码一般采用卷积码，宽带业务一般采用 TPC 或 LDPC 编码等。该体制一般用于稀路由系统。

此方式的优点是组网简单，管理方便；缺点是频带利用率低，网络的容量较小，一般用于单站业务量较小的稀路由系统。

5. ACM/MF-TDMA/R-ALOHA 体制

该体制中，内向和外向信道以 MF-TDMA 方式共享多个载波，调制编码采用自适应编码调制(Adaptive Coding and Modulation，ACM)方式，信道分配采用预约 ALOHA 方式。

自适应编码调制(ACM)的基本思想是接收端对信道进行实时估计，并将估计得到的信道状态信息通过回传信道传送给发射端，发射端再根据信道状态信息改变发射调制方式、编码效率这些参数，以保持接收端有较恒定的 E_b/N_0。采用 ACM 技术能够在有利的信道条件下实现高速传输数据，在信道变差时降低传输速率，从而可以在不牺牲系统功率和误比特率的前提下，根据信道的时变性，提供较高的平均信道传输速率。

目前，基于数字卫星电视广播标准 DVB-S(Digital Video Broadcasting via Satellite)的卫星系统使用固定编码调制(Constant Coding and Modulation，CCM)方式，系统通常留有一定的通信余量来补偿信道衰落。与 DVB-S 相比，DVB-S2 采用了多种信道编码和调制方案组合：采用 BCH 码和 LDPC 码级联的纠错编码方案，支持 1/4、1/3、2/5、1/2、3/5、2/3、3/4、4/5、5/6、8/9、9/10 等多种编码码率；采用的调制方式包括 QPSK、BPSK、16APSK、

32APSK 等。在 DVB-S2 系统中，小站通过回传信道告诉主站其接收链路的状态，主站则自适应选择合适的编码调制方式进行传输。相对于 DVB-S 系统，其传输容量可以提高 1～2 倍。

5.4　VSAT 系统加速技术

卫星网中基于 TCP/IP 协议的应用越来越多，例如基于 TCP 协议的音频和视频信息的传输等。但由于卫星网络的一些特性，如长传播时延、较高的误码率和带宽不对称性造成了基于地面网络开发的 TCP 协议在卫星网络中的性能严重下降。

卫星轨道的时延是由卫星轨道高度决定的，VSAT 卫星通信系统中，往返时间为 500 ms 左右，在标准 TCP 协议中，最大接收通告窗口是 64 KB，也就是说在这 500 ms 中，卫星信道最大能传输 64 KB 数据，则整个信道的最大吞吐率为(64 KB × 8)/500 ms = 1.024 Mb/s。这表明，即使卫星信道的发送速率超过 1.024 Mb/s，实际的最大吞吐率也只能被限制在 1.024 Mb/s，因此 TCP 的接收端缓冲区尺寸必须大于 64 KB，才能充分利用卫星信道带宽。

此外，典型的卫星信道误码率为 10^{-7}～10^{-2}，远高于地面网络的 10^{-10}，加上卫星信道各种随机因素，使得信道出现突发错误，导致数据丢失。但由于 TCP 协议不会区分数据丢失是由于传输错误还是由于网络拥塞造成的，丢包原因都被解释成网络拥塞，当接收到一个损坏的数据包时，即使没有发生拥塞，阻塞窗口都会减为原来的一半，然后进入慢启动过程或者加性增加的拥塞避免阶段，导致连接启动慢，整体吞吐量低，浪费了卫星信道的带宽。因此需要 TCP 加速技术进行传输性能优化。

5.4.1　TCP 加速技术

目前主要的 TCP 加速技术分为以下几类：优化 TCP 参数、设置加速代理等。

1. 优化 TCP 参数

在不改变标准 TCP 协议的前提下，可通过优化 TCP 的一些运行参数，如通过在 TCP 段中增加窗口扩大选项来增加接收端的通告窗口。又如 RFC1323 通过修改窗口选项，TCP 头部的窗口域从 16 bit 扩大到 32 bit，使得吞吐量可以达到 2048 Mb/s。显然，扩大窗口满足了长延时的卫星连接，但是也存在不足之处：增加了在窗口内数据包丢失的概率，导致重传或超时，CWnd(Congestion Window，拥塞窗口)迅速下降，并且选项在连接开始的 SYN 中确立，一旦使用后无法对其进行更改；在连接前必须考虑到现有路由器的缓冲器的容量。

同时由于卫星链路中 TCP 性能下降主要是发送方的阻塞窗口太小导致的，因而仅通过对接收端的优化很难对 TCP 性能有较大的改善。

2. 设置加速代理

加速代理是一种用来增强无线网或卫星网中 TCP 性能的网关设备，不同的加速代理有不同的实现机制。

加速代理分为单端加速代理和双端加速代理。单端加速代理被看作卫星网中的网关，在不打断 TCP 连接的情况下处理 TCP 业务流，只存在于卫星网的某一端，一般为主站端。

双端加速代理则分别放置在卫星网的两端，所有的 TCP 连接分割成三段：服务器和主站端加速代理连接，端站端加速代理和客户机连接。加速代理之间的 TCP 协议可以根据情况自定义为某些针对卫星链路改进的 TCP 协议。

当数据段从服务器端发送到 PEP 时，PEP 自动生成一个伪造的 ACK 信息发还给服务器。该方法能加快服务器端阻塞窗口的增加速度，缩短慢启动过程的时间。

5.4.2 HTTP 加速

在卫星网络中，即使实现了 TCP 层加速，HTTP 的性能依旧受到长时延的影响，通过对 HTTP 业务进行特殊处理能够进一步提高带宽利用率，提升浏览速度。

高通量卫星通信系统通过互联网网页加速来提高互联网浏览的用户体验，并最小化卫星网络的回传链路和前向信道业务。这使得运营商在相同带宽条件下能够向更多的终端用户出售服务，或以更高的数据传输速率提供更优质的服务。

HTTP 加速使用如下机制。

1. 网页预取

获取一个 HTML 页面需要大量的 TCP 连接和每一个嵌入的对象。有时候在嵌入对象被获取之前该对象必须被完全下载，例如在依附的框架被获取之前 HTML 框架集合必须被完全加载。反过来，在嵌入的图片被提取出来之前，依附的框架必须被完全加载。

通过 HTTP 加速，整个页面可作为一个整体提供给用户浏览器，结果是整个网页可以被更快地访问。Acc-server 在第一次获取请求的时候，会从网络上预取整个网页，然后会自动把它推送到无须对每一个对象发送额外获取请求的远程站点上。这将节省空间字段(带宽)，通过消除入站获取请求同时减少卫星延迟。因此，用户就不必等待每一组件对象被加载和显示。

2. TCP 连接复用

Acc-vsat 不是对每一个 HTTP 传输都打开一个新的 TCP 连接，而是在第一个对象请求被接受之后，只打开一个持久稳定的连接到 Acc-server 服务器上。客户主机上的浏览器和 VSAT 上的 Acc-vsat 将建立一个标准的 HTTP 会话。对于每一次传输均建立一个新的 TCP 连接，然而这些连接是在本地建立的，因而不会有长时间的延迟。Acc-vsat 将会集合所有的 HTTP 信息到单个的 TCP 连接内。同时在制造商骨干协议中利用 TCP 欺骗加速和封装，Acc-server 和 VSAT 将会把封装后的数据作为另一个 TCP 连接来处理。

以上的处理方式避免了开关连接所需的三种 TCP 握手协议，降低了延迟，节省了多个 TCP 连接请求一个完整页面的协议开销。

3. 高速缓存技术

随着更多的网站出现，网络内容迅速膨胀，也包括了更多的静态图像和动画。现在典型的网页变得更大且多为动态，每一次用户移动光标到某个对象或者链接时都会有内容预加载。

尽管传统的 HTTP 加速技术在网络用户体验方面有了很大的进步，这种依靠的是在 VSAT 调制解调器上进行少量的高速缓存(几百 KB)。结果是目前的 VSAT 网络加速方法无法进一步提高网络性能，尤其是网络上有大量的 PC 或者其他的基于网络的设备。

高通量系统高速缓存技术为提升网络性能提供了一种方法，该方法利用一个大型的吉字节的存储器来缓存大量的网站内容而且还利用了一对多卫星网络拓扑结构，在特殊网络中对所有 VSAT 中的高速缓存分配和填充内容。

高通量系统高速缓存技术是基于分布式高速缓存架构的。在这个架构中每一个缓存存储的内容都已经被本地用户访问过，普通的内容也可以分享给网络中其他的缓存单元。结果是每一个缓存设备都拥有了所有的内容，这些内容被网络中的任一用户都访问过。这个架构非常适合 VSAT 网络，因为卫星固有的一对多广播特性，只需要传输一次内容到卫星并成功接收然后将其储存在卫星网络的每一个节点上。

通过对网页加速的测试，可以显示出前向和反向链路上的性能提升。回传数据包的数量平均减少了 35%，前向数据包的数量平均减少了 30%。与没有采用加速相比，在相同网络规模下，加载所有页面的累积时间减少了 40%。

5.5　基于稀疏路由的 VSAT 应急卫星通信网

VSAT 应急卫星通信网是适应当前信息化建设的发展需要，根据应急通信业务需求和传输能力要求而建设的卫星通信传输网络。系统充分考虑了安全保密、集中控制管理和业务通信等诸多方面的能力需求，兼顾了对有线通信网的补充和备份功能，采用当前成熟可靠的卫星通信技术和通信设备来实现，为相关单位在抢险救援、反恐维稳等任务中提供机动性更强、使用更灵活、活动范围更广泛的通信手段。

5.5.1　卫星通信网组成

如图 5-3 所示，VSAT 卫星通信网由卫星和地面通信系统组成，地面通信系统通过卫星链路形成一个全网状结构的通信网络，实现各级单位之间的信息传输。

通信卫星提供系统通信所需要的转发器资源，工作频段采用 C、Ku 频段，通过租用卫星转发器实现。

地面通信系统由中央站(含备份站)和各种形式的外围地球站组成。从承载形式来看，这些外围地球站型包括固定站、车载站、便携站等类型。

中央站是卫星通信网的系统控制和网络管理中心，实现对全网卫星资源和地球站用户的管理和通信控制，并具备与外围地球站实现各种类型业务通信的能力；固定站是所在单位卫星通信系统的关口站，可实现与其他各种站型的话音、数据和图像等类型信息的双向传输；动中通车载站具有运动中通信的能力，它采用动中通天线和移动通信终端技术实现与各站型之间话音、动态视频和数据通信；静中通车载站在驻车状态下，可实现超视距、多业务、大容量、高质量的业务传输；便携站体积小、重量轻，便于携带，在静止状态下可以实现与其他各种站型之间的电话、数据和动态视频传输。

系统采用集中控制网络管理的 FDMA/DAMA 体制，调制方式主要为 QPSK，通信速率从 8～2048 kb/s 可变，可传输话音、传真、低速数据、高速数据、IP 数据、群路中继、图像等，话音、传真和低速数据传输由窄带信道单元实现，其他业务由宽带调制解调器实现。

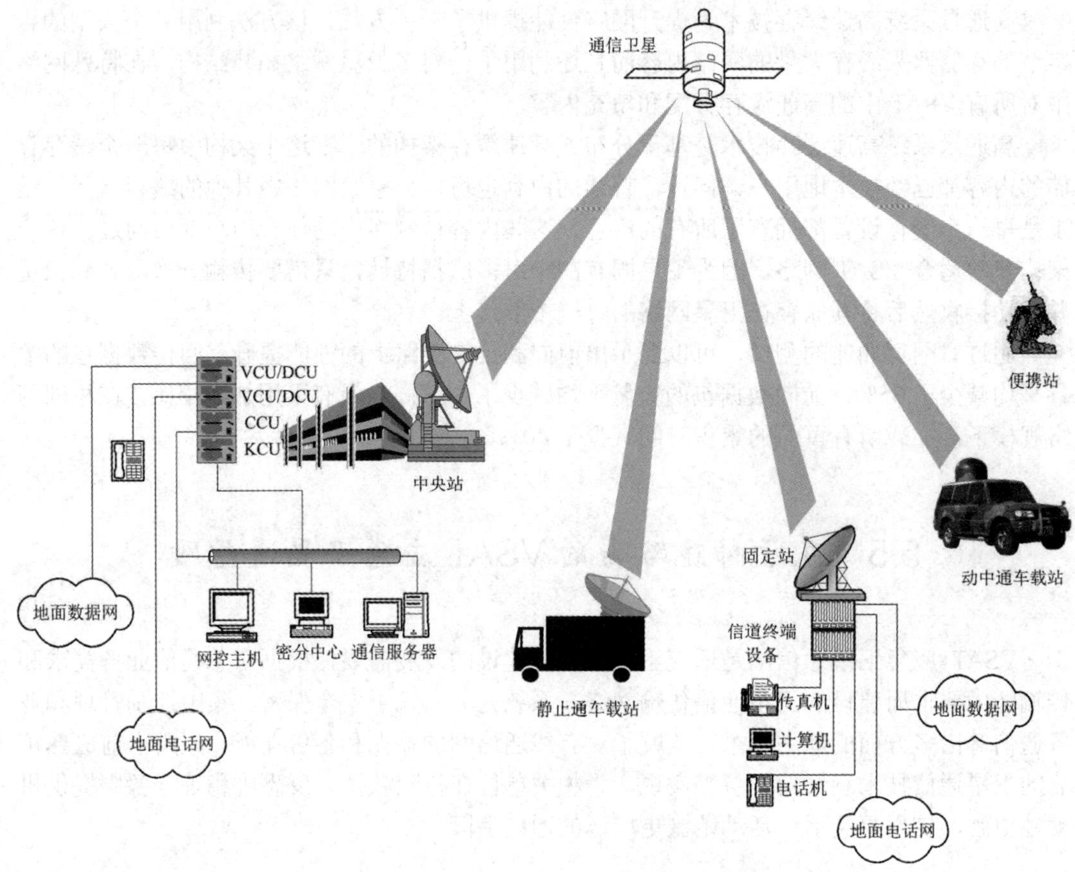

图 5-3　卫星通信系统示意图

系统的网管体制为集中网络管理、站内二级监控，专门传输网管信令的控制信道网络。中央站配置全网的网络管理和密钥分配中心，负责全网的 DAMA 分配、密钥下载及网络管理；各远端站均配置站内监控设备，作为二级监控来管理控制站内各组成设备，同时宽带调制解调器也接受站内监控设备的控制；各远端站还配有专门传输网管信令的信道控制单元，用于站内监控设备与网管中心的管理信息交互。

网管控制信道外向采用 TDM，内向采用 ALOHA，这样形成一个星状的管理控制网络用来传输网管信息。宽带调制解调器的呼叫在站内控制设备的管理下，通过信道控制单元向网管中心发送请求，并接收网管的信道分配和管理指令。网络中信道分配方式有按需分配、动态带宽管理和预分配等形式。

系统在网管的控制下，宽带信道和低速信道均实现 DAMA，所有业务网络均可实现网状组网，也可在网管的控制下，实现星状、网状及混合网等形式的组网。

5.5.2　网络管理系统

VSAT 卫星通信网络管理系统(简称网管系统)负责全网的地球站设备的管理、网络资源的分配及加密控制与管理，确保资源利用率最高、网络性能最佳及通信的安全。

网络管理系统由网管中心(网控中心)和地球站的监控单元组成。地球站向网管中心发请求和报告，网管中心向地球站发命令，通过两者的交互实现网管系统的功能。地球站与网管中心之间的交互采用 TDM/ALOHA 通信体制。

如图 5-4 所示，网管中心设备主要包括：管理服务器、数据库服务器、磁盘柜、控制台、密钥分配中心(KDC)、通信服务器、KVM 切换器、控制信道单元。

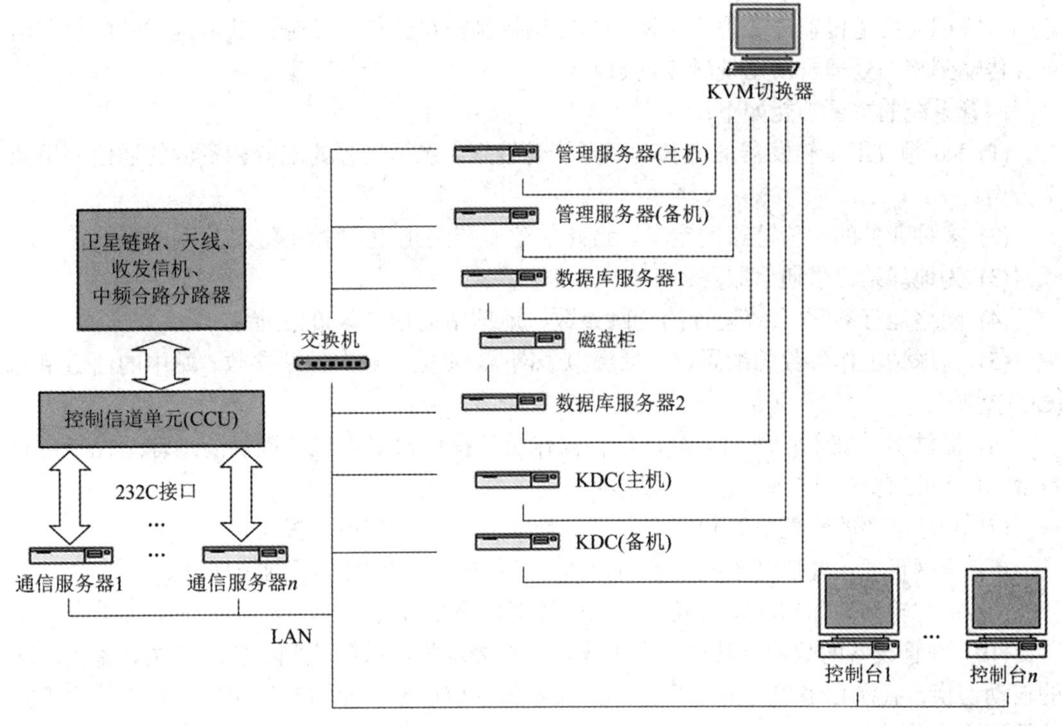

图 5-4　网管中心设备连接图

各处理机包括管理服务器、数据库服务器、控制台、密钥分配中心、通信服务器，通过局域网连接。通信服务器与控制信道单元经 RS-232C 接口连接。管理服务器、数据库服务器、密钥分配中心共享一个 KVM 切换器。

管理服务器的主要作用为：地球站的入退网管制；全网地球站业务通信呼叫的实时控制；动态分配卫星信道和回收卫星信道资源；通知密钥分配中心进行密钥分配；系统运行数据库的管理；收集并存储网络各部件的事件报告以及通话记录；实时进行故障检测，发现故障后，及时向控制台告警，自动实现主备机间的切换。

密钥分配中心(KDC)的主要作用为：为地球站通信分配工作密钥。采用密钥集中管理、动态分配的原则，每次通信时由保密系统实时分配密钥，实现一次一密、一话一密。保密系统具有毁密功能，可通过专门的密钥通信信道实现对地球站保密机的遥控毁密，同时各地球站的保密机也具有毁密按钮，能确保特殊状态下人工紧急毁密的需要。

控制台(NOC)的主要作用为：系统工作参数的配置；地球站的通信组织(组织电话会议和视频会议)；网管设备和地球站工作状态的实时显示；通过电子地图了解地球站所在位置；网管设备故障的声光告警等。

通信服务器(SCS)的主要作用为：传输 TDM 信息到地球站；接收地球站发送的 ALOHA

信息并传输到管理服务器；将密钥分配中心的通信工作密钥和保密机控制信息发送到地球站；将采集到的地球站位置信息传输到相应处理机；将控制信道单元获取的频差传输到管理服务器；实时监测控制信道单元，进行控制信道的卫星链路测试，发现异常，向管理服务器报告。

控制信道单元(CCU)的主要作用为：实现网管到地球站 TDM 的传输；实现地球站到网管的 ALOHA 信道传输；实现工作密钥和密钥控制信息的信道传输；获取地球站的位置信息并传输到相关处理机；系统频差的检测。

网管系统的主要功能如下：

(1) Ku 频段卫星转发器信道和功率器资源管理，包括资源的配置和资源的通信应用两个方面；

(2) 多种业务的通信链路的定义、链路的建立和终止(包括帧中继星状网的配置)；

(3) 为地球站提供通信服务；

(4) 网络运行参数(系统运行的全网参数、地球站运行参数)的配置；

(5) 地球站工作参数的配置，包括虚拟子网(群)参数、群中的站参数、站中的信道单元(CU)参数；

(6) 提供多种安全管理的手段，包括操作员的操作权限管理，提供防地球站控制信息重放功能和防地球站控制信息仿冒功能；

(7) 存储必要的管理信息和网络运行信息(即呼叫记录和事件报告)；

(8) 子网管理，并控制子网内各用户的通信权限，支持虚拟子网管理形式；

(9) 定时轮询地球站，发现异常，则由控制台声光告警；

(10) 网管设备的故障自动检测和处理，包括处理机的故障检测、告警和主、备机之间的自动切换，控制信道单元的故障检测、告警和备份信道单元的自动切换，控制信道干扰的检测、告警和备份信道的自动切换；

(11) 网管中心对呼叫的处理能力达到平均 10 次/秒以上，管理的保密信道终端数可达 8000 个以上，能够对保密信道终端的各种请求和报告作出实时反应；

(12) 网管中心正常运行后可无人值守。

可在不同地方配置两个网管站，一主一备，两站通过路由器使用专线相连。备份站启动后，主控站将当前数据库传给备份站，然后备份站监视主控站的 TDM 信号，根据广播帧类型修改网络当前状态的数据库；同时主控站定期将它的数据库传给备份站以保持数据库的同步。当备份站监视到主控站出故障(根据监视到的主控站的 TDM 信号判断)时即切换为主控站(或人工切换)。当出故障的站修复好后，网管操作员可人工设置两站的角色。

5.5.3 业务通信流程

根据应急卫星通信网的使用需求，系统每种站型均需要实现以下几种类型业务的传输：话音、电视会议、高质量图像传输、IP 数据业务等。

1. 话音

系统的话音、传真、视频、数据等业务均实现 DAMA 分配，根据不同的业务类型自动设置工作速率，网管中心为这些业务分配相应的卫星带宽。各地球站的信道单元具有综合业务传输能力，同一个信道单元可以传输话音或传真或数据，工作时，按照先来先服务的原则，由用户摘机信号决定传输业务。宽带信道单元的拨号由站内监控进行，拨号时指定通信速率。图 5-5 给出了系统话音、传真的通信流程示意图。

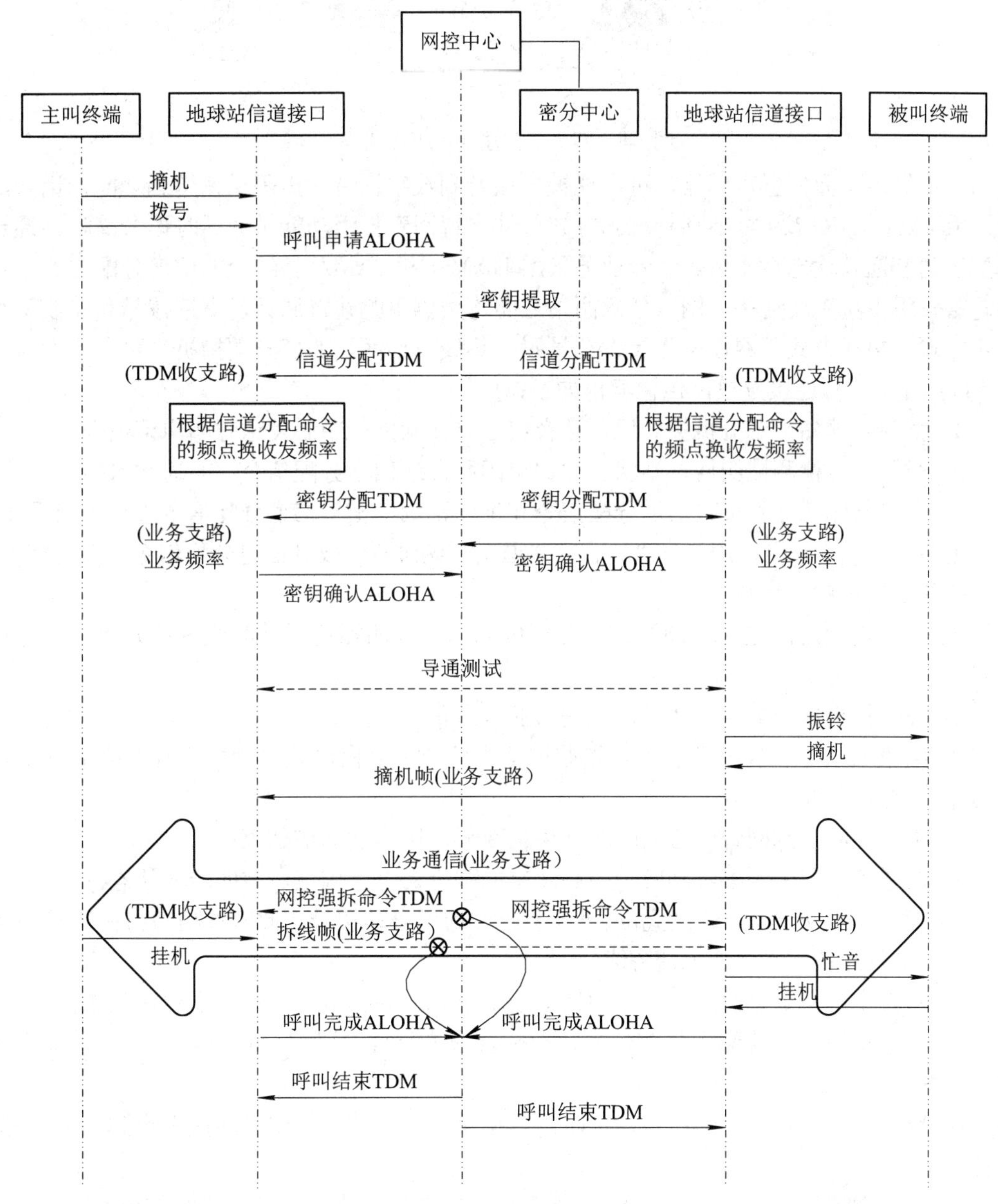

图 5-5　话音、传真的通信过程示意图

话音业务分为三种：第一种是应急卫星网内端到端的话音业务；第二种是应急卫星网同地面话音网的单路中国一号信令中继互连业务；第三种是地面话音网的程控交换机连接。

1) 端到端的话音业务

通过窄带信道单元提供的直流环路接口，应急卫星网可提供网内端到端的话音和传真业务，其连接示意图如图 5-6 所示。

图 5-6　网内端到端话音/传真业务

窄带信道单元内置声码器，可实现模拟话音到数字话音的声码话编解码功能，话音编码采用 8 kb/s 的 G.729 标准话音编码方式，并内置回音抵消功能，通话时语音清晰，通话质量达到普通长途电话质量。话音业务采用 DAMA 和 PAMA 相结合的信道分配方式，传输链路采用卫星单跳连接，网内任意两站之间均可以单跳建链通话，支持拨号和热线两种呼叫方式，热线方式由网控操作员设定号码，热线电话两端的任一端摘机均可自动拨号。

(1) 对于拨号连接方式，传输流程如下：

① 主叫地球站用户摘机拨号后，话音信道单元向网管中心发送呼叫申请信令；

② 网管中心检测被叫地球站状态，如空闲则发送信道分配信令，并通知 KDC；

③ 主、被叫地球站接收信道分配信令和工作密钥，根据信道分配信令进行相应操作：收到拒绝分配信令，则向用户发“忙音”并退出呼叫过程；收到信道分配信令，则调整主、被叫地球站信道频率参数。

④ 主、被叫之间进入导通测试，测试成功后，被叫振铃或被叫监控单元提示有通信呼叫；

⑤ 被叫摘机后或被叫确认后，即进入业务通信状态；

⑥ 结束通信时，任一端挂机，则通过话音信道单元向网管中心发送呼叫完成信令，并等待接收网管的响应；

⑦ 主、被叫收到网管中心的呼叫结束信令后，则本次通信结束；

⑧ 在通信过程中如果收到网管中心发来的强拆命令，则主、被叫转入状态⑥。

(2) 对于热线方式，电话两端的任一端摘机均可自动拨号，此时通信双方采用预案点对点方式进行通信，具体传输流程为：

① 网管中心命令热线通信双方的话音信道单元进入预案分配点对点通信状态；

② 话音信道单元连续发建链信号，对端接收支路连续扫描、接收对方信号，双方握手后，继续下一步；

③ 双方进入点对点空闲状态，定时发送握手信号，若在规定时间内未收到握手信号，则转入②；

④ 主叫地球站用户摘机(不需要拨号)后，向被叫发送点对点控制呼叫信令，接收被叫的点对点控制呼叫应答信令；

⑤ 若超时收不到，则向用户发送忙音并退出；若收到，则振铃，被叫摘机后，主、被叫之间进入业务通信状态，拨号流程结束。

2) 单路中国一号信令中继互连业务

通过话音信道单元提供的单路中国一号信令中继接口，网内话音业务可以实现与地面公用电话网的互连，如图 5-7 所示，同地面网互连的终端处可提供多条中继电路。

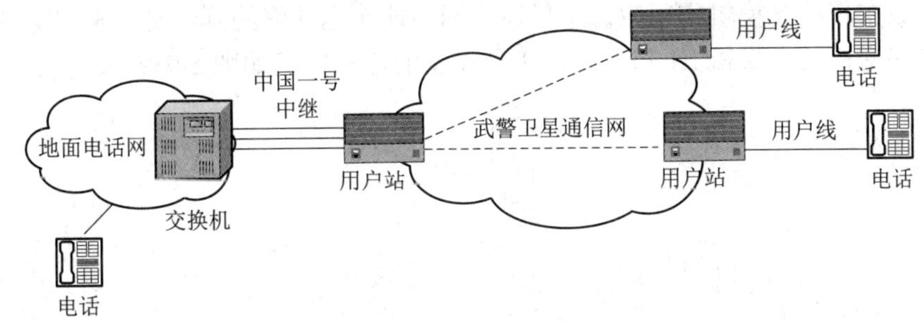

图 5-7　网内话音业务与地面话音网的互连

在这种互连方式下，卫星网采用话音信道单元的单路“中国一号”信令接口与地面电话网的交换机连接。中国一号电话信令是网间信令，卫星网内任一用户通过此线路可以与地面公用电话网内的任一用户进行通信联络。

话音信道单元内置中国一号信令处理单元，可模拟电话单机作为交换机的终端设备，在地面网用户呼叫卫星用户时，该话音信道单元模拟被叫用户的状态响应交换机的信令，同时作为卫星网的主叫用户，通过网内端到端的连接完成与卫星网被叫用户的建链和后续处理；在卫星网用户呼叫地面网用户时，该信道单元模拟地面网的主叫用户向交换机发起呼叫，交换机给出响应并通过该信道单元完成卫星网内端到端的业务建链和后续处理。

同时，话音信道单元内置声码器，在完成业务建链后，完成通信双方的话音编解码功能，声码器具有回音抵消功能，通话时语音清晰，通话质量达到普通长途电话质量。同网内端到端话音业务一样，单路中国一号信令中继互连业务的传输也是采用卫星单跳连接，地面网内任意用户可与卫星网内任意用户之间均可以单跳建链通话。

中国一号电话信令接口一般用在中央站或固定站，由网控中心对该站的窄带信道单元进行软件设置，各窄带信道单元都具有此项功能，可以采用单路出入网接口，或群路出入网接口。

一般在固定站配置多路入中继和出中继信道单元接入地面电话网的交换机，各远端站的卫星电话均可以通过该固定站接入地面电话网络。这样地面电话网的任何用户均可以与应急卫星通信网的任何用户实现话音通信。其连接如图 5-8 所示。

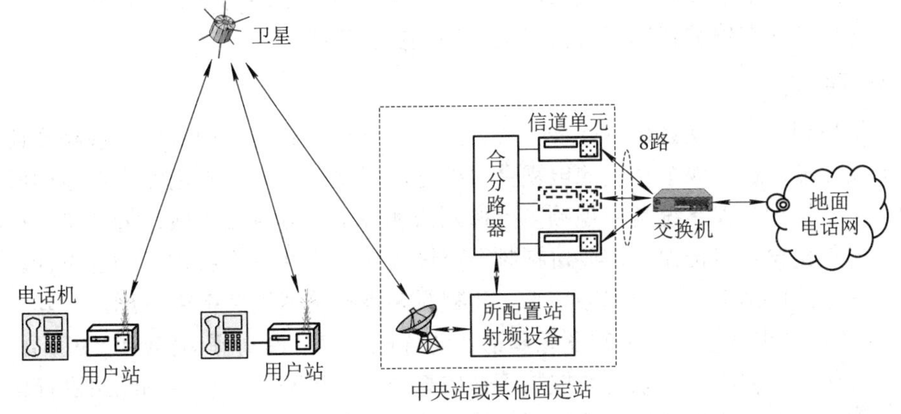

图 5-8　利用中国一号信令与地面电话网互连图

3) 数字程控交换机连接

在采用数字程控交换机实现应急卫星通信网与地面电话网的互连时，采用宽带调制解调器经高速保密机与交换机 E1 口相连，用户设备的连接方式如图 5-9 所示。

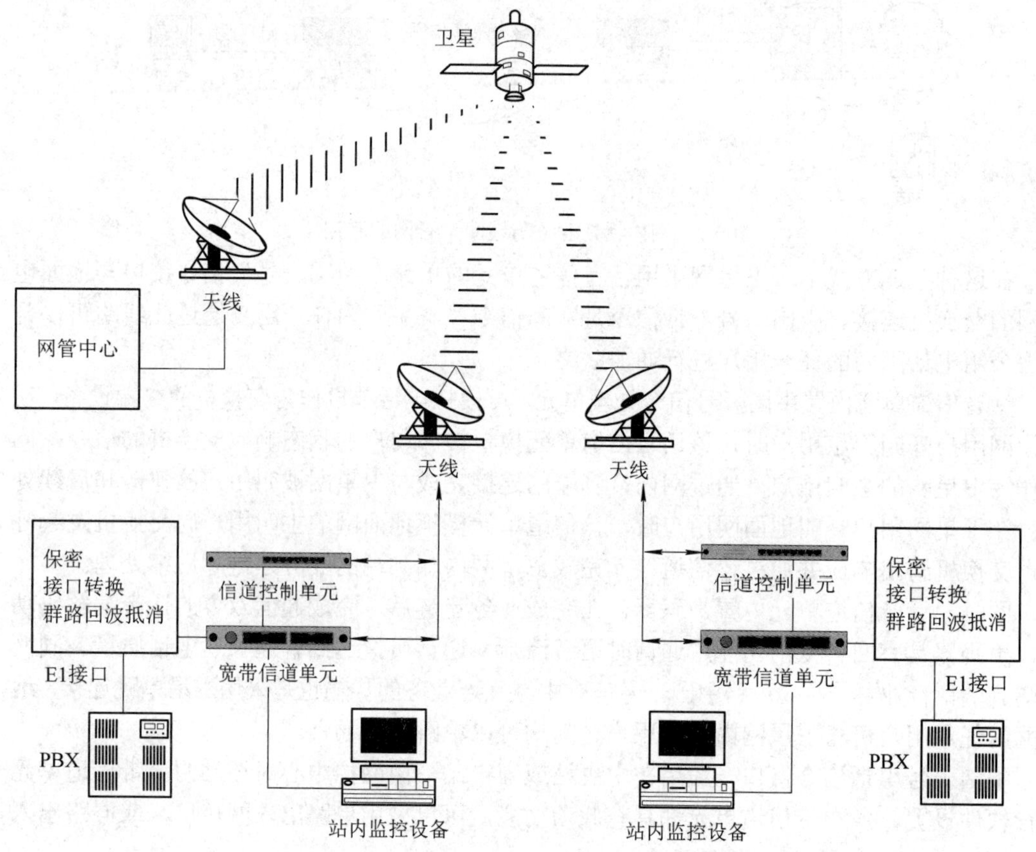

图 5-9　数字程控交换机连接示意图

宽带信道单元通过 E1 接口连接高速保密设备，高速保密设备再经过群路回波抵消器与 PBX 设备的 E1 接口互连，E1 接口采用 G.703 非平衡方式，物理接口为 BNC 形式。

这种方式主要用于连接中央站与固定站或两个固定站之间的地面电话网络，车载站可以采用该连接方式在停驻状态下连接机关数字程控交换机。

2. 电视会议

应急卫星通信网电视会议有两种实现方式。第一种方式是使用专用的视频会议系统设备通过卫星传输信道完成全功能的电视会议业务，卫星传输网络采用宽带信道构成广播加回传的网络，视频会议系统是由视频多点控制器和多个视频终端构成，为了实现视频会议系统通过卫星传输网络传输，需要对视频会议设备和卫星通信设备进行融合设计。

每个卫星地球站接入一个视频终端，将视频多点控制器配置在中央站内，其连接方式如图 5-10 所示。电视会议的视频图像和语音业务通过宽带调制解调器(MODEM)构成的广播网络进行传输，视频会议系统的控制管理信息通过卫星网的管理控制网络进行传输。各个视频终端的图像和语音信息经编解码后送到宽带调制解调器进行传输，该终端的管理控制信息首先发送至站内监控设备，站内监控设备再发送给信道控制单元，由信道控制单元通过内向管理信道发给网管中心，网管中心转发至多点控制器和视频终端。

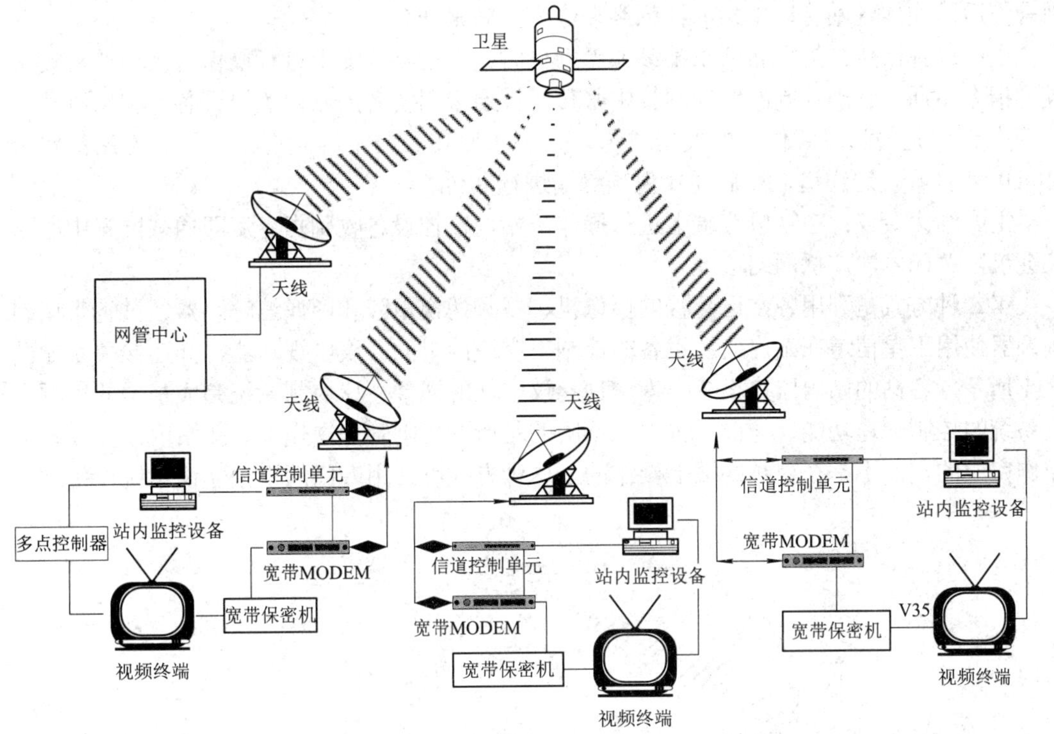

图 5-10　电视会议系统实现会议电视示意图

电视会议系统为星状广播加回传的网络结构，系统固定设置 1 路信道为广播信道和至少 1 路回传信道，当回传信道超过 1 路时，广播站应配置相应数量的多路接收宽带 MODEM。广播信道采用 1 路宽带信道单元实现会议视频信号的传输，传输速率为 384～2048 kb/s；采用宽带信道单元实现回传信息的传输，传输速率为 384～2048 kb/s 可变。

当某站想发起电视会议时，应先向网管中心预约，由网管操作员配置本次会议的主席及参加者、信道传输速率及回传信道数量(回传信道数量受主席会场地球站配置的宽带 MODEM 的数量限制)，并为本次会议分配一特殊电话号码。

发起站(主席)要启动本次电视会议时，拨打分配的特殊电话号码向网管中心发请求，网管中心自动叫通参加会议的各地球站，然后将接通的各参加者进行广播，主席根据参加者的情况，当决定开会时即可按键启动会议。

会议过程中，未能及时参加会议的地球站可以通过拨打本次会议电话号码中途加入，该地球站可以通过站内监控设备和视频终端接收到会议通知。

参加者可以通过操作视频终端中途离开电视会议，该信息从视频终端传至站内监控设备，然后通过管理控制网络经网管中心传至主席站内的监控设备和视频终端，经允许后可离开，此时网管中心将参加者的宽带 MODEM 置为空闲状态。

主席角色切换：主席在视频终端上操作指定下一个主席，站内监控设备收到视频终端的指令后通过管理控制网络经网管中心传至替补主席的站内监控设备和视频终端，站内监控设备即设置本站宽带 MODEM 的广播方式，并配置接收回传信道的宽带 MODEM，当回传信道数量大于本站可用的宽带 MODEM 的数量时，将减少回传信道的数量。做完这些控制操作后即通知各站将以本站的视频终端作为主席来开会。

主席选择回传：当主席要求某参加者回传时，在视频终端上进行操作，站内监控设备收到指令后通过管理控制网络经网管中心传至被要求回传者的站内监控设备和视频终端，网管中心首先关闭原回传者的发送通道，被要求回传者的站内监控设备控制本站的宽带 MODEM 打开发送通道，然后通知视频终端进行回传。

主席结束会议：在视频终端上进行操作，站内监控设备收到指令后即通知网管中心结束会议，关闭本次广播网络。

第二种方式是利用各站已配置的摄像机、视频切换矩阵和图像编解码器通过宽带调制解调器使用卫星信道在站内监控设备的控制下完成简单的会议电视功能，其连接关系如图 5-11 所示。各站的站内监控设备作为这种会议电视的视频会议控制系统完成基本的视频会议系统的控制管理功能，与前一种方式不同的是所有控制管理操作都是在站内监控设备上操作完成的，而不是在视频终端上操作的，这种方式不使用专门的视频会议系统设备。

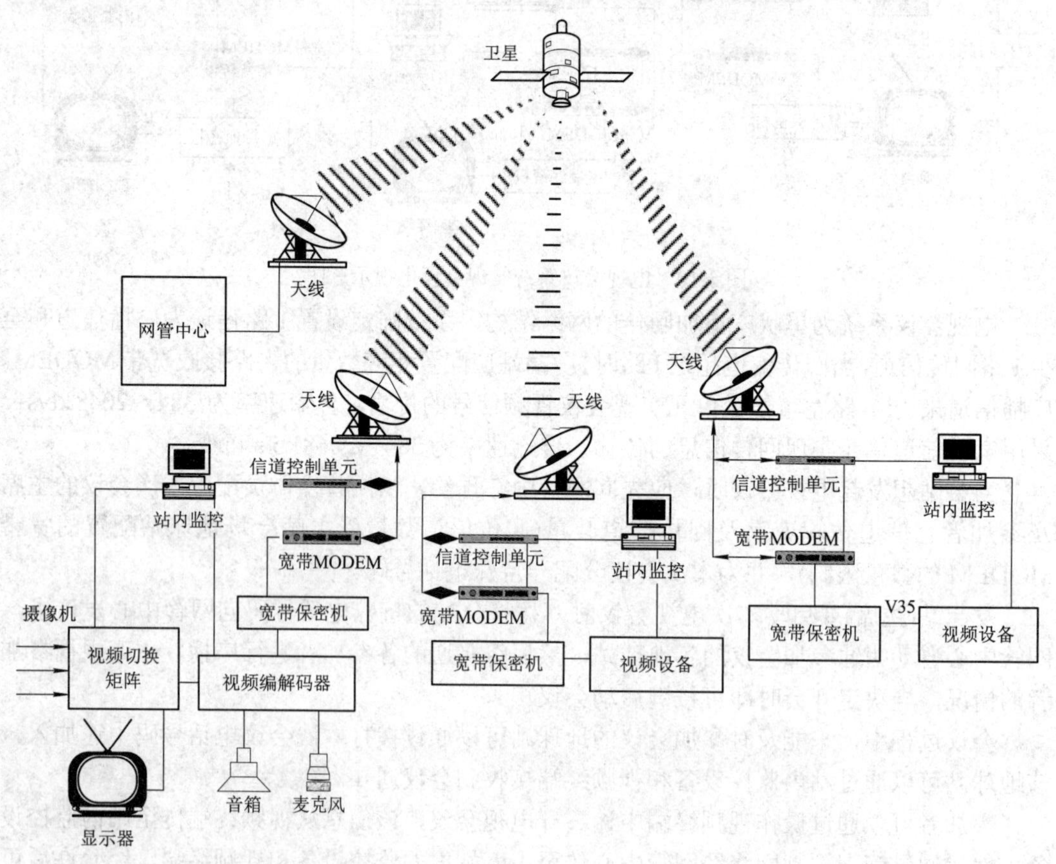

图 5-11　电视会议连接示意图

系统支持通过卫星网网管任意选择并设置任一站点作为主席会场，并选择参加会议的分会场的功能，这些控制信息的传输均通过各站型所配备的信道控制单元实现。

站内监控设备提供视频会议系统管理控制界面，用户可对视频会议进行管理。站内监控设备与站内的控制信道单元连接，通过管理控制网络经网管系统与各参加者的站内监控设备交互，可建立、维持和终止视频会议连接。

视频设备使用卫星宽带广播网络进行传输，其功能主要包括：图像语音广播，同一时刻一个参会者的图像语音回传，图像显示等。

这种方式的电视会议电路连接也是在网管中心和站内监控设备的联合控制下实现。形式有三种：

1) *点对点方式*

当开会参与者是两方时即采用点对点方式，双方是对讲方式，此时广播信道和回传信道均用于传输会议视频信号，传输速率为 384～2048 kb/s。

2) *点对多点(广播)方式*

与会方为任意数量时均可采用该方式，此时系统只使用广播信道，回传信道关闭，主席单位广播，参加者只能接收不允许回传。

3) *广播加回传方式*

当与会方超过 2 个时就采用广播加回传方式，主席单位广播，同时参加者可以回传。这种方式的回传信道只设置一个，其传输速率为 384～2048 kb/s，使用形式为轮用方式。

3. 高质量图像传输

高质量图像传输一般要求信息码流在 1 Mb/s 以上，信道速率为 1544～2048 kb/s，因此必须采用宽带信道传输设备。高质量图像传输时，主叫方通过站内监控拨号呼叫，呼叫应包含信道速率、业务类型和对端站号码等信息，站内监控通过信道控制单元将该呼叫信息传给卫星网网管中心，由网管中心分配一条宽带信道传输链路给通信双方完成图像信息传输。

为实现高质量图像传输，地球站需要配置的设备包括：天线、射频设备、站内监控设备、信道控制单元、宽带 Modem、宽带保密机、视频切换矩阵和显示器、云台、数字视频编解码器、麦克风和音箱、视频摄像机等。

图 5-12 给出了一个典型的高质量图像传输示意图。视频摄像机经视频切换矩阵连接至图像编解码设备，图像编解码设备实现模拟视频音频信号到 4CIF 格式高质量视频图像信号的转换后，经数字切换矩阵后采用 V.35 接口通过保密设备同宽带调制解调器互连，保密设备和宽带信道设备之间也采用 V.35 接口。宽带调制解调器同时采用控制口连接站内监控设备，通过信道控制单元实现与网管系统的交互，可建立、维持和终止高质量图像传输链路的连接。高质量视频图像传输业务可以将现场的动态图像实时传输到其他站点，信道分配采用 DAMA 方式，可以通过网管系统任意配置传输路由，实现全网内点对点网状结构的视频图像传输。

4. IP 数据业务

高速数据传输通过 2M 高速电路进行，其连接方式采用 DAMA 方式，由站内监控设备拨号操作，控制宽带 MODEM 建链，既可以实现点对点 IP 数据通信，又可以实现点对点局域网互联。图 5-13 给出了这种点对点方式实现 IP 数据业务的连接示意图。

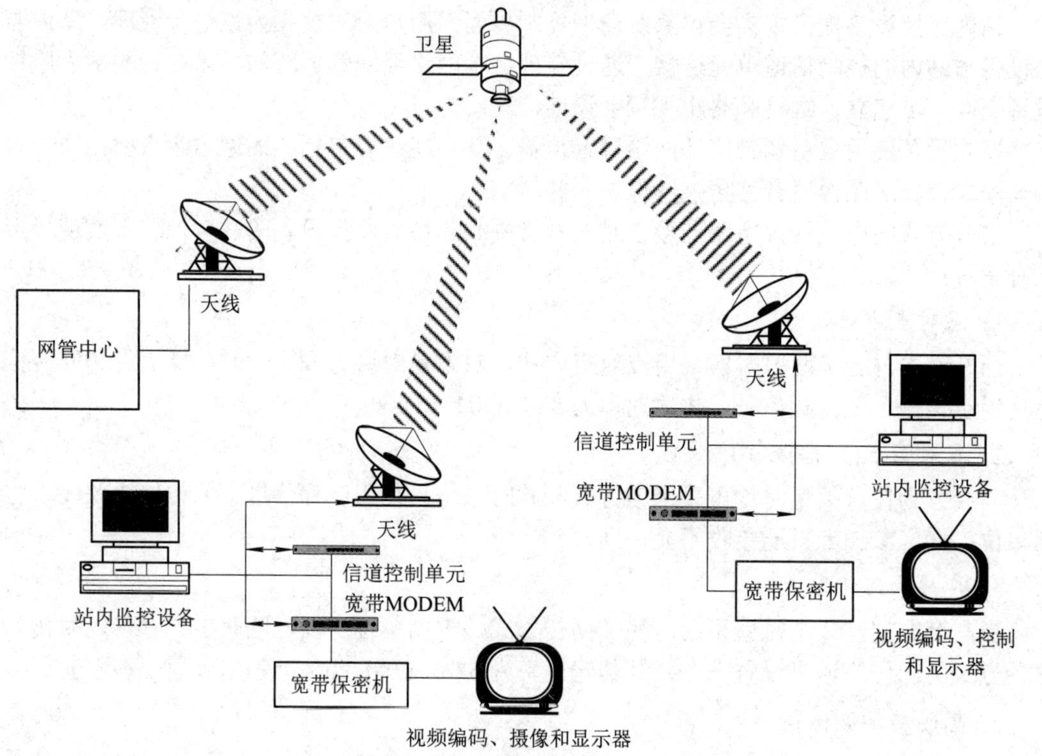

图 5-12　高质量图像传输示意图

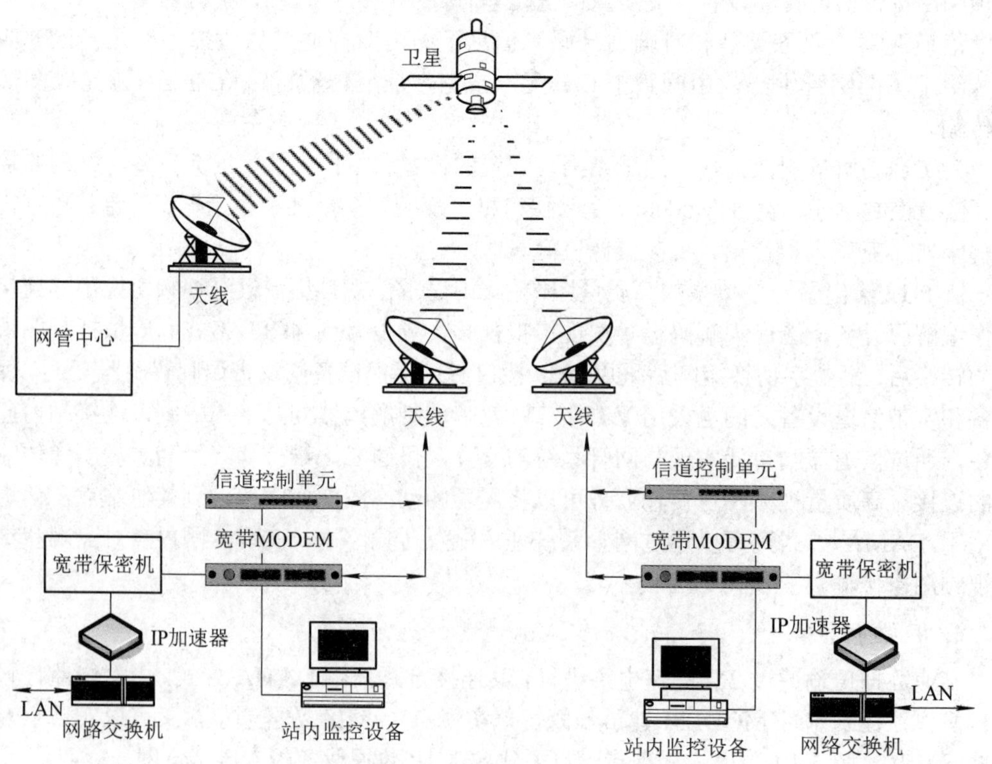

图 5-13　点对点 IP 数据网连接示意图

当需要完成多个用户或多个局域网之间的 IP 数据互连时，需要通过中央站或固定站的 IP 路由器的路由交换来实现，如图 5-14 所示。中央站或固定站配置多路宽带信道单元实现与多个远端站的卫星链路连接，各远端站的 IP 数据分别接入中央站或固定站的局域网，经过此网络的 IP 路由器分别转发至相应的远端站局域网，完成相互之间的路由转换，从而实现多个方向的 IP 数据全互连。IP 数据通过交换机接入本地 LAN 网络，两者之间通过 IP 加速器互连。

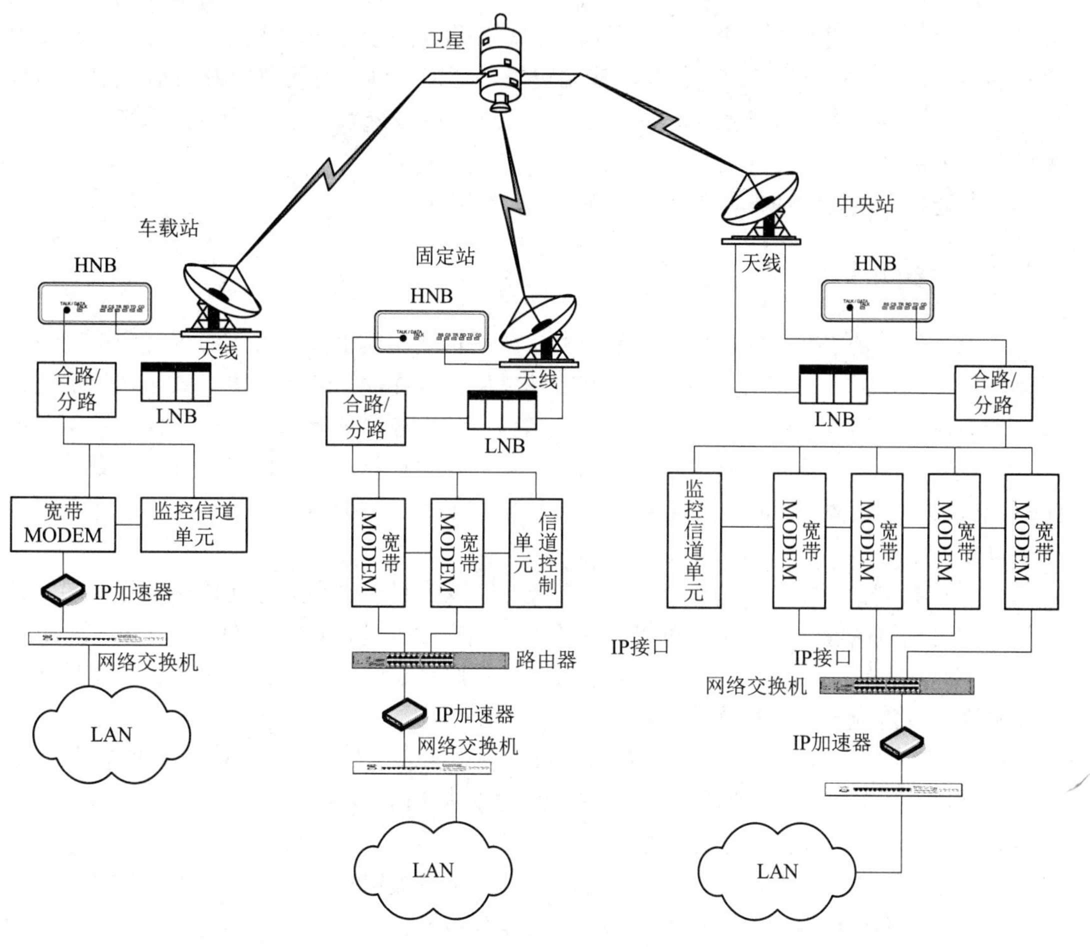

图 5-14　多个 IP 数据网连接示意图

这两种方式下，每个宽带信道单元的卫星链路均采用 DAMA 方式建立，通过网管中心的集中控制管理，构建全网状的网络结构，任意两个站点之间均可建立卫星 IP 数据通信链路，达到全网状的 IP 网络互连，可以实现全网各站点的局域网互联，实现各局域网间的 IP 数据、计算机文件以及视频图像等的传输功能。每条 IP 数据的链路速率从 16～512 kb/s 可变，由网管中心在信道分配时根据用户申请的业务量和业务的优先级动态调整，当优先级高、业务量高时，系统分配较大的载波带宽，满足大数据业务的传输，当优先级低时，分配较小的载波带宽。

5.6 典型VSAT应急通信车设计

5.6.1 系统组成

应急通信车能够迅速将事件现场的情况反馈到固定指挥中心，是固定指挥中心的扩展和延伸，可以作为突发事件应急通信指挥中心，为现场各项业务提供通信支持，是突发事件迅速做出决策的基石。应急通信车的应用可以提高突发事件的处理能力。从功能构成看，应急通信车可划分为电源分系统、卫星通信分系统、网络分系统、视/音频分系统、监控分系统等功能部件。

应急通信车设备组成框图如图5-15所示。

5.6.2 主要功能

应急通信车是遂行多样化任务中的一种重要的机动通信手段，具有布置开通速度快、机动性好、调度灵活、使用方便、与现有通信网络接入便捷迅速，供电方式多样等优良特性。应急通信车具有动中通卫星通信、短波通信、超短波通信等多种通信手段，可实现现场和远程通信能力，具有实时语音、数据和图像的传输功能，既能保障指挥员对现场人员进行高效灵活的指挥，又可实现远程话音、数据、报文、图像等业务传输。应急通信车的主要功能如下：

(1) 视频监控功能：通过应急通信车系统，监控中心可以和应急通信车进行双向音频对讲，实时浏览图像。其他用户可以使用终端并根据权限进行相应的操作。

(2) 视频录像功能：通过应急通信车系统，监控中心可以利用存储服务器对现场视频集中录像；并能通过计算机监控终端录像。

(3) 定位功能：通过应急通信车系统，可实现车辆或人员定位，实时显示状态信息(如经度、纬度、方向、速度、时间等)，并能查询和回放历史轨迹。

(4) 流媒体转发功能：通过应急通信车系统可以完成音/视频转发。

(5) 用户和权限管理功能：应急通信车系统提供多级用户分层管理架构，根据权限共享不同资源，系统会根据用户级别提供不同的操作权限。

5.6.3 主要设备

1. 电源分系统

电源分系统由综合电源、车壁盒电源、UPS、外置锂电池充电器、电源转换盒、柴油发电机组及汽车电瓶等部分组成，主要功能是完成整车的电源分配和转换，并实现电源的无缝切换。电源分系统有市电、油机1、油机2和UPS电源4种交流供电方式。为保证安全用电，市电单独供电或单油机工作时既输出给各通信设备也输出给空调；若市电和油机同时输入则市电输出给设备，油机输出给空调；若两油机同时工作，则油机1输出给通信设备，油机2输出给空调。电源分系统工作原理如图5-16所示。

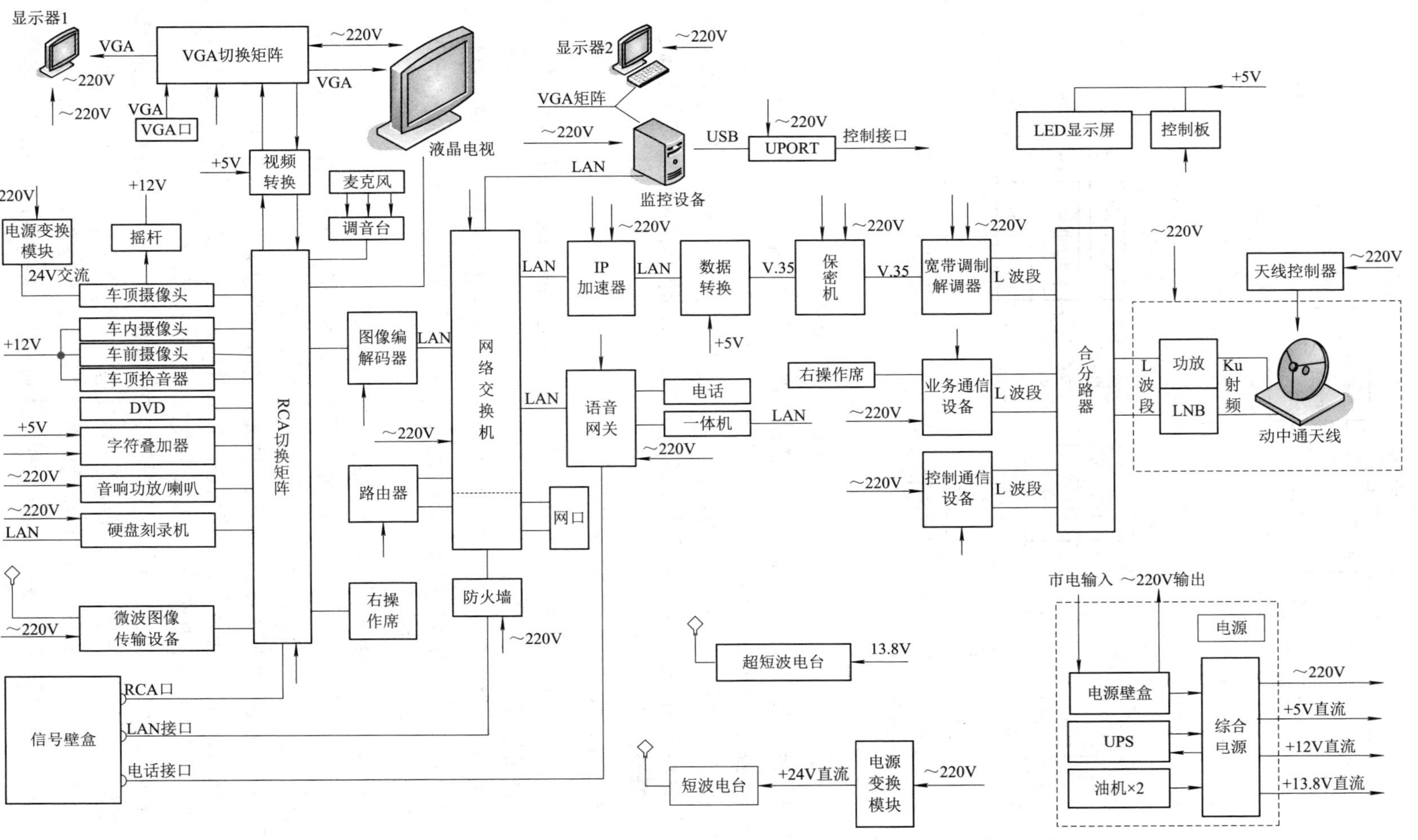

图 5-15　应急通信车设备组成框图

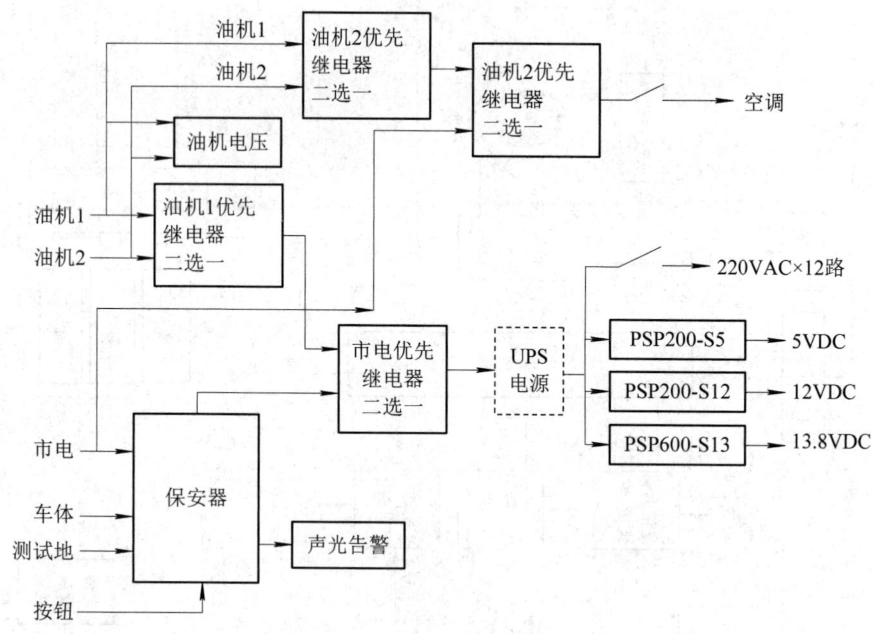

图 5-16　电源分系统工作原理图

当采用外接市电供电时，市电输入到车壁盒电源，经输入保护电路(防雷、漏电、过载、短路)后输出到综合电源，再经综合电源的保安器检测合格后，与油机输入电共同经过交流电优选电路，市电部分直接输出至设备(如空调)，或输出到 UPS 电源后再直接或间接(经 AC-DC)供给设备。若外接市电供电且有油机同时供电，则油机通过两级交流电优选电路判断后，优先给空调设备供电。

2. 卫星通信分系统

卫星通信分系统是应急通信车的核心，主要由动中通天线系统、信道单元、信道密码机、监控系统等组成。

动中通天线(含功放)系统由室外单元、室内单元和若干线缆组成，室外单元包括天线主体、组合导航系统、上变频功率放大器、连接波导，室内单元包括天线控制单元(ACU)。系统部件连接关系如图 5-17 所示。

天线主体由环焦天线和伺服跟踪平台组成。应急通信车上的环焦天线采用上下削切型碳纤维主反射面和环焦型副反射面。伺服跟踪平台为天线面提供物理支撑，并通过天线驱动单元(ADU)为方位角、俯仰角及极化角的调节提供相关装置和结构。

天线控制单元是动中通天线的核心控制单元，采用步进跟踪方法，可根据跟踪卫星信标信息、天线角度信息及组合导航系统状态信息实时计算天线姿态，并通过天线驱动单元(ADU)调整天线的方位角、俯仰角及极化角，实现天线跟踪的功能。

组合导航系统由三个光纤陀螺仪、三个石英加速度计、定位信息接收机及微处理器组成，为伺服跟踪系统提供导航控制所需要的三维姿态、三维角速度及位置信息。组合导航系统可准确测量综合指挥车在行驶过程中的位置、姿态、速度等物理量，为天线实时对准卫星提供基础平台数据。组合导航系统作为控制基础，具有较高的工作稳定性和遮蔽保持时间。

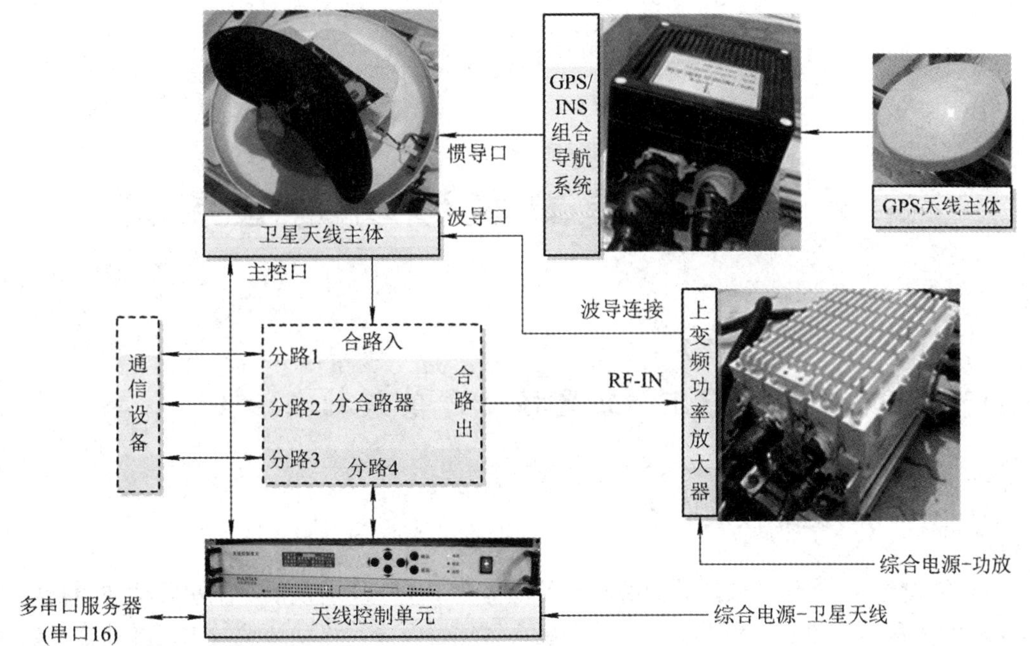

图 5-17　主要连接关系图

上变频功率放大器(BUC)由上变频器和功率放大器组成，其作用是将中频调制信号变频到上行射频频率，并对其进行高功率放大。相对应的低噪声变频模块(LNB)位于天线主体上，接近天线馈源处，作用是将天线接收到的微弱卫星信号进行低噪声放大，经下变频到中频信号，送至信道终端设备进行解调处理。

应急通信车的舱内配置宽带信道设备一套、窄带信道设备两套(包括控制信道设备和业务信道设备各一套)。其信道设备及配套加密设备选型与总队固定站一致。

第 6 章 应急卫星移动通信系统

6.1 卫星移动通信基础

6.1.1 卫星移动通信发展概述

自 20 世纪 90 年代以来，地面蜂窝移动通信获得了飞速的发展，卫星移动通信在地面移动通信技术的基础上也得到了巨大的发展。虽然地面蜂窝移动通信技术已经非常成熟且覆盖了人口稠密地区，但有关研究表明，陆地通信网络对地球陆地的覆盖率不会超过 20%，更谈不上海洋。对于人口稀疏、业务量有限的广阔农村、山区等地区，用地面蜂窝技术提供移动通信服务在经济上是不可行的。在提供普遍服务、科学考察、抢险救灾等方面，支持手持机服务的卫星移动通信是一条非常便捷有效的途径。

ITU 提出实现卫星移动通信系统可采用的卫星轨道类型有 LEO、MEO 和 HEO。LEO 卫星的轨道高度低，信号传播衰减小，传输时延短，特别有利于支持手持终端，但实现全球覆盖所需的卫星数量多，投资大。MEO 卫星的信号传播衰减较小，传输时延较短，也可以支持手持终端，但实现全球覆盖所需的卫星数量较少。HEO 卫星有大椭圆轨道和地球同步轨道两种类型，大椭圆轨道卫星一般在远地点区域工作，因此大椭圆轨道系统一般是只工作于南半球或北半球的系统，比较适合高纬度地区的国家。地球同步轨道(GSO)卫星也是卫星移动通信系统常用的卫星，地球同步轨道卫星系统的信号传播衰减大，传输时延大，但实现全球覆盖(除地球两极地区)所需的卫星数量少，特别是对于区域卫星移动通信系统，GSO 卫星是一个比较合适的选择。

1. LEO 系统

LEO 系统的卫星轨道高度在 2000 km 以下。这种系统的优点是卫星链路传播损耗小、传播时延短，可以实现真正的全球覆盖；缺点是实现无缝覆盖需要的卫星数量较多，运行管理复杂。目前，这种系统的代表是“铱”星(Iridium)系统和全球星(Globalstar)系统。

Iridium 系统于 1998 年 11 月开始商业运营，其卫星轨道高度为 780 km，共 66 颗工作卫星，分布在 6 个轨道平面上，工作在 L 频段，支持手持机的全球覆盖。该系统提供星间链路、波束间交换和波束内交换，是技术最为复杂的低轨系统。星上使用 3 副相控阵天线，形成 48 个对地覆盖点波束(每副天线 16 个波束)，采用 MF-TDMA/QPSK/卷积码技术体制，每颗卫星可提供大于 3000 条 2.4 kb/s 的通信信道。

Globalstar 系统于 2000 年开始商业运营，其轨道高度为 1414 km，共 48 颗工作卫星，分布在 8 个轨道平面上，工作在 L/S 段，实现支持手持机的全球覆盖。该系统星上使用一副 16 个点波束的相控阵天线，采用 DS-CDMA/QPSK/卷积编码通信体制，每颗卫星可提供 2500 条 2.4 kb/s 的通信信道。该系统不支持星间链路和星上交换，而是通过地面信关站和地面网络进行连接，因而系统相对简单、造价较低。

2. MEO 星座系统

LEO 系统的卫星轨道高度在 8000～20 000 km。这种系统的卫星链路传播损耗适中，也可以覆盖全球，实现全球覆盖需要的卫星数量少。面向全球覆盖的中轨系统主要以 ICO 系统为代表，其卫星轨道高度为 10 354 km，系统共 12 颗卫星，分 3 个轨道平面，用户工作频段为 L 频段。星上天线采用上行 37 个波束，下行 32 个波束的多波束天线。ICO 系统星上采用透明转发式工作，没有星间链路和星上交换。

3. HEO 系统

LEO 系统的卫星轨道高度在 20 000 km 以上，一般采用 GEO 轨道。GEO 轨道具有电波传播时延长、传输路径衰减大、不能实现地球的两极覆盖等特点，但系统需要的卫星数量少，对应用系统的管理维护也较容易，且卫星一般采用大型多波束天线、高功率、星上子带交换等技术，因此也满足手持机应用。这种系统的典型代表为海事卫星(Inmarsat)系统、亚洲蜂窝(ACeS)系统和索拉亚(Thuraya)系统。

Inmarsat 系统归属于国际海事卫星通信组织，该组织是国际上第一个提供全球性移动通信业务的卫星通信组织，并于 1994 年改名为国际移动卫星组织。目前，Inmarsat 系统的卫星已发展到第四代，是运营最好的 GEO 系统，工作在 L 频段，采用 DAMA 技术。该系统利用有限的 34 MHz 带宽频率资源，为全世界提供了将近 15 万只通信终端的服务业务。海事卫星通信系统可以提供低速率(4.8 kb/s)语音和数据服务，也提供高速率(64/128 kb/s)数据服务，并且可以和公共电话网相联通。海事卫星通信系统还可以提供真正的运动中通信，车载终端可以在 110 km/h 速度下通过卫星传输视频图像、数据、话音。通过多个终端捆绑，通信数据率可高达 512 kb/s。

ACeS 是印尼、泰国和菲律宾等国家建立的区域卫星移动通信系统，工作在 L 频段，2000 年 9 月投入运营。该系统由 2 颗 GEO 卫星组成，卫星质量为 4500 kg、寿命末期功率 9 kW。它将卫星移动通信与地面 GSM 系统集成。星上装有两副直径 12 m 收发分离的大型可展开伞状多波束天线，共有 148 个点波束，波束可覆盖我国部分地区。星上具有子带交换功能，采用 TDMA 技术体制，支持 ACeS/GSM 双模手机。能向用户提供话音和低速数据业务服务，通信信息速率为 2.4～9.6 kb/s，系统提供 1100 条信道，可为 200 万个用户提供服务。

当前，卫星移动通信技术的发展大量借鉴了陆地移动通信网络技术，随着陆地移动通信网络技术的发展和成熟，必然促进卫星移动通信技术的发展。而卫星移动通信网络又具有地面网络所不具备的优势，所以卫星移动通信未来还会继续向前发展，其发展的趋势简单概括来说就是：从单一业务向综合业务发展；从窄带业务向宽带业务发展；从单独组网向多网互联发展；从单一通信业务向通信、导航、情报侦察混合业务发展。在发展中还表现出以下几个特征：

1) 与地面移动通信网络进一步融合

除了地面移动通信运营商通过发射卫星补充其网络覆盖范围外，原有的卫星移动通信运营商也试图通过新技术完成对地面网络的覆盖，通过向用户提供综合解决方案与现有的地面移动通信运营商争夺地面用户。随着卫星通信容量的扩大和单用户成本的降低，卫星技术与地面技术的结合越来越普遍，未来各种智能电话将可在卫星和地面蜂窝网络中无缝地自由转换。

2) 向宽带通信业务发展

随着地面宽带移动业务技术的成熟和普及，卫星将更加快捷和方便地为用户提供宽带综合业务接入。卫星终端也将发展成为集话音、数据、视频等多媒体业务于一体的综合业务终端。

3) 与卫星导航定位服务相结合

目前，卫星移动通信与卫星导航定位服务两者都获得了很好的发展，而两者之间服务的结合也成为一种新的趋势。多个卫星移动通信系统终端可支持基于 GPS 的卫星定位服务，而我国的“北斗”导航卫星系统更是在提供导航定位服务的同时可提供短报文通信服务。随着卫星定位的应用越来越广泛，卫星定位服务与卫星移动通信相结合也将越来越普遍。

4) 与地球观测和情报侦察业务系统的结合

随着技术的发展，卫星平台的能力会进一步提升，利用移动通信卫星搭载各类载荷可实现对地观测、情报收集、处理和分发，形成综合航天信息系统，这在未来的科学研究和军事综合信息系统上都有广泛的应用前景。

5) 载荷技术更加复杂

随着处理技术和元器件技术的发展，为增加用户容量、提高传输带宽和降低运营成本，必然使得卫星载荷技术越来越复杂。对星载天线、星上处理和星际链路都会提出更高的要求，使得星上 EIRP 和 G/T 值更高，从而减小用户终端体积和功耗；星际链路和星上交换会使得用户可以获得更好的服务质量；更多的天线波束使得频率复用倍数增加，从而增加用户容量并降低运营成本。

6.1.2　卫星移动通信系统组成

卫星移动通信的概念来自移动通信，移动通信就是通信双方至少有一方可以在运动中进行信息交互，如移动体(车、船、飞机或行人)与固定点之间，或两个移动体之间的通信都属于移动通信的范畴。还有一种可搬移的概念，就是通信体的位置可以变化而非固定的(如车载)，但在通信过程中用户是要停下来的，并不处于运动状态，严格地讲这不是移动通信，可以称为机动通信。一般情况下，卫星移动通信系统由空间段、地面段和用户段组成，并通过用户链路、馈电链路和星际链路等卫星通信链路实现通信，如图 6-1 所示。

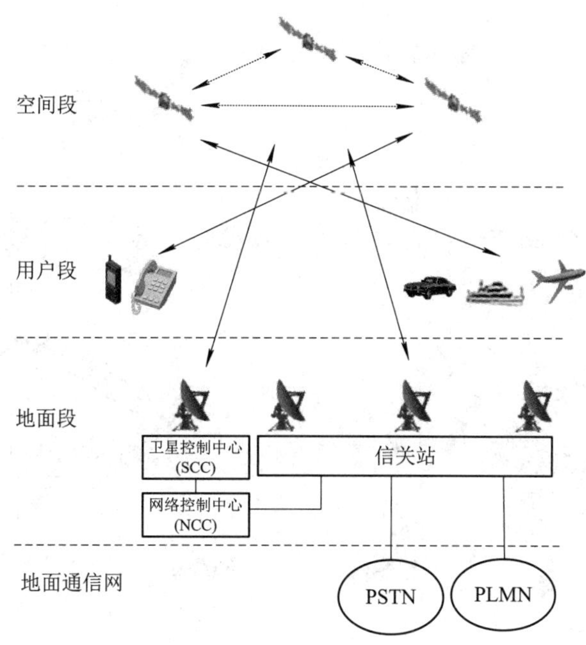

图 6-1　卫星移动通信系统基本构架

1. 空间段

空间段由一个或多个卫星构成，提供用户到用户或用户到信关站之间的连接。空间段可以由具有不同轨道参数的卫星星座构成，卫星可以分布在不同高度的轨道上。随着现代电子信息技术的发展，卫星载荷的设计越来越复杂、功能越来越强大，空间段不再是简单的中继功能，还具有了星上再生和星上交换能力。这些功能是和整体系统功能要求和投资成本相关联的，把空间段设计成透明转发还是再生处理要依据具体的系统而定。图 6-2 给出了四种卫星移动通信网络的结构。

在图 6-2(a)结构中，空间段采用透明转发，系统依赖地面网络连接信关站，卫星之间没有星际链路，移动用户间呼叫传输延时至少等于非静止轨道卫星两跳的传输时延加上信关站间的地面网络传输延时。Globalstar 系统就是采用该结构方案为用户提供服务的。

在图 6-2(b)结构中，空间段同样没有采用星际链路和轨间链路，静止轨道卫星提供信关站之间的连接。在该结构中，移动用户之间的呼叫传输延时至少等于非静止轨道卫星两跳的传输延时加上静止轨道卫星一跳的传输延时。由此可见，使用静止轨道卫星增加了链路传输延时，但减少了系统对地面网络的依赖。

在图 6-2(c)结构中，空间段使用了星际链路来实现非静止轨道卫星的互联，系统仍然需要信关站来完成一些网络功能。移动用户之间的呼叫传输延时是不确定的，它与呼叫链路建立时两个用户之间所需建立的星际链路和路由选择有关。“铱”星系统就是采用的该结构方案为用户提供服务的。

在图 6-2(d)结构中，空间段使用了不同轨道卫星网络构成的混合星座结构。非静止轨道卫星使用星际链路互联，并通过轨间链路与静止轨道卫星连接。移动用户间呼叫传输延时为两个非静止轨道卫星半跳的延时加上非静止轨道卫星到静止轨道卫星的一跳延时。

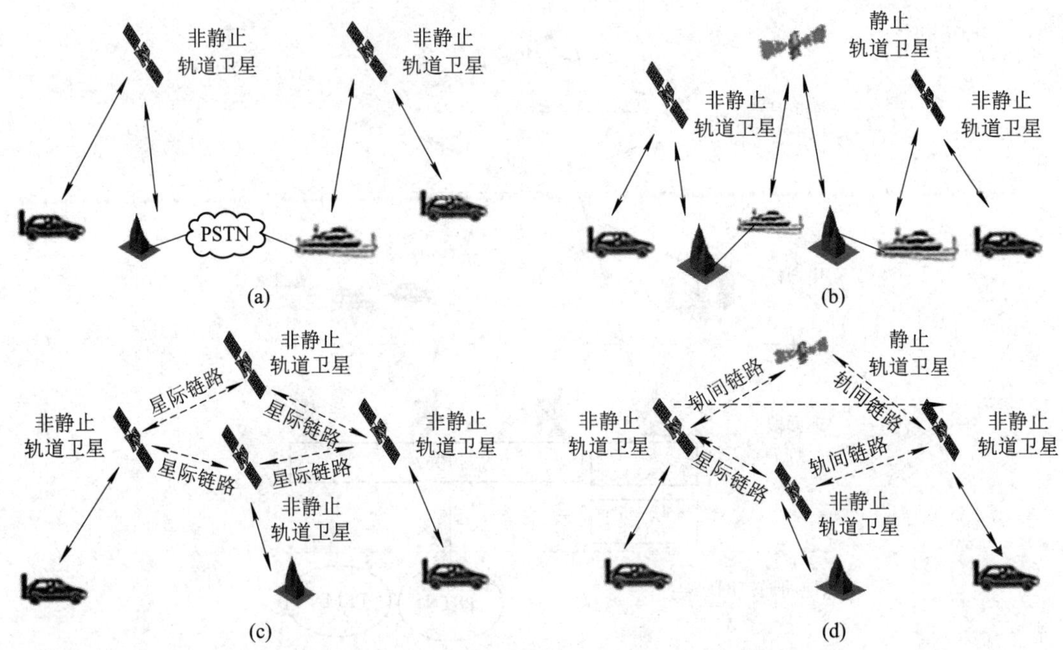

图 6-2　卫星移动通信网络结构

在实际应用中，空间段的结构还可以根据具体情况进行简化。比如，对于构建区域卫星移动通信系统而言，空间段可以简化到只有一颗或多颗静止轨道卫星，静止轨道卫星之间不考虑星际链路，而是通过地面信关站转接或互联实现通信覆盖要求，这也是一种非常常用的结构。INMARSAT 系统、ACeS 系统和 Thuraya 系统就是采用的这种结构。

2. 地面段

地面段一般由信关站、网络控制中心和卫星控制中心组成。

1) 信关站

信关站是卫星移动通信系统地面段的重要组成部分，发挥着地面通信网与卫星网之间的连接作用，是地面网与卫星网用户之间通信的主体。它完成地面至卫星之间业务信息和控制信息传输、移动交换及相关管理等任务。卫星移动用户终端与地面公网用户之间的通信经信关站接续，信关站完成卫星信号的收发、协议转换、流量控制、寻址、路由选择等功能。信关站对系统分配给自己的卫星资源和归属本信关站的移动用户进行管理。

信关站具有和公共交换电话网(PSTN)、公共地面移动网(PLMN)和公共交换数据网(DN)等网络的互联能力。一般情况下，一个卫星移动通信系统会有多个信关站，信关站之间通过地面链路相连，共同协调卫星公共资源。

信关站的组成主要包括天线及射频分系统(RF)、信关站控制器(GSC)、信关收发系统(GTS)、交换分系统(SS)、业务控制系统(TCS)、管理分系统(GMS)、站间通信设备(INCS)和电源分系统等，如图 6-3 所示。

天线及射频分系统由天馈伺服设备与射频设备构成。天馈伺服设备由天线、馈源和伺服设备构成。射频设备由功放、低噪、上下变频器构成。天线及射频分系统主要是完成信关站至卫星之间馈电链路信息的发送和接收。

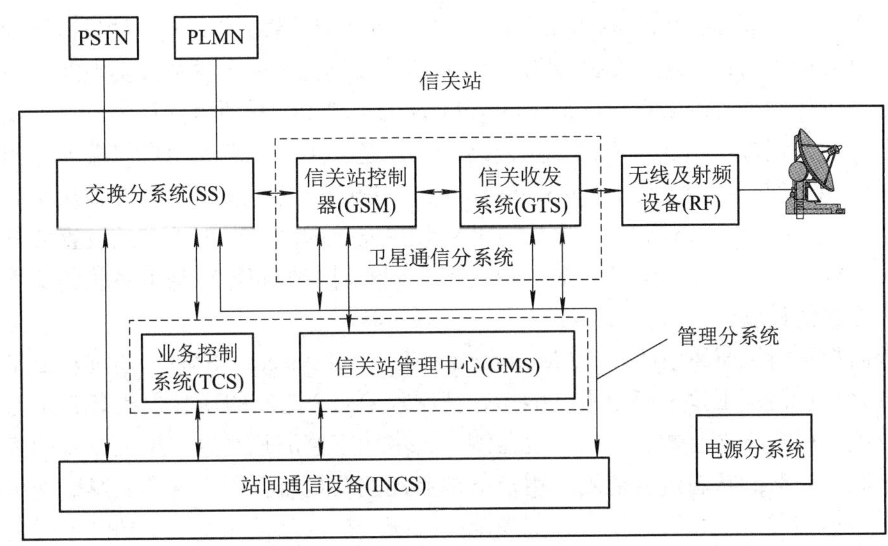

图 6-3　信关站组成结构

信关站收发系统和信关站控制器构成通信分系统，提供信关站到卫星之间的物理接口。

交换分系统是卫星移动通信系统连接卫星网和地面各类网络之间的关键设备。它主要包括移动交换中心、归属位置寄存器、访问位置寄存器、设备识别寄存器、鉴权中心和短消息中心等。

管理分系统具有移动设备管理、移动用户管理、网络操作与控制及接口管理等功能。按实体划分可分为信关站管理中心、业务控制分系统和接口设备等。

站间通信设备和电源分系统构成信关站的支持分系统。

2) 网络控制中心

网络控制中心有时设置在具有重要或中心地位的信关站内，有时自己独立成站，这时也称作为网络管理站(Network Management Station，NMS)。

网络控制中心集中协调和管理系统中信关站的工作，管理有效载荷的使用；为不同的业务服务运营商分配空间资源和进行有效载荷的配置；完成用户呼叫的路由控制；为用户终端生成资源使用记录；监控和管理卫星移动通信网络并作性能分析；监视传输链路并确认用户对传输标准的执行情况。

网络控制中心一般由卫星载荷控制器、卫星资源管理中心、业务路由控制中心、系统监控和测试子系统等几部分组成，如图 6-4 所示。

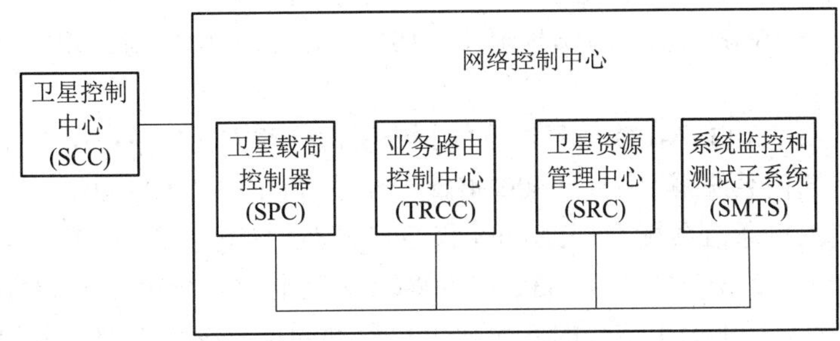

图 6-4　网络控制中心结构

卫星载荷控制器(Satellite Payload Controller，SPC)是网络控制中心对载荷进行控制的设备，通过它可以对载荷进行重新配置，如可以通过改变波束形成系数实现波束的调整。

业务路由控制中心(Traffic Router Control Center，TRCC)和所有的信关站一起，控制和管理星上交换，连接呼叫建立中的卫星链路，从而建立用户终端到用户终端的呼叫连接。

卫星资源管理中心(Satellite Resource Center，SRC)以功率和带宽的方式从宏观的层面上对卫星有效载荷资源进行管理，它通过波束频率安排和功率调配等方式设置转发器的运行参数；与业务路由控制中心和信关站控制器共同实时监控和跟踪整个系统的负载；支持频率复用方案的调整。

系统监控和测试子系统(System Monitor and Test Subsystem，SMTS)通过对卫星下行信号的接收来分析监测卫星和整个系统的运行情况。SMTS 监测的内容主要有 3 个方面：卫星状态监测、用户终端监测和系统干扰监测。卫星状态监测是通过卫星上设置的多个监测点对卫星通信载荷的状态进行监测；用户终端监测主要是监测用户终端的发射功率，由此判断用户终端的发射是否符合相关标准规范；系统干扰监测是对系统受到的干扰情况进行分析，确定干扰类型和来源，以此作为资源分配和调整的依据。

3) 卫星控制中心

卫星控制中心的任务是监视和控制通信卫星，主要功能包括：遥测处理；指令生成；测距、轨道分析；产生和分发星历数据；恢复和分析；动态卫星模拟；在轨测试支持；信标产生；波束标校等。

3. 用户段

卫星移动通信系统的用户段是指各种形态的用户终端。通过用户终端，用户可以在陆地、海上和空中等移动环境中获得语音、传真、数据等多种服务。用户终端一般采用手持、便携、车载、船载和机载等多种形态。

4. 通信链路

卫星移动通信系统的无线链路由用户链路、馈电链路和星际链路三部分组成，因此在无线频率的选择上一般是根据承载的任务和传播特性的需要选择不同的频段。

1) 用户链路

用户链路就是用户终端到卫星之间的通信链路。由于 L/S 频段具有自由空间传播衰耗小和用户终端天线不需要复杂跟踪的特点，被多个卫星移动通信系统采用。但无线频谱是非常宝贵而有限的资源，特别是在 L/S 频段上，目前所需增加的频谱相当惊人。国际电信联盟无线电组织早已开始着手移动卫星业务频谱的扩展研究。经多次会议，WRC-2003 世界无线电大会已把 1668～1675 MHz(地对空)、1518～1525 MHz(空对地)作为 MSS 业务的频谱扩展。

根据 ITU 协议，LEO/MEO 卫星通信的频带资源分配方案如下：用于数据通信的非地球同步轨道卫星通信系统采用 150～400 MHz 范围的 VHF 和 UHF 频段；用于话音通信的非地球同步轨道卫星通信系统，如 Iridium 和 Globalstar 系统，可以在其移动上行和下行链路中采用 1.610～1.6265 GHz 和 2.4835～2.500 GHz 范围的 L 频段和 S 频段；与新一代地面移动通信系统(IMT2000)相结合的新一代卫星移动通信系统将采用 L/S 频段，其上行链路频率范围为 1980～2010 MHz，下行链路频率范围为 2170～2200 MHz。L 波段中 1.525～

1.59 GHz(下行)和 1.6265～1.6605 GHz(上行)被分给了地球同步卫星系统。

2) 馈电链路

馈电链路是指卫星和信关站之间的链路，由于信关站是固定站，所以馈电链路的频率可在卫星固定业务频带内选择。根据国际电联划分的关于第三区无线电频率使用的规定，在中国可用于卫星固定业务的频段有 C、X、Ku 和 Ka 等多个频段。由于这些频段内存在卫星固定业务，为避免相互干扰，有严格的功率谱密度限制，各个系统之间要相互协调。

3) 星际链路

星际链路是空间卫星之间的通信链路。由于星际链路不受大气层的影响，一般选择 Ka 频段以上甚至以光作为星际传输链路。在这些频段不仅可用带宽宽、天线增益高，而且大气对这些频段的吸收衰减比较大，减小了星际链路与地面系统之间的相互干扰。

对于无线电频率的星际链路，一般工程上可以做到天线指向误差是波束宽度的 1/10，这引起的天线指向误差损耗在 0.5 dB 量级。星际链路天线的噪声温度在不考虑太阳时是 10 K 左右。在实际应用中，天线尺寸可以在 1～2 m 的量级。若考虑 60 GHz 的传输频率 1 dB 的接收损耗，则接收品质因数 G/T 的量级是 25～29 dB/K，发射 EIRP 的量级是 72～78 dBW。对于 0.2° 的天线 3 dB 波束宽度(2 m 天线，60 GHz 时)，在每个卫星的接收天线朝向发射卫星方向的精度是 0.1° 时，可以捕获用于跟踪的信标信号。静止卫星之间的星际链路，对指向不同卫星的波束之间也需要频率复用。考虑到卫星之间的角度很小，用窄波束天线并减少旁瓣可以避免系统之间的干扰。还考虑到运载火箭和技术兼容性的限制，应用在卫星上的天线尺寸受到一定限制，所以星际链路采用高的频率是合适的。

对于光星际链路，天线就是一个尺寸很小的透镜，典型值是直径 0.3 m。在这种方式，可以把它较容易地集成到载荷的其他天线上。光链路的波束很窄，典型值是 5 μrad。这个宽度比无线电链路波束低几个数量级，好处是可以避免两个系统之间的干扰。但缺点是由于光束宽度远低于卫星姿态控制精度(典型值是 0.1°)，需要复杂的指向设备，这是在工程实现上需要解决的技术难题。光通信有 3 个基本的阶段：

(1) 捕获。开始时必须有一个足够宽的光波束以减少捕获时间，这就需要激光发生器的功率较高。波束在安装接收机的位置区域扫描，当接收机接收到信号时，进入跟踪阶段并在该方向上发射接收信号。一旦收到接收端的返回信号，发射端也进入跟踪阶段，该阶段的典型时间是 10 s。

(2) 跟踪。这时波束减小到正常宽度，激光发射器变为连续工作状态。在这个阶段，提供完全的跟踪，指向误差控制设备必须允许平台运动和两颗卫星之间的相对运动。另外，由于两颗卫星之间的相对速度不为零，在接收视线和发射视线之间存在一个前向引导角。前向引导角大于波束宽度，且必须精确测定。

(3) 通信。这个阶段两个星际链路终端之间进行信息交换。

无线电频率链路和光链路的选择取决于技术、资金、载荷重量多种因素。但通常来说，对于低速率，星际无线链路有优势，对于高容量链路，则光链路的优势更明显。

6.1.3 卫星移动通信信道特性

对于卫星移动通信系统，无线传播信道除了第 3 章中讲到的自由空间衰耗、雨雪等影响外，还有其自身一些特征引起的衰减。由于移动用户的空间环境并非预设场地，且用户在通信过程中一般至少有一端是处于运动状态的，而移动用户所在的环境复杂，终端天线的增益小、波束宽，能够接收周围环境反射而来的各个方向的信号，信号还容易受到树木、建筑物的遮蔽，因此，卫星移动通信系统的信道是一个多径信道。但是，由于移动卫星终端用户一般在室外开阔环境中进行通信，所以一般认为终端的接收信号中有直射分量，具有直射分量的多径信号服从莱斯(Rician)分布。卫星移动通信系统的另一个特点是终端处于运动中，对于机载和车载等高速运动中的终端还会产生多普勒频移。Rician 衰落特征和多普勒频移是卫星移动通信信道最显著的两个特征。

1. 多径衰落

信道衰落主要由两个因素造成，一个是多径，另一个是遮蔽。无线电波在从发送到接收的过程中，由于在其传播路径上存在地面、水面、建筑物和树木等因素引起电波的反射、散射和绕射，使得到达接收端的信号不是从单一路径传播而来，而是从多个路径到达，接收机接收的信号是从多个路径而来的合成信号，这种现象就是多径传播，如图 6-5 所示。

由于电波通过各个路径到达接收方的距离不同，各个路径电磁波到达的时间不同，因而各个路径电磁波到达的相位也不同。不同相位的信号在接收端进行叠加，叠加的结果是同相信号的叠加会使信号增强，反相信号的叠加会使信号减弱。由于接收端处于运动状态，周围的环境条件是随时发生变化的，所以这种不同相位信号叠加的结果使得信号强度是时变的，即产生了衰落。由于这种衰落是由于多径引起，所以称为多径衰落。

当电磁波在传播路径上遇到建筑物、树木等障碍物阻挡时，会使电磁波产生衰耗，从而造成接收信号电平下降，这种现象称为阴影效应，如图 6-5 所示。移动终端在运动过程中进行通信时，难以避免会遇到阴影效应，使得信号强度发生一定程度的变化，从而引起衰落，这种衰落称为阴影衰落。阴影衰落的深度取决于信号频率和障碍物遮挡情况，频率较高的信号更容易穿透障碍物，而频率低的信号具有较强的绕射能力。

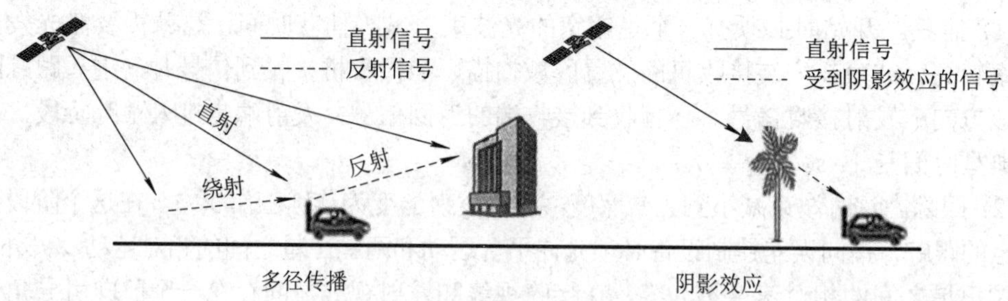

图 6-5　卫星信号的多径传播和阴影效应

对于多径衰落，常用“多径衰落深度”来度量多径衰落的程度，即接收到的直射与各种非直射的合成信号的瞬时功率与平均功率之比分贝数的绝对值，并需要标明不超过此值的概率为多少。下面分三种情况分别进行介绍。

1) 一般的漫反射情况

这种情况是指一般的陆地或非平滑海面所形成的反射，且没有产生阴影效应。由于信道多径传播的随机性，一般很难准确地描述接收信号的包络和相位特性，而只能采用统计的方法表示。一般而言，移动终端接收到的信号是一个直射分量与许多漫反射的多径信号的合成。

假如移动终端接收到的信号 $r(t)$中包括一个直射分量 $a(t)$、一个镜面反射分量 $s(t)$和由周围物体反射产生的多径散射分量 $d(t)$，则

$$r(t)=a(x)\left[a(t)+s(t)+d(t)\right] \tag{6-1}$$

式中，$a(x)$为一个与环境相关的损耗因子，当不存在阴影效应时，$a(x)=1$。

当接收信号中有一个直射分量、多径信号的同相和正交分量相互独立且信号强度都服从均值为零的正态分布、相位服从均匀分布时，接收信号的概率分布函数服从莱斯分布。当直射分量被完全遮蔽时，接收信号的概率分布函数服从瑞利分布。一般认为，卫星移动通信链路总是有直射分量，其合成信号的概率密度服从莱斯分布。

对于漫反射环境，一般用莱斯衰落因子 K 或 C/M 来度量，K 是直射信号的载波功率与平均的多径干扰功率之比。表 6-1 给出了在一定概率条件下，多径衰落深度与 K 的对应关系。如当 K 为典型值 10 dB 时，从表中可以看出，这意味着多径衰落深度约有 10%的时间大于 3 dB，1%的时间大于 6 dB，0.1%的时间大于 9 dB。

表 6-1　多径衰落深度与衰落因子 K 的关系

超出表中所列值的概率	多径衰落深度/dB				
	K=6 dB	K=8 dB	K=10 dB	K=12 dB	K=14 dB
0.100	4.05	3.25	2.58	2.05	1.62
0.050	5.88	4.59	3.56	2.77	2.17
0.020	8.45	6.38	4.82	3.68	2.83
0.010	10.57	7.81	5.77	4.34	3.30
0.005	12.90	9.30	6.73	4.98	3.75
0.002	18.02	11.50	8.05	5.84	4.34
0.001	19.02	12.35	9.10	6.49	4.78

卫星移动通信信道的具体衰落程度与工作频率、天线增益、天线仰角和地形(或海况情况)等因素有关。理论分析和实际测试表明，K 一般在 6～15 dB 范围内。

2) 阴影效应的情况

在直射信号被树木或建筑物等遮挡的情况下，接收到的卫星移动通信信号强度 $r(t)$服从对数高斯条件下的莱斯分布，相位服从[0, 2π]的均匀分布，其信号强度为

$$r(t)=\sqrt{\left[y_c(t)+a_c(t)\right]^2+\left[y_s(t)+a_s(t)\right]^2} \tag{6-2}$$

式中，$y_c(t)$和 $y_s(t)$分别为互为正交的对数正态高斯过程，其特性由对数正态高斯分布的均值 μ 和方差 σ^2 确定。

实际测试结果表明，卫星移动通信信道的莱斯衰落因子 K 和对数正态高斯分布的均值 μ 和方差 σ_2 都与移动终端对卫星的仰角 α 有关。K、μ 和 σ 可用下面的经验公式计算，即

$$\begin{cases} K(\alpha) = K_0 + K_1\alpha + K_2\alpha^2 + K_3\alpha^3 \\ \mu(\alpha) = \mu_0 + \mu_1\alpha + \mu_2\alpha^2 + \mu_3\alpha^3 \\ \sigma(\alpha) = \sigma_0 + \sigma_1\alpha + \sigma_2\alpha^2 + \sigma_3\alpha^3 \end{cases} \tag{6-3}$$

式(6-3)中 K、μ 和 σ 的参数取值见表 6-2。

表 6-2　不同环境下的参数取值

参数	农村树木阴影区域	市区	郊外	开阔地
K_0	2.731	1.750	−13.600	26.430
K_1	-1.074×10^{-1}	7.700×10^{-2}	9.650×10^{-1}	−2.644
K_2	2.744×10^{-3}	0.0	-1.663×10^{-2}	8.337×10^{-2}
K_3	0.0	0.0	1.187×10^{-4}	-4.111×10^{-4}
μ_0	−20.25	−52.12	−1.988	3.978
μ_1	9.919×10^{-1}	2.758	-9.919×10^{-3}	-1.742×10^{-1}
μ_2	-1.684×10^{-2}	-4.777×10^{-2}	1.520×10^{-3}	2.647×10^{-3}
μ_3	9.502×10^{-5}	2.714×10^{-4}	-1.266×10^{-5}	-1.367×10^{-5}
σ_0	4.500	7.800	8.000	0.0
σ_1	-5.000×10^{-2}	-3.542×10^{-1}	-3.741×10^{-1}	0.0
σ_2	0.0	6.500×10^{-3}	6.125×10^{-3}	0.0
σ_3	0.0	-3.958×10^{-5}	-3.333×10^{-5}	0.0

阴影效应对于陆地卫星移动通信系统电波传播的影响是比较大的。试验表明，在轻微阴影情况下(如路旁只有电线杆或稀疏的树木)，衰落大致与 $K=6$ dB 的莱斯分布接近；而在树林较密的地区或城市街道中，信号电平大大跌落，甚至可跌落 20～30 dB。

对于航空、航海卫星通信，多径衰落与天线形式、安装位置及安装方式都有关，飞机机翼、机尾和轮船舱面上的装置也都有可能引起反射，这种衰落的典型值可达 3～8 dB。

3) 频率选择性衰落

假设在多径信道中的信号码元长度为 T，第 i 条传输路径的信号时延与信号平均时延的差为 Δt。当信号码元长度 T 比较大，且满足 $\Delta t \ll T$ 时，将产生“时间选择性衰落”；当信号码元长度 T 比较小，而 Δt 比较大，且不满足 $\Delta t \ll T$ 时，将引起“频率选择性衰落”。在频率选择性衰落时，多径信号的合成波形有可能落在后续码元的时间间隔内，从而引起码间干扰。

对于一般的窄带移动通信系统，频率选择性衰落是可以忽略的，但对于传输信息速率较高的宽带系统，频率选择性衰落就是必须要考虑的一个问题。

2. 对抗多径衰落的措施

衰落电平是指接收电平低于无衰落信道接收电平的数值，由于链路呈现出的衰落特性，在链路预算时，除了考虑无线电波的自由传播、降雨等因素外，要留有一定的衰落备余量。多径衰落是卫星移动通信中不可回避的技术问题，因此在设计卫星移动通信系统时必须考虑多径衰落的影响。一般考虑从以下多个方面采取对应措施：

1) 系统设计时留有衰落备余量

系统在设计时留有一定的衰落备余量是一种通常的做法，但留多大的余量要根据使用要求而定，工程上一般的做法如下：

(1) 先根据符合莱斯分布的基本情况，在指定工作时间内正常工作，确定衰落备余量，如表 6-3 所示。

表 6-3　衰落备余量的确定

正常工作时间比例	90%	95%	99%	99.5%	99.9%
衰落备余量	≥3 dB	4 dB	6 dB	7 dB	9 dB

(2) 考虑工作频率、天线类型、天线增益、仰角以及天线对低仰角干扰有无鉴别抑制能力等因素，对衰落备余量做适当的修正。再考虑树林、建筑物等的遮蔽效应对衰落备余量再做进一步修正。

从国际上现有的卫星移动通信系统的设计来看，多径衰落备余量为 5～15 dB，这主要是因为所考虑的因素和条件不同。一般在无遮蔽时典型值取 6 dB，有遮蔽时取 10 dB。

2) 信号设计和处理

增加衰落备余量可以靠增加发射机的功率来实现，这对于遮蔽或阴影效应产生的衰落是非常有效的方法，但对于漫反射产生的多径效应靠提高备余量并不能完全解决问题，况且终端的发射功率要符合系统设计要求，不能随便增加。通过信号设计和信号处理技术可以有效地对抗漫反射产生的多径效应，通常的方法有以下几种：

(1) 交织编码。在信道编码中采用交织编码与其他信道编码技术相结合，能显著地减小多径衰落的影响。通过大量的试验和应用统计，采取适当的交织编码措施后，可减小 2.5 dB 以上的多径衰落。

(2) 差分调制。在衰落条件下，载波恢复的相位跟踪误差较大，且有“滑周”现象，接收端难以可靠地提取相干载波，因而卫星移动通信系统普遍采用 DBPSK、DQPSK 等差分调制方式。且在滤波成形时，为减少码间串扰而采用的升余弦成形，其滚降系数一般取得较大，如 0.5～1.0(对于固定业务一般取 0.3～0.4)，以减小数据过度抖动。

(3) 自适应均衡。均衡就是对波形成形特征进行校正，使包含均衡器在内的信道总传输特性满足不失真传输条件，输出波形无码间串扰。自适应均衡则是根据传输失真的时变特性自适应地进行补偿，使其接近不失真传输要求。

(4) RAKE 接收。RAKE 接收就是利用多个并行相关器检测多径信号，按照一定的准则合成一路信号并进行解调。RAKE 接收机可以变害为利，利用多径现象来增强接收到的信号。

(5) 正交频分复用(Orthogonal Frequency Division Multiplexing，OFDM)。OFDM 凭借高传输速率、高频谱利用率和良好的抗多径干扰能力等显著优点，成为 LTE 领域的重要技术。OFDM 将高速数据流分配到正交子载波上进行传输，有效降低了各路符号速率。在实际通信中，OFDM 可以根据信道情况选择条件较好的子信道进行传输，是对抗频率选择性衰落的重要技术手段。

(6) 重复发送与多数判决。重复发送和多数判决也是常用的一种抗多径衰落的方法，一般采用重发 3 次和 2/3 判决，或重发 5 次和 3/5 判决，并结合能纠正单个差错的简单编码措施，可显著改善多径衰落的影响。从表 6-4 中可以看出，采取重复发送与多数判决对衰落环境下的性能改善是明显的，尤其是在快衰落环境下改善最为显著；提高载噪比对高斯噪声环境下的性能改善是显著的，但在快衰落环境下，远不如采用重复发送与多数判决措施。这也表明，提高发射功率对多径效应的改善是不显著的。

表 6-4　采用重复发送与多数判决对差错率的改善

环境	未采取措施时的差错率	重发 5 次和 3/5 判决时的差错率	载噪比增加 6 dB 时的差错率
慢衰落环境	10^{-2}	3×10^{-9}	3×10^{-3}
快衰落环境	10^{-2}	10^{-9}	6×10^{-4}
高斯噪声环境	10^{-2}	10^{-5}	2×10^{-7}

3) 其他措施

(1) 空间分集。采用多单元天线设计，既可以提高信号强度又可以抑制多径衰落，也是常用的措施之一。但空间分集接收应用在车载或船载终端上比较合适，对于手持终端有一定的限制。有关资料表明，采取空间分集对多径衰落约有 4 dB 的改善。

(2) 场地选择。条件允许时，移动终端可在一定的范围内选取适当的场地或位置，其衰落一般也有若干分贝的改善。

3. 多普勒频移

在卫星移动通信系统中，卫星和移动终端的运动均会引起多普勒效应，由多普勒效应所引起的附加频移就称为多普勒频移。对于静止轨道的卫星移动通信系统，多普勒频移产生的原因主要是用户终端的运动；对于非静止轨道卫星，多普勒频移主要取决于卫星相对地面用户的快速运动。多普勒频移 f_d 为

$$f_{\mathrm{d}}=\frac{vf_{\mathrm{c}}}{c}\cos\theta \tag{6-4}$$

式中：v 为卫星与用户终端的相对运动速度；f_c 为射频载波频率(Hz)；c 为光速，$c=3\times10^{8}$ m/s；θ 为入射波与用户之间的连线与速度 v 方向的夹角。

在非静止轨道的卫星移动通信系统中，由于卫星运动引起的多普勒频移与卫星轨道高度、轨道类型、地球站纬度和在卫星覆盖区的位置有关。对于圆形轨道，由卫星引起的多普勒频移可表示为

$$f_{\mathrm{d}}=\frac{vf_{\mathrm{c}}}{c}\left[\sqrt{\frac{\mu R_{\mathrm{e}}^{2}}{(R_{\mathrm{e}}+h)^{3}}}\times\cos\gamma\sin\phi-\frac{2\pi}{86\,164}\times R_{\mathrm{e}}\cos l_{\mathrm{t}}\cos\gamma\cos\phi\right] \tag{6-5}$$

式中：R_e 为地球半径(m)；μ 为地球重力常数，$\mu=398\,600.5\times10^{9}\ \mathrm{m^3/s^2}$； γ 为地球站到卫星的仰角；l_t 为地球站所处的地理纬度；ϕ 为卫星和地球站连线在过星下点的切平面上的投影与星下点沿纬度方向的切线之间的夹角。当地球站位于赤道且看到卫星从地平面升起或消失时，多普勒频移最大；当卫星在移动终端的正上方时，多普勒频移为零。

表 6-5 给出了不同轨道高度时圆轨道卫星的切向速率、相对信号中心频率的最大多普勒频移和信号频率分别在 1.6 GHz 和 30 GHz 时的最大多普勒频移值。

表 6-5　不同轨道高度的最大多普勒频移值

轨道高度/km	卫星运动切向速度/(km/s)	最大多普勒频移 (f_c=1.6 GHz)/kHz	最大多普勒频移 (f_c=30 GHz)/kHz
200	7.797	39.7	744
400	7.681	38.0	711
800	7.463	34.9	654
1400	7.168	30.9	579
10 000	4.936	10.4	195
20 000	3.889	5.5	102
35 786	3.075	0	0

从表 6-5 中可以看出，轨道高度越低，多普勒频移越大；信号频率越高，多普勒频移也越大。对于同步轨道卫星而言，主要是高速运动的终端会产生多普勒频移，对于工作于 1.5 GHz 的机载终端，在飞机时速 1000 km/h 时的最大多普勒频移约为 ± 2000 Hz。

4. 抗多普勒频移的措施

多普勒频移使得信号载波频率发生偏移，如果信道间隔不够大则会在接收端产生相互干扰；同时会使接收的载波频率偏离接收机滤波器的中心频率；还会造成信号在一个码元的持续时间内有较大的相位误差。例如，在多普勒频移 $f_d = 1500$ Hz 时，若数据速率为 2400 b/s，则相位误差 $2\pi f_d T = 220°$，这样大的相位误差会给载波同步带来极大的困难。通常可以采取下列措施来对抗多普勒频移：

(1) 在地球站和卫星间采用闭环频率控制；

(2) 星上多普勒频移预校正；

(3) 采用差分检测；

(4) 发射机和接收机频率的预校正。

方法(1)能进行频率的精确控制，是普遍采用的一种方法，但设备的复杂度增加；方法(2)不需要终端参与，终端的设备复杂度降低，但提高了星上复杂度；方法(3)和(4)是系统中采用的辅助手段。通常系统校频采用的是多种方法的综合应用。

6.1.4　低轨道卫星星座设计

在目前实际投入应用的系统中，较少采用椭圆轨道，而地球同步轨道卫星的轨道选择相对简单，因此本节主要讨论非地球同步圆轨道的设计和选择。

根据系统对星座覆盖性能要求的不同，国外许多学者提出了多种星座设计方法用于非静止轨道卫星的星座设计，如极轨道星座、Walker 星座(或 Delta 星座)、Rosette 星座(或玫瑰星座)。R. David Luders 最先采用圆极轨道设计卫星星座，而 Walker 等人提出了面向全球覆盖的倾斜圆轨道卫星星座的设计方法，他们的研究对卫星移动通信和卫星导航系统的设计具有非常重要的意义。现在，“铱”星系统采用的就是经过优化的圆极轨道星座，Globalstar 系统、GPS 等系统采用的就是 Walker 星座。极轨星座和 Walker 星座也是目前运行的系统中最常见的星座。

1. 星座设计要考虑的因素

卫星星座设计的重点是对整个星座结构部署和性能的相互权衡。它是一个复杂的迭代和权衡过程，其分析与设计总是基于总体目标和约束条件，以可能的最低成本确定满足这些要求和约束条件。星座设计的折中旨在通过综合评价，以确定各种方案的内在潜力及对性能和成本的影响。星座的选择和设计主要考虑的因素有以下几点：

(1) 覆盖的要求，要明确系统的目标是全球覆盖还是区域覆盖。

(2) 用户仰角的大小，大仰角会使多径和遮蔽的因素减弱，能更好地保证链路质量。

(3) 对服务质量的保障，即业务所要求或能够容忍的时延因素，卫星链路传播时延越小越好。

(4) 系统建设和维护成本，这也是星座系统设计要考虑的因素，如能否实现一箭多星发射等。

其中，覆盖性能是首先要考虑的性能指标，它与轨道及星座结构间的权衡主要体现在：轨道高度、轨道倾角、轨道偏心率、轨道平面数目及相对方位和每个轨道面的卫星数目及间隔。此外，覆盖性能分析还要考虑系统在卫星出现失效后通过重新定相达到的覆盖性能，即降级工作模式下的覆盖性能，以及星座进一步发展补充后的升级性能。

2. 星座优化设计

星座覆盖性能和卫星各轨道要素之间存在的复杂关系，使得传统设计方法无法兼顾各种在一定范围内相互矛盾的性能指标，因而星座的优化设计成为提高星座综合性能的有效途径。如何合理选择设计变量、定义目标函数及采用高效的优化方法是星座优化的基本课题。卫星星座设计涉及的变量包括以下几项：

1) 轨道的高度

轨道的设计主要取决于轨道的高度。但由于地球引力的摄动及其他摄动因素影响，星座中的每个卫星必须具有相同的高度和倾角。

2) 轨道的倾角

轨道倾角主要受到发射场地和运载工具等的约束。发射卫星在空中进行变轨道面的代价是比较大的，因此对于低地轨道，基本上不考虑进行变轨道面。要根据发射场地的纬度以及对星座的覆盖要求来选取轨道面倾角。

3) 星座轨道平面的数目及卫星布置

卫星星座的主要性能特征是卫星所在的轨道面的个数。在星座设计的过程中，考虑到在不同轨道平面之间机动卫星所需的推进剂大大多于在一个轨道平面内机动所需的推进剂，因此将较多的卫星都送入少数几个轨道平面是很有利的。在同一轨道面内机动卫星只需稍微改变轨道的高度，从而改变轨道周期以调整卫星在星座中的相位，然后再将卫星送回到合适的轨道高度，并使其位置相对其他卫星保持不变，这样可以用较少的推进剂进行多次重新定向。如果一颗卫星因故障失效，则可以通过卫星之间的重新定向，从而保持卫星星座的覆盖性能大致相当。

同时，轨道平面的个数与覆盖性能有着密切的联系。在相同的卫星数目和轨道高度下，较多的轨道面，可以使区域覆盖更加均匀，星座的轨道面多，则覆盖性能，尤其是覆盖的平均响应时间较好。特别地，对于一个卫星对应一个轨道面的星座，覆盖性能是最佳的。但是，在星座的部署过程中，只有在星座的每个轨道平面内达到相同数目的卫星时，系统性能才会提高一个台阶。如果一个星座有 6 个轨道平面，发射入轨一颗卫星后便可获得一定的性能，但在 6 个轨道平面各有一颗卫星之前，性能不会提高一个台阶。即这个星座在部署 1 颗、6 颗、12 颗卫星后会提高一个性能台阶。显然，在满足覆盖性能要求的前提下，轨道平面较少的星座是比较可取的。

对于相同轨道面内卫星的部署，可采用同一个运载工具发射(一箭多星)，其入轨误差的差别相对小，而对于不同轨道面的卫星发射，其入轨的误差变化要大一些，这也影响到卫星星座保持的问题。圆轨道一般采用对称的星座结构，就是说每个轨道平面内的卫星数目相等。

如何确定一个星座的轨道平面数和每个轨道平面内卫星的数目是一个非常复杂的问题，具体可查看相关书籍。

3. 极轨道星座

当卫星轨道平面相对于赤道平面的倾角为 90° 时，轨道穿越南北极上空，这种类型的轨道称为极轨道。利用多个卫星数量相同且具有一定空间关系的极轨道平面可以构成覆盖全球的极轨道星座系统。

对于极轨道卫星星座而言，其相邻轨道平面之间最大角距出现在赤道面上。因此，在理想情况下，要实现全球均被一个轨道面覆盖，卫星覆盖的相互有重叠的环形区域交点在时间上与赤道上相邻轨道面覆盖的环形区域的边界是一致的，如图 6-6 所示。

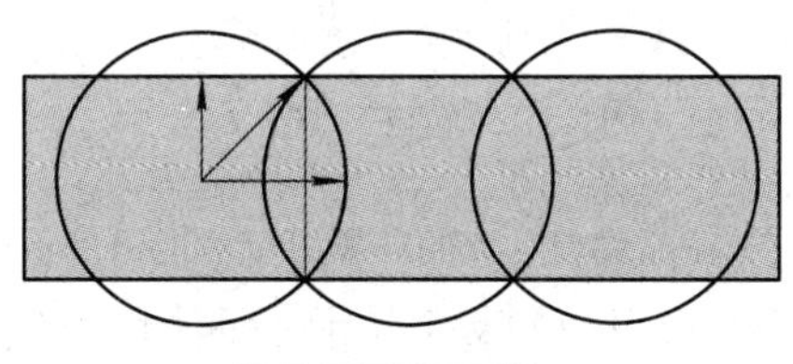

图 6-6　卫星覆盖图

在极轨道星座中，相邻轨道面间的卫星存在着两种相对运动关系，即顺行和逆行。顺行轨道面的卫星之间保持固定的相位关系，而逆行轨道面的卫星之间的空间相位关系是变化的，如图 6-7 所示。

顺行轨道平面之间的经度差为

$$\alpha = \lambda + \Gamma \tag{6-8}$$

逆行轨道平面之间的经度差为

$$\beta = 2\Gamma \tag{6-9}$$

相邻轨道平面相邻卫星之间的相位差应满足

$$\Delta = \frac{\pi}{S} \tag{6-10}$$

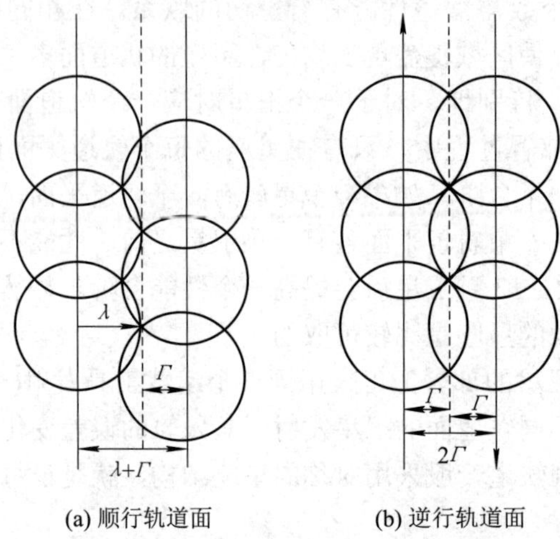

图 6-7　相邻轨道面覆盖的几何关系

图 6-8 所示的是单颗卫星对地覆盖示意图。从图中可以得到卫星覆盖边沿的最小仰角 θ 和轨道高度 h 的关系为

$$\cos(\theta+\lambda)=\frac{\cos\theta}{1+h/R_{\mathrm{e}}} \tag{6-11}$$

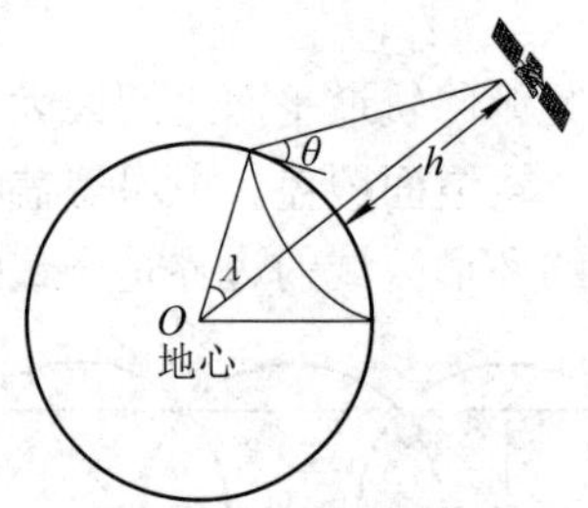

图 6-8　卫星高度为 h 的单颗卫星对地覆盖示意图

极轨道星座中，相隔一个轨道平面的两个轨道平面上的卫星具有相同的相位，因此在多于 2 个轨道面的极轨道星座中，会出现星座卫星在轨道交点(南极或北极点)相互碰撞的情况。

为避免卫星碰撞的情况发生，人们开展了近极轨道的研究。近极轨道的卫星平面与赤道平面的倾角一般为 80°～100° (90° 除外)之间。由于各轨道面的倾角不等于 90°，因此各轨道面的交点不会集中在南、北极点上，而是在南、北极附近形成多个轨道面交点，每个交点由两个相邻轨道面相交而成。这样，只要相邻两个轨道面上卫星的相位不同，卫星就不会在交点处发生碰撞。“铱”星系统就选择了轨道平面倾角为 86.4° 的近极轨道星座。

4. 倾斜圆轨道星座

对于采用倾斜圆轨道的卫星星座，通常用 Walker 代码($T/P/F$)来表示星座结构，因此这种星座也称为 Walker 星座。其中 T 为系统中的总卫星数，P 为轨道面数，F 为相邻轨道面邻近卫星之间的相位因子(或初始相位差)。F 的意义是如果定义卫星的相位角为 $2\pi/T$，那么当第一个轨道面上第一颗卫星处于升交点上时，下一个轨道平面上的第一颗卫星超过升交点 F 个相位角，以此类推。在 Walker 星座中，所有卫星有相同的轨道周期和轨道倾角，都采用圆轨道，每个轨道面内的卫星数为 T/P，各轨道面均匀分布在赤道上，同一个轨道面内的卫星也均匀分布在该轨道面内。这样，对于采用倾斜圆轨道的星座来说，除了轨道高度 h 和倾角 i 外，用($T/P/F$)就能说明其星座配置方案。

通常 Walker 星座用 5 个元素标识为 $T/P/F{:}h{:}i$。例如，一个标识为 24/3/1:1500:45° 的 Walker 星座系统，表示星座中有 24 颗卫星，部署为 3 个轨道平面，其中轨道高度为 1500km，轨道倾角为 45° 。3 个轨道平面的升交点赤经依次为 0° 、120° 、240° ，每个轨道平面上相邻两卫星真近点角相差 45° ；每个轨道面内卫星数目为 8 颗，相隔 45° 均匀分布。

由于星座设计的复杂性，很难用解析的方法来设计一个具体的星座，对星座的性能也只能通过仿真的方法进行评估。对于一个卫星移动通信系统来说，其星座的选择是对通信覆盖性能要求、卫星有效载荷技术、终端用户技术性能和通信模式以及经济和政治等因素综合分析和权衡的结果。星座设计时可以假定星座中卫星轨道为高度相同的圆轨道，根据不同的覆盖要求先简后繁，先从 Walker 星座单平面、2 个或 3 个轨道平面的极轨道开始着手工作，然后逐步迭代，通过综合权衡设计出符合要求的高性能轨道和星座。

6.1.5　卫星移动通信系统技术体制

和其他卫星通信系统一样，卫星移动通信系统的技术体制主要涉及接入方式、交换方式、调制解调和编码方式等。只是要根据卫星移动通信系统的特点进行合理的选择。但是，卫星移动通信由于一般是面向个人用户，用户容量大，一般都会采用多波束的方式，通过频率复用提高频谱利用率，从而提高系统容量。

1. 频率复用

由于卫星移动通信系统要支持大量的个人用户，而用于 L/S 移动频段的带宽较窄，具体分配给某个移动卫星系统的带宽就非常有限了，一般只有 10～30MHz 带宽。因此，卫星移动通信系统普遍采用卫星多波束和频率复用的方式提高频率利用率。

卫星移动通信系统中的频率复用技术借助了地面移动通信系统中蜂窝的概念，在进行频率复用方案设计时，移动卫星系统中的波束类似于地面移动通信系统中的蜂窝。卫星移动通信系统中通常采用七色复用方案，一般用正六边形表示，如图 6-9 所示。

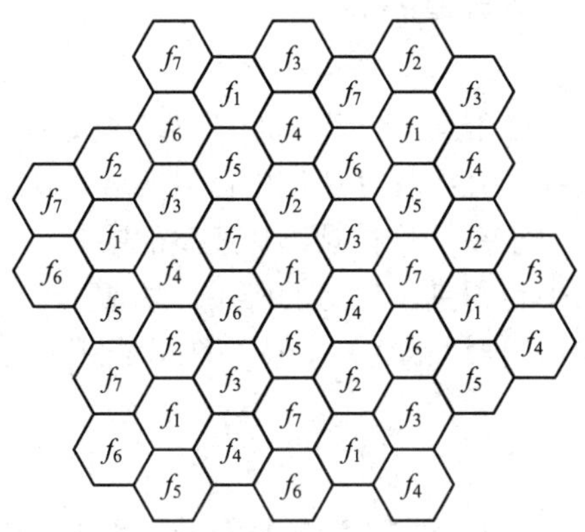

图 6-9　频率七色复用示意图

根据七色复用原理，相邻波束不能使用相同的频率，并且同频率的波束应尽量保持最远的距离以使得同频干扰最小，系统中可使用的同一频率的波束个数就是频率复用倍数，系统中的波束越多，频率复用的倍数越高。现代卫星移动通信系统的设计一般都有数百个波束，如“铱”星系统，每个卫星有 48 个波束，整个系统有 3168 个波束。例如，静止轨道的 Thuraya 系统有 250 个波束，系统可用带宽是 10.5 MHz，若在理想的情况下，波束中平均分配使用带宽，则每个波束内可使用的带宽是 1.5 MHz，系统可用带宽可达 375 MHz。但实际应用情况要复杂得多，由于业务的不平衡，带宽的使用一般不会在每个波束中平均分配，这样会影响复用效率；还由于其他系统或相邻国家的频谱协调，实际使用中不会达到这样高。

2. 多址接入

1) FDMA 接入

FDMA 是比较简单的一种多址接入方式，因此它是在卫星通信系统中最早使用的接入方式。在早期的卫星移动通信系统中也使用这种接入方式，比如第一代、第二代 INMARSAT 系统和北美的 MSAT 系统等都是使用频分多址接入方式。

FDMA 接入方式的优点是技术成熟、实现简单、成本低，系统中不需要复杂的网络定时，对用户终端的 G/T 值和 EIRP 要求低。但由于多载波工作时会产生互调噪声，对转发器的线性度要求高，需要卫星转发器远离饱和点，从而无法充分利用转发器功率。另外由于系统中的频率稳定度不高，而移动通信中又存在多普勒频移(特别是对于低轨系统，多普勒频移更大)，因此系统设计要留有足够的保护带宽，以免造成频谱浪费，频带利用率降低。由于 FDMA 接入方式的功率利用率和频带利用率都不高，所以不被新型的卫星移动通信系统所采用。从已有的系统来看，FDMA 方式只在同步卫星系统中有应用。

2) MF-TDMA 接入

MF-TDMA 是地面 GSM 移动通信系统采用的接入方式，在卫星通信系统中也得到了普遍的应用。MF-TDMA 是一种 FDMA 和 TDMA 相结合的二维接入方式，具有较大的灵活性，便于实现多种业务(话音、数据等)的综合，还可以在不进行解调的情况下实现星上时频交换，比 FDMA 系统有较高的频谱利用率，也便于与地面网络实现互联。但 MF-TDMA 系统需要严格的系统定时和同步，系统技术复杂度高，对用户终端 G/T 值和 EIRP 的要求高。目前，INMARSAT、Thuraya 系统、“铱”星系统等均采用了 MF-TDMA 接入方式，在卫星移动通信系统中应用的较为普遍。

3) CDMA 接入

CDMA 接入方式的优点是：抗多径衰落和抗干扰性能好；具有扩频增益，允许相邻波束使用相同频率，频率复用能力强；移动通信中可以实现软切换功能。缺点是需要严格的功率控制，对载波的峰均比要求高；受扩频码片速率的限制，主要用于低速业务。CDMA 独特的优点使其在移动通信中也得到了广泛的应用，如 IS-95 采用的就是美国 Qualcomm 公司提出的窄带 CDMA 方式，信道带宽为 1.25 MHz。在卫星移动通信系统中，Globalstar 就是采用的 CDMA 方式。

3. 交换方式

从大的交换体制上来讲，卫星通信系统中采用的有电路交换、分组交换和 ATM 交换，这些交换技术体制在相关资料中都做了比较深入的研究，本节只讨论卫星移动通信系统中常采用的交换方式。

一般来讲，卫星移动通信系统可采用星上基带交换、地面交换和星上时频交换等三种交换方式。这三种基本交换方式在现有的系统中均有采用。例如，“铱”星系统采用的是星上基带交换方式；Iridium 和 Globalstar 系统采用的是地面交换方式；ACeS、Thuraya 系统采用的是地面交换和星上时频交换相结合的方式。

1) 星上基带交换

星上基带交换需要在星上进行调制和解调，这种方式具有最大的灵活性，服务质量有保障，但当系统容量较大，每颗卫星支持的信道数量较多时，会给有效载荷的重量和功耗带来很大的负担，也会提高空间段的制造成本。因此，这种方式适合每颗卫星支持的信道数较少、用户量不大的情况。

2) 地面交换

地面交换方式能最大限度地减轻星上压力，星上只进行透明转发，但终端之间需要通过地面转接的双跳通信。特别是在使用同步轨道卫星的系统中，双跳传播时延有 540 ms，这对语音业务是个挑战。并且在这种方式下，所用的业务均需要经过信关站转接，因此需要较宽的馈电链路带宽，信关站具有较高的复杂度。

3) 星上时频交换

星上时频交换方式主要用于同步轨道卫星移动通信系统中，是一种折中的方式。该方式不需要进行星上调制和解调，但可以实现终端到终端的卫星单跳连接，能提供较大的灵活性，但仅适合 MF-TDMA，系统对卫星资源的控制和管理复杂度高。星上时频交换是在地面信关站的控制之下，把波束 m 中第 i 个载波内时隙 h 中的数据交换到波束 n 中第 j 个载波的时隙 k 内，从而实现用户数据交换。星上时频交换体现了波束、频率(信道)和时隙的三维交换。

4. 调制解调

调制解调技术是卫星移动通信系统中的关键技术，所采用的调制和解调方法对系统的整体性能有很大影响。选择调制方式的原则是尽量使已调信号与信道相匹配，这样才能获得较好的实际应用效能。

卫星移动通信系统的信道特点是带宽和功率受限，同时具有非线性、衰落和多普勒频移。因此在选择适合卫星移动通信信道的调制方式时首先要注意它与系统之间在信噪比方面的匹配程度(通常移动卫星信道解调入口的 E_b/N_0 值只有 5～10 dB)，其次要考虑其在非线性信道上性能的恶化量，最后要分析其抗衰落性能，并考虑采取适当的措施给予补偿。一般比较适合卫星移动通信系统的调制方式有以下几种：

1) PSK 调制

BPSK 和 QPSK 是卫星通信系统中最常见的调制方式，由于 BPSK 和 QPSK 已调信号的相位是跳变的，所以它是不连续相位调制方式。其中，QPSK 方式的功率效率和频带效率都比较令人满意，但在移动信道中应用时仍有一些缺点，为了克服这些缺点，人们研究出了它的几种改进形式。

(1) DPSK 方式。由于 BPSK 和 QPSK 调制方式会出现相位模糊，如果以前一个符号相位作为参考基准，用前后符号的相位变化传递信息，就可以消除相位模糊。

DPSK 的相位逻辑不是唯一的，巧妙地设计 DPSK 信号的相位逻辑可以使已调信号具有较好的性能。π/2-DBPSK 和 π/4-DQPSK 的相位逻辑就改善了已调信号的包络起伏，同时还具有消除相位模糊的特性，更加适合于卫星移动通信系统。对于 π/2-DBPSK 和 π/4-DQPSK 调制可以采用相干解调和非相干解调的方式进行解调，但在高斯信道和直射波较强的莱斯衰落信道中，采用相干解调比非相干解调能获得大于 3 dB 的功率增益。而在瑞利衰落信道中使用非相干解调则具有较好的系统性能。

(2) OQPSK 调制。由于 BPSK 和 QPSK 信号的相位矢量有可能经过原点，这意味着 BPSK 和 QPSK 信号经过滤波器的带限滤波后其包络将在相位矢量过原点的相应时刻为零。非线性信道的 AM/PM 效应会将这种包络变化转换为相位变化，相当于在已调信号中叠加了噪声；同时包络的变化也会转化为频率的变化，产生新的频率分量，有可能对有用信号形成干扰。OQPSK 调制的基本思想是使 I 支路和 Q 支路有一定的相对时延，使这两个支路分时跳变，从而避免相位路径过原点，也就消除了滤波后包络信号过零点的现象。

2) MSK 和 GMSK 方式

MSK 调制也称为最小移频键控调制，这种调制方式的特点是已调信号的相位路径是连续的，MSK 信号是消除了相位突变的恒包络调制。MSK 信号的功率效率比 QPSK 信号有所改善，但 MSK 信号谱的第一旁瓣衰减仅有 30 dB，为了进一步改善功率谱特性，需要使调制信号的相位路径变得平滑，比较有效的方式是在调制前对信号进行滤波。

GSK 调制是在 MSK 调制的基础上改进而来的，它的基本原理是先对不归零信号进行预滤波，预滤波器具有高斯低通特性，然后再进行 MSK 调制。因此 GMSK 调制也称为高斯滤波的最小频移键控。加上高斯滤波之后，可以使得信号的带外辐射小于 60 dB。地面移动通信系统中的 GSM 采用的就是 GMSK 调制。

6.1.6 卫星移动通信系统空中接口

空中接口就是指无线链路上的接口，它是由一系列的标准和协议来体现的。卫星移动通信系统的空中接口体系结构如图 6-10 所示。本节以 ETSI 给出的采用同步卫星轨道的 GMR-1 标准为例来说明空中接口体系，该标准应用在 Thuraya 系统中。

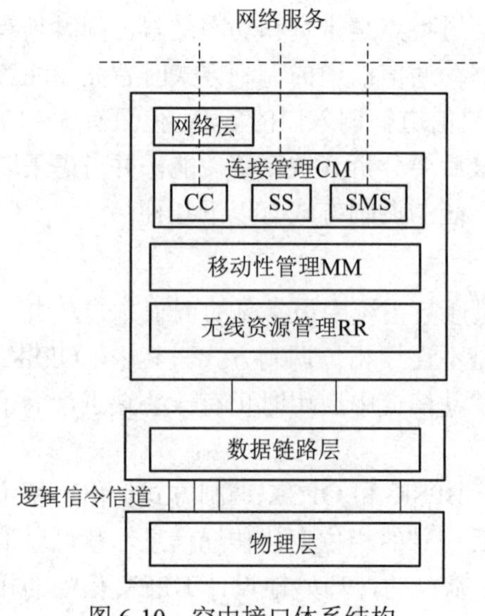

图 6-10　空中接口体系结构

1. 物理层

物理层采用时分多址接入来满足移动终端(Mobile Terminal，MT)通信，并保持卫星功率和频谱资源的高效利用。物理层的功能是建立物理信道并发送和接收突发，为此，它要执行符号、时隙和帧同步，进行频率控制和功率控制，按照网络命令设置定时和发射功率。物理层功能还包括信道编码、加密逻辑信道、时间复用、交织以及逻辑信道到物理信道的映射。它还包括类似点波束选择的功能，另外，物理层执行传输信息的加密和解密等。

2. 数据链路层

空中接口协议的数据链路控制层(DL)用于在网络和移动终端(MT)的3层实体之间可靠传递信息。DL 定义 MT 和网络之间的逻辑接口，每个逻辑控制信道分配有不同的协议实体。协议以 ISDN 的链路访问控制程序(LAPD)为基础。但针对卫星的无线环境应用时要做一些修改，使得其在频谱利用上更有效率，例如，不采用帧校验，而采用信道编码信息检测错误帧。另外，一些像设置同步平衡模式(SABM)的控制帧和未编号的应答(UA)等也在3层消息中承载，以便节省时间/频谱。

3. 网络层

网络层在移动通信系统中也称为3层信令层，GMR-1 系统的3层信令借鉴了陆地移动通信系统 GSM 的3层协议结构，3层信令提供 GMR-1 移动卫星网络或 GMR-1 移动卫星网络与其他公共陆地移动网络(PLMN)之间连接的建立、维护和中止的功能；提供支持与增值服务和短消息服务相关的功能；支持移动性和无线资源管理的活动。

网络层分为3个子层：无线资源管理(RR)子层、移动性管理(MM)子层和连接管理(CM)子层。

(1) RR 子层功能包括建立、维护和通过指定的控制信道释放 RR 连接。

(2) MM 子层实现支持用户移动性的功能，包括鉴权、临时移动用户识别(TMSI)和再分配、位置登记、国际移动用户识别(IMSI)等。

(3) CM 子层包括呼叫控制(CC)、增值业务(SS)和短信息业务(SMS)3个实体：呼叫控制是指在呼叫期间，承载业务的重新建立和变更(从语音变到数据)；增值业务支持实体处理与特殊呼叫无关的业务，使用 ITU 定义的远程运行程序；短消息业务支持实体提供短信业务的高层协议，在接入终端和网络之间使用短信发送机制。

6.2 典型静止轨道卫星移动通信系统

6.2.1 Inmarsat 通信系统

国际海事卫星组织(Inmarsat)是最早提供全球范围内卫星移动通信业务的政府间合作机构。1979年中国以创始成员国身份加入该组织。1999年该组织改革为一个国际商业公司，更名为国际移动卫星公司。

Inmarsat 通信系统支持的通信服务在海事上的应用包括直拨电话、电传、传真、电子邮件、数据连接、船队管理、船队安全网和紧急状态示位标；航空应用包括驾驶舱语音、数据、自动位置与状态报告和旅客直拨电话；陆地应用包括微型卫星电话、传真、数据以及车辆运输上的双向数据通信、位置报告、电子邮件和车队管理等。Inmarsat 通信系统还为海事遇险救助和陆地较大自然灾害提供免费应急通信服务。

Inmarsat 通信系统由空间段(海事卫星)、地面段(NCS、TT&C 以及 LES 等)和用户段(机载终端、船载终端、车载终端、便携终端等)组成，如图 6-11 所示。

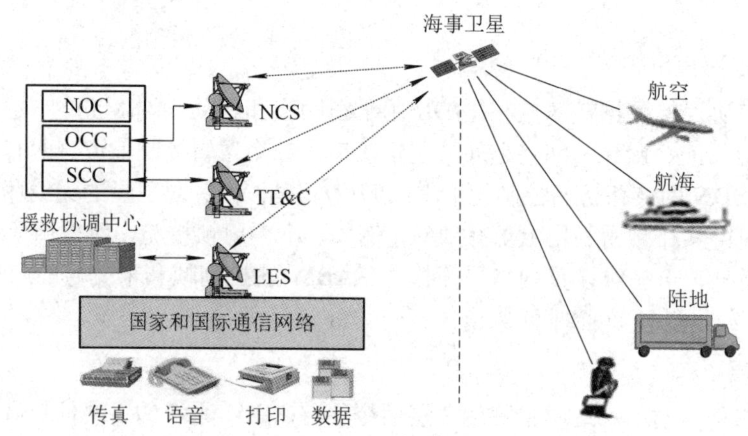

图 6-11　国际卫星移动通信系统架构

1. 空间段

为了满足不断增长的业务需要，国际移动卫星公司自 2005 年起开始发射第四代海事卫星。第四代海事卫星星座设计为 3 颗卫星覆盖全球。第四代海事卫星为 1 个全球波束、19 个宽点波束和 193 个点波束，三种波束间覆盖结构特性如图 6-12 所示，Inmarsat-4 卫星示意图如图 6-13 所示。全球波束的主要作用是广播初始系统信息，由该波束内的终端接收；区域波束主要用于终端注册、短信息业务等；点波束主要用于终端通信，包括语音业务和 IP 数据业务。所以，终端从开机到业务使用的过程，也就是终端从全球波束内接收系统信息到点波束内实现通信的过程。值得注意的是，用于通信的点波束，在地理区域内可以实现容量动态分配和调整。点波束提供用户终端的卫星等效全向辐射功率强度为 67 dBW。以上卫星性能的提高，为大幅度提高全球覆盖系统的容量和促进用户终端进一步小型化创造了条件。

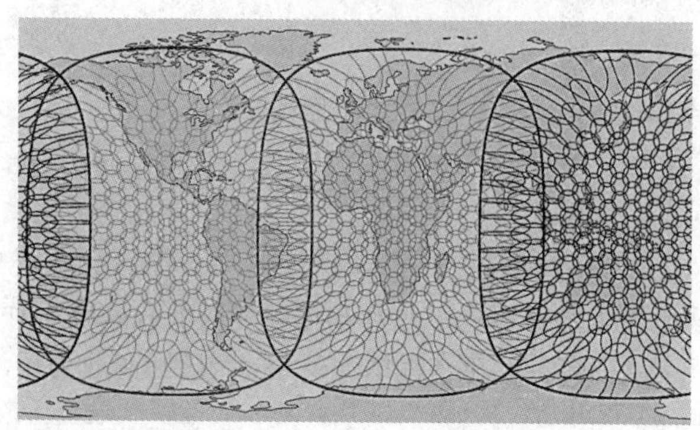

图 6-12　国际移动卫星系统 IS-4 卫星波束间覆盖结构特性图

图 6-13　Inmarsat-4 卫星示意图

随着第四代海事卫星的发射和应用，相应地将建立起世界上第一个全球高速移动数据网络。其提供的业务为宽带移动多媒体业务，简称为 BGAN(Broadband Global Area Network，宽带全球局域网)业务。该网络与地面移动通信 3G 业务完全相容，将提供传统的通信模式，即电路交换网的语音与传真业务，并提供基于 IP 的全球宽带网络业务。IP 业务最高速率可达 432 kb/s，可应用于互联网、移动多媒体、电视会议等多种业务。现有的 Inmarsat-3 卫星和 Inmarsat-4 卫星的主要技术特性见表 6-6。

表 6-6　Inmarsat-3 卫星和 Inmarsat-4 卫星的主要技术特性

卫星名称	Inmarsat-3 F1/F2/F3/F4	Inmarsat-4 F1/F2/F3
轨道位置	54° W/15.5° W/64° E/178° E	98° W/25° E/143.5° E
用户链路频段	L	L
馈线链路频段	C	C
转发器类型	透明转发器	透明转发、波束和载波交换
用户链路波束数	1 个全球波束，7 个窄波束	1 个全球波束，19 个窄波束和 228 个点波束
提供信道数	0.9～2.2 MHz 46 条信道	200 kHz 630 条信道
用户转发器 EIRP	49 dBW(窄波束)	67 dBW(点波束)
寿命末期功率	2800 W	12 000 W
卫星发射质量	2068 kg	6000 kg
设计寿命	13 年	13 年
发射时间	1996.4/1996.9/1996.12/1997.6	2005.2/2005.11/2008.8
支持终端类型	固定、移动、便携	固定、移动、便携、手持

2. 地面段

地面段的设备配置及各设备相互间的关系和功能如图 6-1 所示。图中设在伦敦国际移动卫星组织总部的网络操作中心(NOC)负责 Inmarsat 全系统的测控、运营和管理，其又分为操作控制中心(OCC)和卫星控制中心(SCC)两部分。

操作控制中心(OCC)使用全球通信网络与分布在全球三个洋区的四个网络协调站(NCS)进行信息交换，对整个卫星通信网络的通信业务进行监视、协调和控制。在每个洋区至少有一个地球站兼作网络协调站，并由它来完成该洋区内卫星通信网络必要的信道控制和分配工作。大西洋区的 NCS 设在美国的绍斯伯里(Southbury)，太平洋区的 NCS 设在日本的茨城(Ibaraki)，印度洋区的 NCS 设在日本的山口(Yamaguchi)。

卫星控制中心(SCC)使用全球通信网络与分布在全球三个洋区的四个测控站(TT&C)进行信息交换，负责监控 Inmarsat 所有卫星的运行情况。测控站直接对 Inmarsat 卫星进行上行控制和管理。测控站跟踪、遥测卫星，并把测得的数据送卫星控制中心处理。测控站还接收卫星控制中心发来的分析结果，以此为依据给卫星发指令，对卫星进行控制。全球设立的四个测控站分别是加拿大的考伊琴湖(Lake Cowichan)与彭南特角(Pennant Point)、意大利的福希诺(Fucino)和中国的北京(Beijing)。测控站在必要时可以替代卫星控制中心控制卫星，起到备用的作用。

岸站(LES)是指设在海岸附近的固定地球站，归各国所有并归其经营。它既是海事卫星通信系统与地面通信系统的接口(也称关口站)，又是一个控制和接入中心。典型岸站天线直径为 11～14 m。

3. 用户段

Inmarsat 用户段包括船载用户终端、机载用户终端和便携式用户终端等。

Inmarsat-F 系列终端产品是船载用户终端，它包括 Fleet33、Fleet55、Fleet77 等产品。Fleet33 和 Fleet55 适用于中小型船舶的通信系统，Fleet 77 适用大型远洋船舶，具有导航、安全与遇险紧急通信、船载局域网连接、互联网接入、船到船通信、货物/船舶遥测、电视会议、文件传送、远程医疗、远程教育等功能。

机载用户终端通过一个单一的天线和相关设备为整架飞机的驾驶和客舱提供高质量的语音和数据通信服务，如飞行中的电话、网络电话、短信、电子邮件、互联网和 VPN 访问，以及飞行计划、天气和图表更新。依据机载天线增益不同，IP 数据速率分为 432 kb/s、332 kb/s 和 200 kb/s。

BGAN 系列终端属于便携式用户终端，BGAN 的用途包括视频会议、数据图像传输、高速 Internet 接入、语音、传真、ISDN、短信、语音信箱等多种业务。

6.2.2　ACeS 卫星通信系统

亚洲蜂窝卫星(Asia Cellular Satellite，ACeS)通信系统是一个蜂窝状点波束覆盖亚洲的中国、日本、朝鲜半岛、印度尼西亚、菲律宾、泰国、新加坡、马来西亚、缅甸、印度、斯里兰卡、巴基斯坦等国家或其部分地区的区域卫星通信系统。其目标是利用地球静止轨道卫星为亚洲范围内的国家提供区域性的卫星移动通信业务，包括数字、语音、传真、短消息、数据传输和因特网等服务，并实现与地面公用电话交换网 PSTN 和地面移动通信网 PLMN(GSM 网络)的无缝连接，实现全球漫游等业务。它是全球第一个采用地球静止轨道卫星实现手持蜂窝移动通信的系统。该卫星通信系统由亚洲蜂窝卫星国际公司经营管理。

ACeS 通信系统主要由 Garuda-1 静止通信卫星、卫星控制设施(SCF)、网络控制中心(NCC)、网关(GW)及用户终端组成。其系统架构见图 6-14。其中卫星控制设备与网络控制中心建在一起，两者共用一副口径 15 m 的抛物面天线。

ACeS 系统通信链路由馈电链路和用户链路组成。馈电链路即关口站(含网络控制中心)与卫星之间的上、下行链路；用户链路(业务链路)即用户终端与卫星之间的上、下行链路。前向链路即上行馈电链路+下行用户链路；反向链路即上行用户链路+下行馈电链路。该系统的频段和体制见表 6-10。

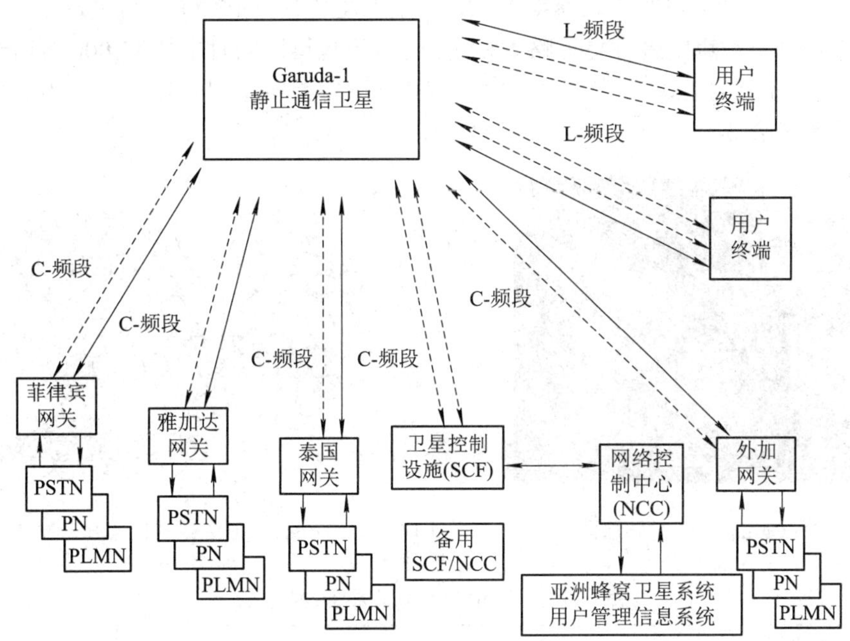

图 6-14　ACeS 系统架构图

表 6-10　ACeS 卫星通信系统的频段和通信体制

用户链路	链路频段(L 频段)	上行 1626.5～1660.5 MHz；下行 1525.0～1559.0 MHz
	上行载波间隔	50 kHz
	上行信息速率	67.7 kb/s
	上行调制方式	GMSK
	上行多址方式	TDMA/FDMA
	上行双工方式	FDD
馈电链路	链路频段(C 频段)	上行 6425～6725 MHz；下行 3400～3700 MHz
	上行载波间隔	200 kHz
	上行信息速率	270.8 kb/s
	上行调制方式	OQPSK
	上行多址方式	TDMA/FDMA
	上行双工方式	FDD

1. 空间段

ACeS 通信系统采用 Garuda-1 卫星，该卫星由美国洛克希德·马丁(Lockheed Martin)公司制造，于 2000 年 2 月 12 发射。星上设有两个直径为 12 m 的伞状通信天线，具有 140 个点波束，在地面产生 140 个宏小区，覆盖亚洲 24 个国家和地区，覆盖面积超过 2850 万平方公里，覆盖区人口超过 30 亿。星上装有 L 频段和 C 频段转发器，在与地面信关站通信时使用 C 频段，与用户通信时使用 L 频段。星上还装有一个数字信号处理器，用于点波束形成和在不同点波束间进行星上路由和交换。该卫星可以同时支持 11 000 条语音信道及 200 万用户。Garuda-1 卫星外形图及其蜂窝状点波束覆盖图见图 6-15 和图 6-16。Garuda-1 卫星基本参数见表 6-11。

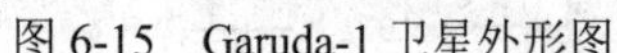

图 6-15　Garuda-1 卫星外形图

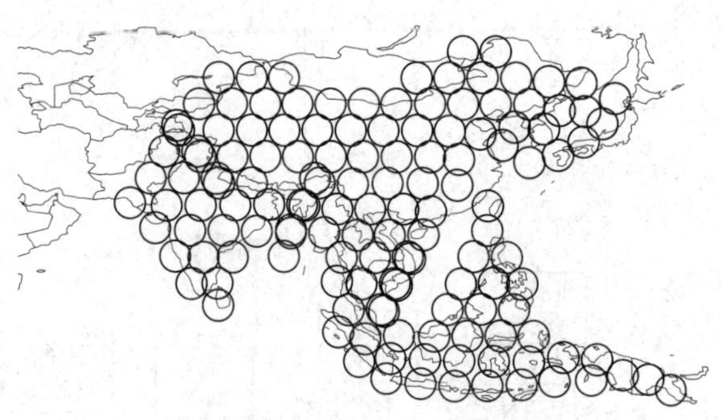

图 6-16　Garuda-1 卫星蜂窝状点波束覆盖图

表 6-11　Garuda-1 卫星基本参数

卫星平台	Lockheed Martin A2100AX
卫星轨道位置	123° E
服务器区域点波束数	馈电波束 1 个赋形波束，用户波束 140 个点波束
卫星用户链路天线口径	12 m 发射和接收天线各一副
转发器类型	数字信号处理器，不解调，波束和载波交换
L 频段转发器数量	88+(22)
用户链路转发器 G/T	15.3 dB/K
用户链路转发器总 AEIRP	73 dBW
带宽容量	可支持 28 672 条等效语音信道
功率容量	10 dB 余量下可支持 11 000 条等效语音信道
输出功率	寿命初期 14 kW，末期 9 kW
发射质量	4500 kg
设计寿命	12 年
发射时间	2000.02.12

2. 地面段

1) *卫星控制设备(SCF)*

卫星控制设备(SCF)有主用和备用的各一套，分别坐落在印尼的巴坦岛和菲律宾的苏比克岛。SCF 由硬件、软件及相应设施组成，它用于监测和控制 Garuda-1 卫星。其主要功能有：卫星的遥测、遥控和跟踪；任务分析与计划；接收 NCC 通知生成卫星有效载荷重组指令并发向卫星；向 NCC 传送与载荷信道化和路由选择相关的遥测数据；为地面系统的测试和维护提供卫星模拟器等。

2) 网络控制中心(NCC)

网络控制中心(NCC)有主用和备用的各一套，与 SCF 的主用站和备用站设在一起。NCC 由硬件、软件及相应设施组成，用于提供 ACeS 系统的全面控制和管理，其主要功能为：提供公用信道信令；卫星资源的管理与控制；网关的监视与控制；话务控制；网络管理与计划；网络的定时和同步等。

3) 通信关口站(GW)

关口站(GW)主要用于提供 ACeS 系统与地面网络 PSTN/PLMN 的连接并对各个国家或地区所属的 ACeS 用户进行管理。它由天线/射频分系统、通信信道/控制器分系统、关口站管理分系统以及移动交换分系统组成。其主要功能为：天线/射频分系统完成信关站至卫星之间的馈电链路的信息发送和接收功能；通信信道/控制器分系统完成呼叫控制、资源管理、信道控制、信息编/译码与调制/解调等功能；关口站管理分系统完成移动设备管理、移动用户管理、网络操作与控制等功能；移动交换分系统完成信息交换和信令处理等功能。

3. 用户段

ACeS 系统用户段主要包括手持卫星电话机、桌面电话机、车载电话机及船载电话机等，除船载电话机外，其余类型电话机均支持 R190/GSM900 双频通话。

6.2.3　Iridium 卫星通信系统

铱(Iridium)卫星通信系统(简称“铱星系统”)是由美国摩托罗拉公司等倡导发展的由 66 颗低轨卫星组成的全球卫星移动通信系统，是一个包括南、北极在内的真正实现全球覆盖的系统。系统的名称源自星座中有 77 颗环绕地球旋转的卫星，就像“铱”元素中 77 个电子环绕原子核旋转一样。后来经过初始设计后，星座中的卫星数降为 66 颗。铱星系统可提供语音、传真、数据、定位、寻呼等业务。用户在地球任何地方都可通过星座星间链路和星地链路进行全球范围内的直接通信，而无须通过地面通信网络中转。该系统 1998 年 11 月开始商业运营，2000 年 3 月破产，2001 年新铱星公司成立，并重新提供通信服务。

铱星系统由空间段、地面段和用户段组成。空间段包括 66 颗主用卫星，各卫星间由 Ka 频段链路连接，组成一个覆盖全球的 L 频段蜂窝小区(波束)群，用于向移动用户提供通信业务。地面段由系统控制段(SCS)和信关站组成。系统控制段负责控制卫星星座并为卫星计算和频率计划提供路由信息；信关站负责建立呼叫，连接地面 PSTN 和卫星星座。用户段向用户提供业务，包括手持机、车载终端、机载终端、船载终端和可搬移式终端等。

铱星系统是一个网格状的通信系统，卫星和信关站都是信息交换节点，通过星上处理和交换及星间链路，移动用户之间可直接利用卫星网络进行通信。在铱星系统中，用户链路、馈电链路和星间链路技术特性见表 6-12。

表 6-12　铱星系统三种链路技术特性

	用户链路	馈电链路	星间链路
业务频率	1616.0～1626.5 MHz	上行 29.1～29.3 GHz； 下行 19.4～19.6 GHz	23.18～23.38 GHz
极化方式	右旋圆极化	右旋圆极化	垂直极化
多址方式	FDMA/TDMA/SDMA/TDD	TDM/FDMA	TDM/FDMA
调制方式	QPSK	QPSK	QPSK
卫星 EIRP	12.3～31.7 dBW	15.1～28.1 dBW	≤39.6 dBW
卫星 G/T	−19.2～−5.1 dB/K	−10.1 dB/K	4.0～6.2 dB/K
数据速率	50 kb/s	6.25 Mb/s	25 Mb/s
工作带宽	31.05 kHz	4.375 MHz	17.5 MHz
单星容量	4.8 kb/s 的 3840 路双工语音		

下面以用户链路为例进行说明，用户链路的多址方式为 FDMA/TDMA/SDMA/TDD，即系统对每颗卫星上的 48 个点波束，按照相邻 12 波束使用一组频率的方式对总可用频带进行空分复用(SDMA)，在每个波束内再把频带按 FDMA 方式分为许多条 TDMA 信道。在每条 TDMA 载波内使用时分复用(TDD)，即同一用户的上行和下行链路分别处在同一条 TDMA 载波的同一帧的不同时隙内。

在 1616.0～1626.5 MHz 的总带宽中，1616.0～1626.0 MHz 为双工信道，作为业务信道使用；1626.0～1626.5 MHz 为单工信道，作为信令信道使用。双工信道带宽分配时，将 1616.0～1626.0 MHz 频带分为 30 个子带，每个子带又分 8 个信道，共有 240 个信道。其中每个子带频带宽度为 333.333 kHz，每个信道频带宽度为 41.667 kHz。单工信道带宽分配时，将 1626.0～1626.5 MHz 频带分为 12 个信道，每个信道频带宽度为 41.67 kHz。双工信道和单工信道各自的频带宽度 41.67 kHz 中工作带宽为 31.50 kHz，保护带宽为 10.17 kHz，见图 6-17。

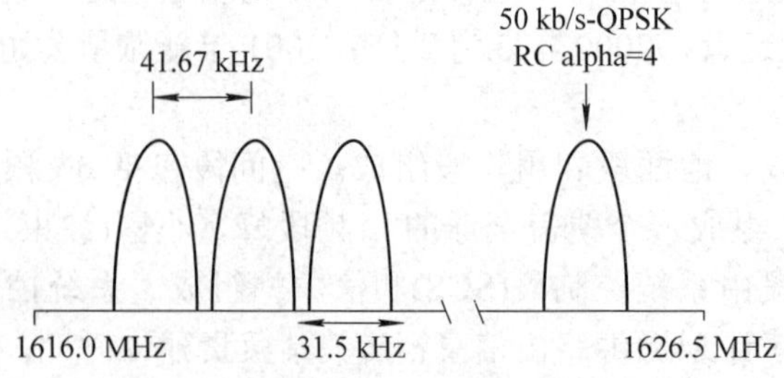

图 6-17　铱星系统用户链路 FDMA 频率计划

用户链路的 TDMA 帧结构见图 6-18。每个 TDMA 帧的帧长为 90 ms，主要分配给单工信道和双工信道及其他应用。其中单工信道占用时隙 20.32 ms，双工信道占用 4 个 8.28 ms 的上行链路时隙和 4 个 8.28 ms 的下行链路时隙。每条 TDMA 载波的速率为 50 kb/s，每条信道的速率为 4.8 kb/s。

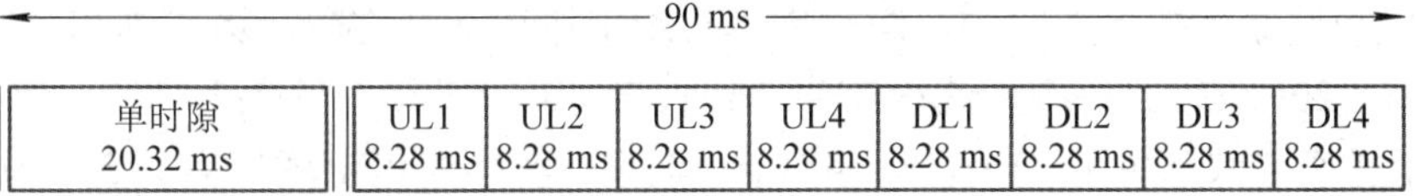

图 6-18　铱星系统用户链路的 TDMA 帧结构

综合分析，可得 1616.0～1626.0MHz 业务频带共有 240 个信道频带，分到 12 个波束，每个波束为 20 个信道频带；每个信道频带通过时分复用可得 4 个双工信道，每个波束可得 80 个双工信道；整个卫星有 48 个波束，最多可得 3840 个 4.8 kb/s 的双工信道。

1. 空间段

铱星系统星座共 66 颗工作星，均匀分布在 6 条轨道上，每条轨道上有 11 颗卫星，所有卫星均沿同一方向飞行。每颗铱卫星的有效载荷包括 3 副 L 波段用户链路相控阵天线、4 副星际链路天线、4 副馈电链路天线及相应的转发器。铱星系统星座及单颗卫星的主要技术特性见表 6-13 和表 6-14。

表 6-13　铱星系统星座的主要技术特性

卫星数量	66+6(备份)，6 个轨道面
星座类型	近极圆轨道星座
轨道面倾角	86.4°
轨道高度	780km
轨道周期	100.13 min
同向轨道面(2～5)间隔	31.6°
同向轨道面(1 和 6)间隔	22°
星际链路	1 条前向，1 条反向，交叉连接
覆盖地球能力	全球(包括南北极)

表 6-14　铱星系统单颗卫星主要技术特性

用户链路相控阵天线(3副，线极化)
星际链路相控阵天线(4副，线极化)
馈电链路天线(4副，圆极化)

链路频率和占用带宽	用户链路：L 频段，10.5MHz； 馈电链路：Ka 频段，200MHz； 星际链路：Ka 频段，200MHz
卫星转发器	处理转发器
整星用户点波束数	48(3 副天线，每副 18 个点波束)
单个点波束覆盖区直径	约 450km
整星馈电链路波束数	4(每副天线 1 个波束)
整星星间链路波束数	4(每副天线 1 个波束)
姿态和位置保持精度	姿态，±0.5°；位置，±20km
整星输出功率	1400 W
整星设计寿命	5～8 年
整星质量	689 kg

3 副用户链路相控阵天线中，第一副垂直于卫星运动的方向，第二副和第三副相对于第一副间隔 120° 放置。每副天线板产生 16 个点波束，每颗卫星产生 48 个点波束，见图 6-19。整个星座总共产生了 3168(66 × 48)个点波束。实际覆盖全球只需 2150 个波束，其余的波束在卫星向高纬度区域移动时逐步关闭，以节省功率和减少相互间的干扰。

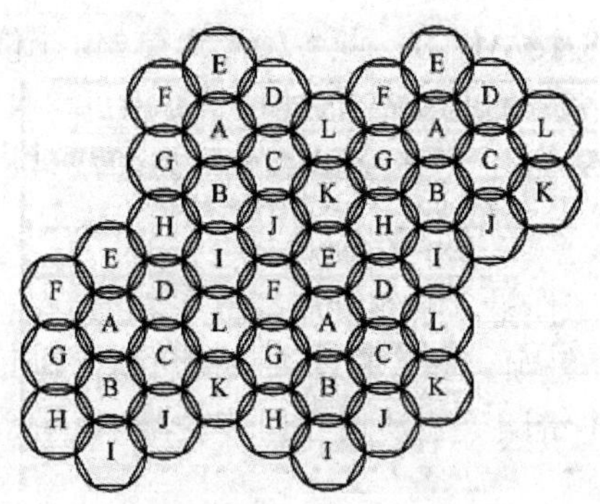

图 6-19　单颗铱卫星 48 个点波束的覆盖结构

每副馈电链路天线最多能够同时支持 960 路语音信道，一颗卫星最多能够同时将两副馈电链路天线指向同一个信关站，以达到最高 1920 条话路/信关站。每颗卫星负责向申请接入系统的用户处理和分配信道。整个卫星星座能够同时处理和控制超过 7.2 万个语音呼叫，支持超过 200 万个用户。

为了更有效地传输呼叫、信令和数据，卫星具有复杂的星上处理和交换能力，并支持星间链路操作。星间链路用于在相邻卫星之间提供可靠、高速的通信，使所有卫星协调工作，共同构成一个空中传输交换网络。使得任一个卫星覆盖区内的任何用户通过星间链路就可以与其他覆盖区内的任何用户进行通信，而无须地面设备进行中继。此外，由于星间链路的存在，使得用户终端可以通过多条路径与系统中的信关站进行通信，这多条路径的存在大大提高了系统的抗干扰和抗摧毁能力。

图 6-20 给出了铱星系统星间链路网状结构的示意图，每颗卫星有 2 条同轨道面星间链路和 2 条异轨道面星间链路，其中 1 号卫星与 2、3 号卫星之间为同轨道面星间链路，1 号卫星与 4、6 号卫星之间为异轨道面星间链路。由于每颗卫星仅包含两条异轨道面之间星间链路，因此，1 号卫星仅与 4、6 号卫星建立星间链接，与 5、7 号卫星之间没有星间链路。

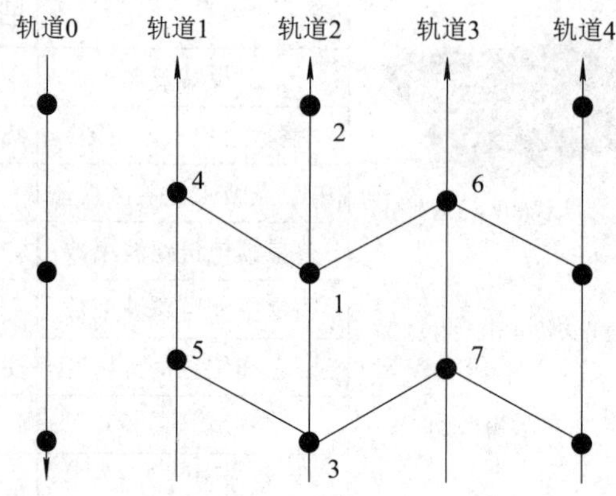

图 6-20　铱星系统星间链路网状结构示意图

由于同轨道面卫星之间的位置关系是固定的，因而星间链路保持较容易，但异轨道面卫星之间的相对位置关系(如链路距离、链路方位角和链路俯仰角等)是时变的，不仅星间链路天线需要有一定的跟踪能力，而且星间链路也很难维持，约每 250 s 就需要切换一次。图 6-21 中以卫星方位角的变化为例对此进行了说明。

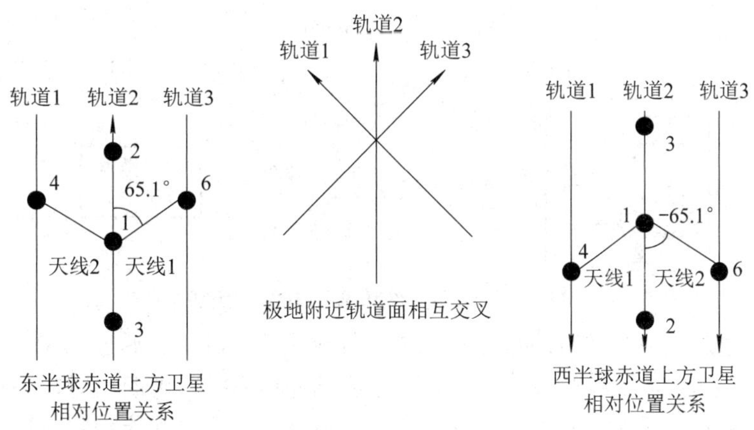

图 6-21　卫星方位角变化规律示意图

定义方位面为与纸面平行的面。从图 6-21 中可以看到，当卫星位于东半球赤道上方时，6 号卫星位于 1 号卫星方位面 65.1° 的位置；随着卫星向极地靠近，6 号卫星与 1 号卫星之间的方位角逐渐变小，即轨道面 3 和轨道面 1 逐渐向轨道面 2 靠拢；在北纬 70° 附近，6 号卫星位于 1 号卫星方位面约 20° 的位置；经过极地之后，轨道面 3 与轨道面 1 的位置交换，6 号卫星与 1 号卫星之间的方位角又由 −20° 逐渐拉大到 −65.1°。概括起来讲，6 号、4 号卫星不断地呈钟摆状摆动。

为了避免卫星波束在两极附近相互干扰，一部分卫星在运行到南北纬 70° 附近时会关闭电源，这时，与该卫星相连的星间链路会中断。因此，实际的异轨面星间链路方位角的变化范围是 20°～65.1° 和 −20°～−65.1°。此外，卫星在经过极点时，由于轨道面相互交叉，异轨面星间链路天线指向也会发生改变，异轨星间链路天线需要具备目标捕获能力。

2. 地面段

1) 系统控制段

铱星系统控制段(SCS)的组成如图 6-22 所示。SCS 负责监控铱星系统网络，并维持它自身及其分系统的正常工作。其监控铱星网络是通过 Ka 频段链路与各卫星之间传送控制信息，用以完成控制卫星、监视和控制网络节点、控制卫星上的通信资源等功能。SCS 包括一个主用和一个备用共 2 个系统控制设备(SCF)，1 个卫星操作控制中心(SOCC)和 3 个跟踪、遥测和指令中心(TT&C)。

SCF 是系统控制段(SCS)的中央处理单元，它与负责卫星控制和网络管理的 SOCC 协同工作。它需对卫星星座中每颗卫星的跟踪、遥测和姿态控制信息进行处理，并负责控制每颗卫星，以保持卫星处于正确的轨道位置。另外，它还监控通信网络，当网络中任一个节点损坏时，由它来通知所有卫星，并由卫星对呼叫重新进行选路。

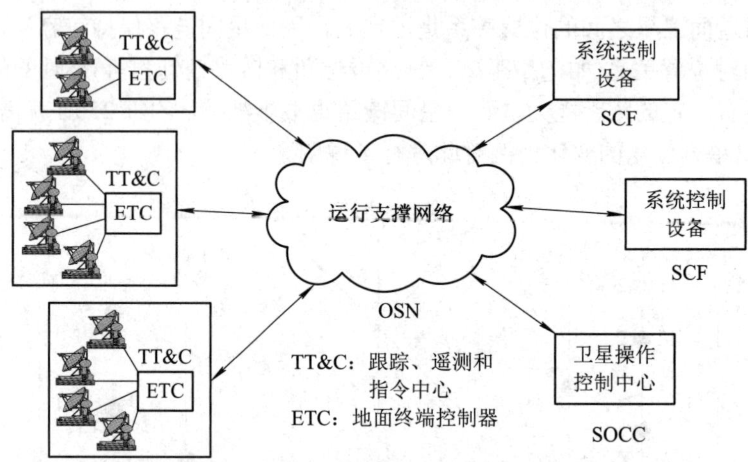

图 6-22　铱星系统控制段(SCS)的组成

TT&C 站通过星地测控链路直接对卫星进行测量和控制，它通过 OSN 线路接受 SCF 管理。OSN 是连接 SCS 各组成部分的一个独立的通信系统，由商用对地静止卫星链路连接 TT&C 站、SCF 以及 SOCC。OSN 传输卫星控制数据、用户连接控制数据以及网络操作数据，另外它还支持 SCS 设施间的语音连接。

2) 关口站

关口站(Gateway)是铱星系统与外部通信网之间的连接接口。每个关口站由三个地球站终端和交换设备两大部分组成，共同负责本系统内用户与地面公共交换电话网(PSTN、PLMN)的控制和接续，完成对用户的识别、呼叫、越区切换处理、路由选择、计费状态报告、保存所属的用户资料及地面电路的接口转换等功能。图 6-23 是铱星系统关口站的组成方框图。

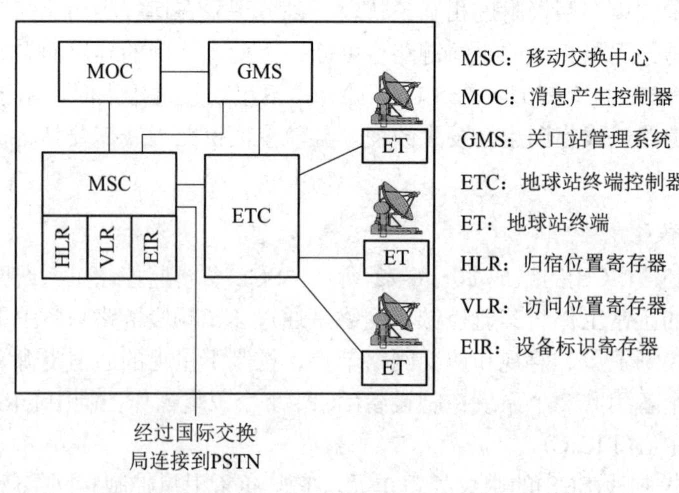

图 6-23　铱星系统关口站的组成方框图

相对于关口站来说，沿轨道运行的卫星始终处于运动中。每个关口站的 3 个地球站终端有两个分别跟踪与之距离最近的两颗卫星，其中一个用于跟踪提供服务的卫星并与之建立链路，另一个跟踪下一个即将接替服务的卫星并与之保持通信联系。当提供服务的卫星正在下落，将在视区消失时，该卫星承担的通信业务立即倒换到下一个正在升起的卫星。第 3 个地球站终端用于备份，也可提供地理空间分集接收，以减少太阳或大气对服务质量的不利影响。每个地球站终端(ET)包括 Ka 频段天线、接收机、发射机、调制器、解调器和 TDMA 缓冲器等。关口站的地球站终端的主要技术参数见表 6-15。

表 6-15　关口站的地球站终端主要技术参数

数据速率	12.5 Mb/s
纠错编码	卷积码，比率为 1/2，k=7
调制方式	QPSK
通信频段	上行 27.5～30.0 GHz；下行 18.8～20.2 GHz
地球站跟踪天线直径	3.5 m
地球站跟踪天线增益	53.7 dBi(20 GHz)；57.6 dBi(30 GHz)
地球站搜索天线	无源阵列，TBA 结构
发射机 EIRP	51.6 dBW(± 3 dB，晴天)，77.6 dBW(± 3 dB，大雨)
接收机 G/T	22.9 dB/K

3. 用户段

铱星系统提供多种类型的用户终端(如陆地、海事和航空等)，能够在世界任何地方获得系统提供的语音、数据、传真、寻呼等业务，其中铱星系统电话业务是最主要的通信手段，它能使用户直接通过铱网络进行通信。另外，铱星系统还可提供语音信箱、电话会议、呼叫转移和呼叫等待等增值业务。

对于个人用户，铱星系统提供了多种手持终端，包括单模式和多模式手持机、数据终端、船载铱星电话等。

6.2.4　天通应急卫星通信系统

天通一号卫星移动通信系统，是我国自主研制建设的卫星移动通信系统，也是我国空间信息基础设施的重要组成部分。2012 年正式启动，通信协议开发参考了 ETSI GMR-1 3G 标准(Thuraya)。系统首要任务是确保我国遭受严重自然灾害时的应急通信，填补国家民商用自主卫星移动通信服务的空白，被称为“中国版的海事卫星”。系统空间段由多颗地球同步轨道移动通信卫星组成。2016 年 8 月 6 日，天通一号 01 星由长征三号乙运载火箭在西昌卫星发射中心发射升空。2016 年 8 月 15 日，卫星成功定点于 101.4° E 地球同步轨道。

天通系统由空间段、地面段和用户段组成，空间段主要指在轨卫星，地面段主要由信关站、运控系统、业务服务平台等单元组成，用户段主要包括车(船、便携)载宽带终端和手持型终端等。

1. 空间段

天通一号 01 星基于东方红四号平台研制，星上配置 S 频段移动通信载荷，109 个国土点波束覆盖我国领土、领海和第一岛链，2 个海域波束分别覆盖太平洋西部(第二岛链)和印度洋北部。卫星有效载荷使用了多波束成形技术、环形网状天线技术、低无源互调技术、阵列转发器技术、多波束功率动态调配技术等先进技术。

根据规划，天通一号 02 星和 03 星发射后，将分别在 01 星东西两侧部署，形成对太平洋中东部、印度洋海域和“一带一路”国家等区域的常态化覆盖。

2. 地面段

信关站是天通系统接入与交换的核心，是终端间通信中继和波束间移动支撑、漫游切换的关键设备，承担着网内卫星用户业务接入、存储与交换，以及与网外用户业务交换等职能。目前，国家分别在北京、西安建设了军用、民用信关站，军用信关站通过网关与军线电话等互通；民用信关站则与市话 PSTN、互联网等互联。业务服务平台主要负责提供群组、位置、短消息、广播、实时通信等服务，功能仍在不断拓展。

3. 用户段

在通信覆盖范围内，天通系统具有海事、铱星、欧星等卫星系统的全部电话功能，同时兼具集群、短波等无线通信功能以及传真、数据、视频通信和应急救生功能。

天通卫星终端产品包括手持型、便携型、车载型、数据采集型等多种类型，具有小型化、手机化、便于携带等优点，兼容地面 4G 移动通信、北斗/GPS 等多模式定位，可拨打全球任意地面固定电话和移动电话，可以为车辆、飞机、船舶和个人等移动用户提供语音、数据等通信服务，网内外可互发短信，与地面公众通信网络互联互通。

与地面移动通信系统相比，天通一号终端不受地形等因素影响，可以自上而下实现对海洋、山区和高原等地的无缝覆盖；工作频段信号传输损耗小，可确保在遭受严重自然灾害时的应急通信，填补了国家民商用自主卫星移动通信服务的空白(此前，我国在遭受地震、洪水等自然灾害时，往往需要租用国外卫星电话)。

拿手持终端举例，目前支持天通一号卫星移动系统的终端，采用了安卓操作系统，支持中文用户操作界面，界面应用程序、操作方式与普通手机基本一致，无须经过专业培训，即可熟练操作；手持终端采用多模方式、可兼容地面 4G 移动通信；手持终端支持信息速率为 1.2～9.6 kb/s；支持语音、数据、短信业务和定位功能；具有 GPS/北斗双模定位、PTT 对讲、一键 SOS 定位求救、户外功能、信息收报、日常安排、综合查询、电子地图、视频上报、离线应用等功能；可由应急处置人员随身携带，实现现场与应急指挥中心的实时信息交互，方便上级指挥中心随时掌握突发事件信息和有关情况，并快速做出批示。

第 7 章　高通量卫星通信系统

7.1　高通量卫星通信系统概述

传统卫星通信技术传输速率较低，且终端天线口径较大，集成度低，灵活性较差。利用高通量卫星通信技术，可高效快捷地建立传输链路，实现数据、视频等监管信息的实时远程交互和数据高速回传，以及指令的快速下发。

高通量卫星是在使用相同频率资源的条件下，通信容量比传统卫星高数十倍甚至数百倍的通信卫星。与传统卫星相比，高通量卫星具有容量大、速率高、抗干扰等特点，在网络通信延伸、骨干网络备份、边远地区覆盖、应急通信保障等方面发挥着不可替代的作用。

高通量应急卫星通信系统采用国际先进的 DVB-S2x/DVB-RCS2 通信协议，利用 LDPC+BCH 等编码技术，同时采用多种高阶调制方式，能够有效利用卫星信道带宽资源，降低资源租用成本。系统前向链路采用 TDM 方式进行系统消息广播和业务分发，充分发挥高通量卫星下行大容量广播的优势，可实现用户业务的高速下载；反向链路采用 MF-TDMA 方式，多个终端站共享一系列不同速率的载波，通过载波时隙划分，能够灵活、充分地利用卫星频率资源；同时，反向链路可扩展使用 SCPC 和扩频方式，实现基于卫星链路的全 IP 组网通信，提供 VoIP、互联网接入、网络视频会议等通信服务，满足特定场景的使用需求。系统支持多载波跳变，保证网络规模的灵活扩展，通过增加载波数量，可以成倍地扩大网络规模。

7.1.1　高通量卫星通信系统的特点

高通量卫星通信系统多作用于 Ka 频段。与传统的卫星通信系统相比，高通量卫星通信系统具有以下优势：

(1) 频带宽，通信资源丰富。Ka 频段工作范围为 26.5～40 GHz，可用带宽高达 13 500 MHz，远超 C 频段(3.95～8.2 GHz)和 Ku 频段(12.4～18.0 GHz)。我国现有的高通量通信卫星中星 16 号通过多路复用技术，将通信可用频带扩展为 58 968 MHz，在相同编码调制方式下，中星 16 号 Ka 频段通信系统的通信数据量是传统 Ka 频段通信系统的 5 倍。

(2) 通信速率快。现有 Ka 频段卫星通信系统前向单载波传输速率可达到约 150 Mb/s，回传单载波传输速率可达到约 20 Mb/s，其用户端回传速率是 Ku 频段卫星通信系统速率的 5～6 倍，极大地提升了系统的传输速率。

(3) 点波束增益高，信号质量更好。现有 C、Ku 频段通信卫星，采用赋形波束实现卫星信号的覆盖，在卫星辐射能量一定的前提下，各区域分得的信号能量值相对较小，导致信号强度较弱。Ka 频段通信卫星采用点波束实现通信区域的覆盖，在卫星辐射能量相同的条件下，所有信号能量都被分配到覆盖的点波束区域，因此信号质量优于 C 和 Ku 频段通信系统。以中星 16 号卫星为例，中星 16 号通信卫星的平均 EIRP 值为 60 dB，传统 Ku 频段通信卫星最优 EIRP 值为 52 dB，可以看出 Ka 系统信号质量至少高出 Ku 系统 8 dB。

(4) 终端高度集成化，轻便便携。由于 Ka 频段通信卫星增益高，因此终端天线口径相对较小，同时功放和下变频器采用高度集成的制造工艺，将两项功能集于一体，极大地缩减了终端设备形态，便于灵活移动和携带使用。

(5) 通信资费低，适用于高通量通信网络。Ka 频段高通量通信卫星资费约为 Ku 频段资费的 1/3，适用于大数据量业务传输系统，在保障基本通信需求的前提下，大幅降低了通信成本。

7.1.2　高通量卫星通信系统的架构、特点、功能及组成

1. 系统架构

高通量卫星通信系统由于有多个用户点波束，通常配有若干个信关站和 1～2 个运营中心，它们之间通过光纤专线实现互联互通。网络管理系统部署在运营中心，对全系统进行管理。终端站通过卫星用户波束接入所属信关站，根据不同的应用场景，可选用固定站、车载站、机载站、船载站以及便携站。

回传业务时，各终端站点业务通过用户波束卫星链路传输至相应的成熟运行的信关站，各信关站将数据汇聚到运营中心。进行前向传输业务时，通过光纤专线将业务传输至运营中心，经分配后再通过对应信关站传输至目的站点，实现各站点间业务的互联互通。系统可通过卫星链路提供文件、语音、视频等业务传输，提供远程双向视频会议及业务管理等服务。系统总体设计架构如图 7-1 所示。

2. 系统特点

由于高通量卫星通信系统多波束的特性，系统只能采用星状组网方式，采用国际先进的 DVB-S2x/DVB-RCS2 通信协议，利用 LDPC+BCH 等编码技术，同时采用多种高阶调制方式，能够有效利用卫星信道带宽资源，降低资源租用成本。

系统前向链路采用 TDM 方式进行系统消息广播和业务分发，反向链路采用 MF-TDMA 方式，多个终端站共享一系列不同速率的载波，通过载波时隙划分，能够灵活、充分地利用卫星频率资源；同时，反向链路可扩展使用 SCPC 方式。

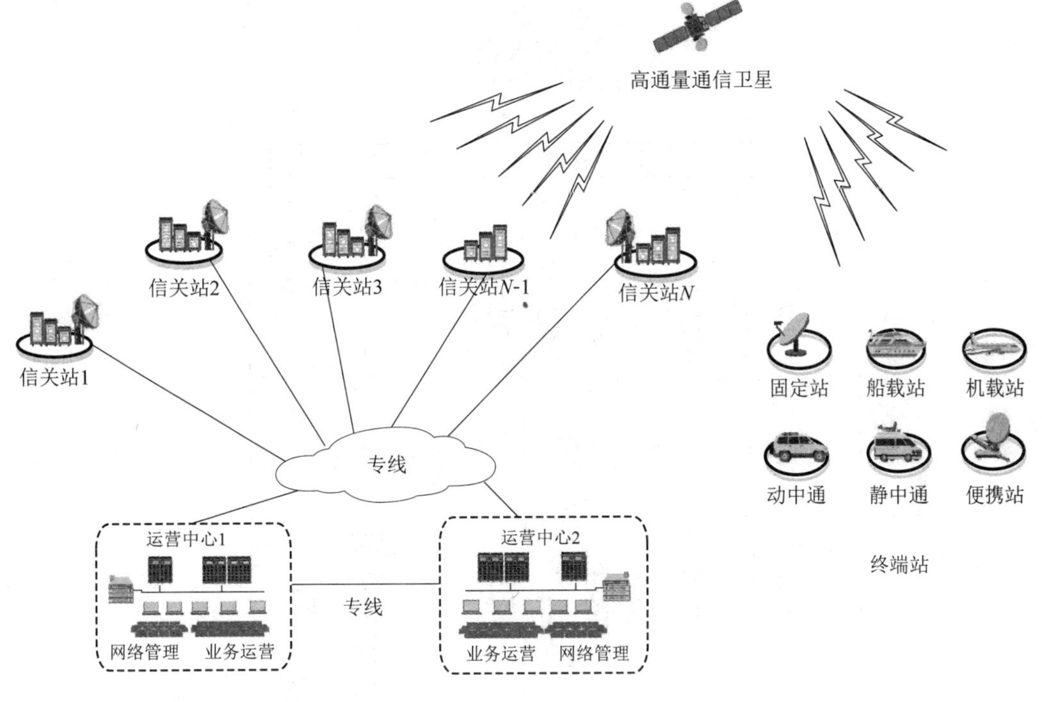

图 7-1　系统总体设计架构图

3. 系统功能

高通量卫星通信系统容量可达到数十至数百 Gb/s，系统网管支持百万量级终端管理，可提供数据、视频、语音等服务。系统的主要技术指标如下：

① 星状网模式；

② ACM、动态信道技术；

③ QoS 保障，可以对业务和客户进行优先权的设定；

④ 报头压缩、负载压缩、TCP 加速、HTTP 加速等网络优化技术；

⑤ 载波干扰抑制及监测；

⑥ 二层网络应用；

⑦ 全 IP 化设计，支持单向、双向等多种应用模式；

⑧ 支持跨波束、信关站、卫星的无缝切换，支持船载、机载和车载等移动终端的接入；

⑨ 支持 IPv4/v6 双栈，支持 DHCP 自动 IP 地址分配，采用 NAT 地址翻译、多播等协议。

4. 系统组成

1) 信关站

信关站为所在馈电波束对应的用户波束提供接入服务。信关站包含天线射频分系统、基带分系统和路由交换分系统，完成馈电链路信号收发、基带处理和与运营中心的数据交换。基带分系统通过路由交换分系统与运营中心进行数据交互。信关站的网络管理全部集中于运营中心的网络管理子系统。在一般情况下，信关站可实现无人值守。信关站的组成架构如图 7-2 所示。

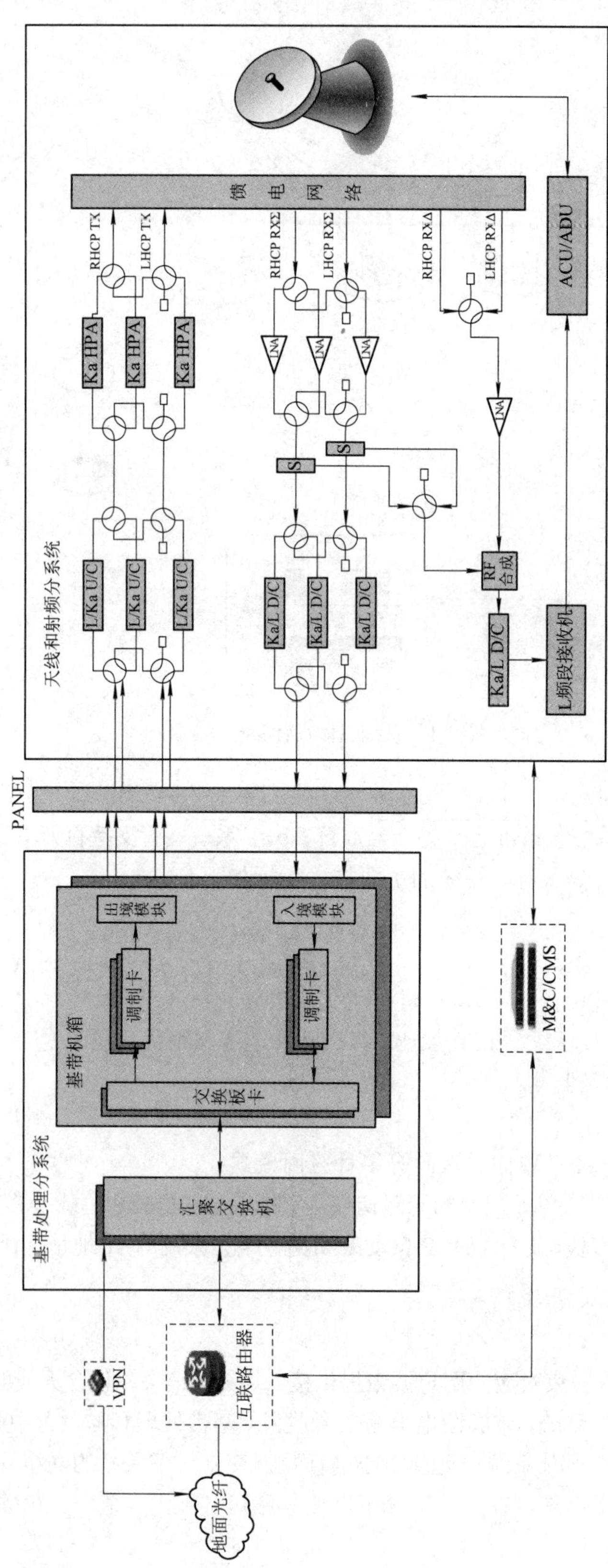
天线和射频分系统
馈电网络
ACU/ADU
RHCP TX
LHCP TX
RHCP RXΣ
LHCP RXΣ
RHCP RXΔ
LHCP RXΔ
Ka HPA
Ka HPA
Ka HPA
LNA
LNA
LNA
LNA
S
S
L/Ka U/C
L/Ka U/C
L/Ka U/C
Ka/L D/C
Ka/L D/C
Ka/L D/C
RF
合成
Ka/L D/C
L频段接收机
PANEL
基带处理分系统
基带机箱
出境模块
入境模块
调制卡
调制卡
交换板卡
汇聚交换机
M&C/CMS
VPN
互联路由器
地面光纤

图 7-2 信关站组成图

2) 运营中心

运营中心是地面系统管理、控制、卫星数据处理、网络交换的核心，具有业务运营支撑功能，网络管理功能，数据中心功能，与地面 Internet 网、专网以及 3G/4G/5G 等网络互联互通的交换路由功能。

运营中心主要由数据中心、网络管理系统和业务运营支撑系统组成。其中数据中心通过光纤实现与信关站的互联，完成卫星资源的管理与分配、QoS 保障、TCP/HTTP 加速等功能。

3) 终端站

终端站是高通量卫星提供用户服务的重要功能支撑部分，根据使用需求和场景不同，终端站可分为固定式和移动式两种类型，支持 0.45～1.2 m 不同口径天线，提供 150 Mb/s 的下载速率和 20 Mb/s 的回传速率。终端站站型和通信终端类型如图 7-3 所示。

图 7-3　终端站站型和通信终端类型

7.1.3　高通量卫星通信系统技术体制

典型高通量卫星通信系统通常按照前向 DVB-S2X 和回传 DVB-RCS2 协议标准所定义的卫星网络体系架构进行设计。出境链路采用 TDM 方式进行系统消息广播和业务分发，充分发挥了高通量卫星下行大容量广播的优势，可实现用户业务的高速下载。入境链路常用的有两种，即 DVB-RCS2(MF-TDMA)方式和 DVB-S2X(SCPC)方式，适用于用户对不同入境带宽需求场景。

1. 出境技术

系统出境链路采用 DVB-S2/S2X 协议，相比传统的 DVB-S/S2，DVB-S2X 协议具有更高的频谱效率、更大的接入速率、更好的移动性能、更强健的服务能力以及更小的成本，能够支持下一代 VHTS、提供甚低信噪比模式，适用于低速及高速移动等应用场景。其主要优势体现在：

(1) 更低的滚降系数。DVB-S2X 在 DVB-S2 基础上新增了 15%、10%和 5%的滚降系数，可以提升带宽利用率。在卫星通信传输系统中，相同符号速率的信号，采用更低的滚降系数可以占用更少的传输带宽。同样地，对于相同的传输带宽，采用更低的滚降系数可以直接获得更高的符号率。

(2) 先进的滤波技术。DVB-S2X 系统采用了先进的滤波技术，将频谱左右两边的旁瓣滤除，节约了一个频道所占用的实际物理带宽，各相邻物理频道的间隔可以小到符号速率的 1.05 倍。加之 DVB-S2X 系统的滚降系数更小，使得 DVB-S2X 系统的频谱效率相对于 DVB-S2 系统的提高幅度可达 15%。

(3) 小的 MODCOD 粒度及更高阶的调制。DVB-S2X 的 MODCOD 由 28 种提高到 112 种，从而 DVB-S2X 可实现所有应用场景下的最佳调制，卫星运营商就可以更好地根据应用/服务的类型来优化卫星链路。DVB-S2X 采用了更高阶数的 PSK 调制，最高可达 256APSK。因此，DVB-S2X 更容易对卫星转发器的非线性进行补偿，频谱利用率更高。由于可以采用更高阶的调制方式，加之采用了更小粒度的 MODCOD 与 FEC，DVB-S2X 相比于 DVB-S2 的频谱效率提高了 51%，更接近香农极限。

2. 大带宽支持技术

DVB-S2X 支持宽带实现，以适应卫星转发器 72 MHz 到数百兆赫兹(带宽)。原则上，尽管可以在宽带转发器中分配多个窄带信道，但是这将要求卫星转发器在低一点的下行链路功率上工作，因而导致次优的系统效率。而 DVB-S2X 的接收机将接收高达 500 Mb/s 的完全宽带信号，从而实现非常高的数据速率。宽带技术的引入可以额外增加 20%的效率增益。

3. 甚低信噪比模式

DVB-S2X 的应用场景是陆地、海洋、航空里的低速及高速移动环境。为保证在这些环境中以更小的接收天线来更稳定地使用 DVB-S2X 链路所提供的服务，DVB-S2X 采用了 VLSNR(Very Low Signal-to-Noise Ratio，甚低信噪比)技术，在 BPSK 与 QPSK 调制中增加了 9 个额外的 MODCOD。

DVB-S2X 技术规范中，BPSK 的 MODCOD 采用了频谱扩展技术，信号的功率/频谱被扩展到很宽的频带，频谱密度得以降低，抗外部干扰能力得以提高，陆地、海洋、航空里的低速及高速移动接收器就可以使用更小的接收天线并获得更高的信噪比。另外，整个卫星链路的可用性及安全性能也得到了提高。

7.1.4　入境技术

高通量系统入境链路通常支持 DVB-RCS2(MF-TDMA)、DVB-S2X(SCPC)两种。MF-TDMA 采用频分和时分相结合的方式，能够灵活、充分地利用卫星频率资源。SCPC

采用与入境相同的协议，具有高效的调制解调、编解码能力，满足特定场景的使用需求，实现地面网络与卫星网络的互联互通。

1. SCPC

SCPC 体制又分为双向 SCPC 和 TDM-SCPC 两种。前者只适用于两点互传，多点传输需要多个两点链路累加，由于其扩展性较差，故使用率较低。

TDM-SCPC 体制的 VSAT 网络由一个主站(Hub)和多个远端站组成。远端站直接与主站连接，任意两个远端站之间的通信需经过主站转接(双跳)。

主站通过一个广播信道(前向)向所有远端站发送信号，该信号采用一个频率，以时间间隔来区分不同远端站的业务，因此是时分多路(TDM)技术。

远端站通过回传信道(反向)向主站发送信号，每个远端站使用不同的频率，每个频率时间 100%由该远端站占用，因此是频分多路或单路单载波(SCPC)技术。

TDM-SCPC 的技术特点如下：

(1) 采用典型星状网络结构；

(2) 主站天线大，端站天线小；

(3) 主站设备复杂、价格较高，端站设备简单、价格较低；

(4) 端站之间通信需经主站转接。

2. MF-TDMA

MF-TDMA 体制的 VSAT 网络由一个主站(Hub)和多个远端站组成。远端站直接与主站连接，任意两个远端站之间通信需经过主站转接(双跳)。

主站通过一个广播信道(前向)向所有远端站发送信号；该信号采用基于时分多路(TDM)技术的数字视频广播(DVB)技术体制。

远端站通过回传信道(反向)向主站发送信号；回传信道称为 RCS，采用 MF-TDMA 技术。

DVB-RCS 的技术特点如下：

(1) 采用典型星状网络结构；

(2) 主站天线大，端站天线稍小；

(3) 主站设备复杂、价格较高，端站设备简单、价格较低；

(4) 每个端站同时可以发射多路用户信号；

(5) 端站之间通信需经主站转接；

(6) 适合网络结构简单，需要海量便宜远端站的场合。

目前高通量卫星采用多波束技术，其系统组网只适合采用星状网络结构。

7.2　高通量卫星通信关键技术

7.2.1　无线资源动态分配技术

无线资源动态分配技术能够在有限卫星链路资源的条件下，根据信道传输质量、用户的需求量并结合优先级保障机制实时动态分配、调整无线链路资源，在保障系统用户业务传输质量的同时减少链路资源的浪费，避免网络拥塞，最大限度地利用系统资源，优化系统性能。

无线资源动态分配主要采用 MF-TDMA 方式，据 DVB-RCS 的协议标准，无线资源容量请求划分成三类：RBDC、VBDC 和 FCA。无线资源请求通常按照以下三种信道请求方式进行资源的分配。

1. RBDC(基于速率的动态容量分配)

在终端与服务器建立连接以后，由终端周期性地向网络控制系统动态提出资源请求，该请求以本地传输速率的形式表达。对每一个终端来说，每一次基于速率的容量请求，都不用考虑之前的容量分配方式，有需求的时候提交新请求即可，等待网络控制系统处理。与此同时，RBDC 请求的速率值受到终端与网络控制系统给出的速率上限值的限制。最大速率在连接建立时即被设置，每次资源请求都会将该速率作为门限值。而每一次请求都会在超时范围内保持其有效性。

RBDC 方式通常用于能够忍受最小调度程序反应时间延迟的变速率业务。

2. VBDC(基于通信量的动态容量分配)

VBDC 也是一种动态容量请求的方式，由终端提出请求，发送给网络控制系统。终端每一次提出的请求，都会被累加到之前所有的来自该终端的请求累积值里。当该终端被分配了 VBDC 类型的容量之后，则从该终端的请求容量累积值中减去此次被分配的 VBDC 容量，更新的值作为新的累积值，进入下一次新的 VBDC 请求的计算。

VBDC 仅用于能够忍受延迟的业务，如标准的文件传输业务等。

3. FCA(自由容量分配)

FCA 是用于分配网络中未被其他方式分配使用的这一部分容量的分配方式。此种资源分配策略是自动实现的，而不产生任何来往于终端和网络控制的信令。

根据系统的不同应用场景和业务特点，以及不同场景下对于不同业务的传输需求，综合考虑不同容量请求类型的特点，系统采用业务分级的带宽动态分配方案，为不同业务提供不同服务等级的传输质量保证。

除此之外，由于各用户的通信速率需求的不断变化，会出现不同载波忙闲不一致的情况，因此，要求网控软件支持跳频功能，根据载波的忙闲情况，自动选择空闲资源分配给远端站，以达到资源的高效利用，具体如下：

(1) 当系统资源充足时，远端站将会占用最高效的信道传输。

(2) 当信道资源紧张时，为保证远端站的传输速率，系统会优先选择同速率跳频。

(3) 当同速率的载波已无充足的资源时，为了保证远端站的通信，系统会选择降速率跳频。

7.2.2　卫星多波束切换技术

为有效提高系统容量，高通量卫星通常采用频率重复使用的多点波束覆盖设计，对需要覆盖的区域使用由一系列微小六角点阵组成的圆形点波束进行覆盖，相邻圆形点波束之间有部分区域重叠交叉，这样的设计将最大限度地利用星体天线的性能，并根本性地改善卫星空中接口的性能(下行功率和上行灵敏度)、增加系统容量。

因此，要实现移动终端在高通量系统中的应用，必须研究移动终端在多点波束中的移动性管理技术。

图 7-4 为区域覆盖的单颗高通量卫星，可以直观地看出移动终端在其多点波束覆盖中的切换。

在高通量系统中，每颗卫星对地面都具有一定的覆盖范围，每个覆盖范围由多个波束区域组成。当移动用户从一个波束区域进入与之相邻的另一个波束区域时，将会发生波束切换。为了保证用户在发生波束切换时仍然能保持通信状态，需要设计有效的波束切换机制。

由于 GEO 卫星轨道与地球相对静止，引起波束切换的主要原因是移动用户，其切换场景更加类似地面移动通信中的蜂窝小区切换(小区基站相对静止，用户终端不断移动)，因此多数 GEO 波束切换算法的研究会参考地面蜂窝小区切换算法。

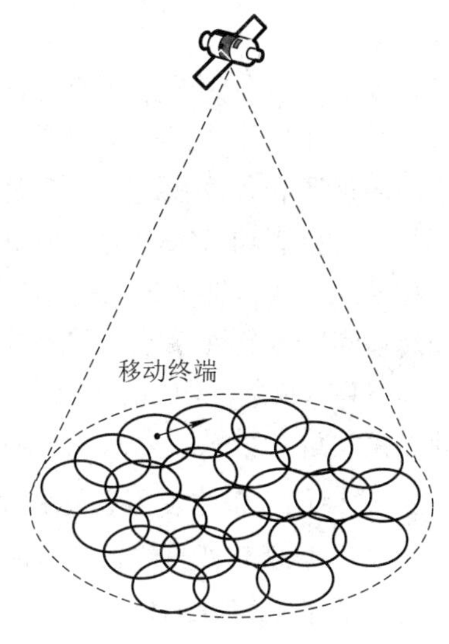

图 7-4　区域覆盖的单颗高通量卫星

高通量通信卫星与传统通信卫星的一个典型区别就是高通量卫星通过多点波束进行覆盖，因此需保证终端，特别是车载、机载、船载等移动终端在多点波束之间通信不间断。因此，多波束切换技术是高通量卫星通信系统的关键技术之一。

1. 波束切换阶段与流程划分

波束切换过程主要分为三个阶段：切换检测阶段、切换决策阶段及切换执行阶段。三者的功能如图 7-5 所示。

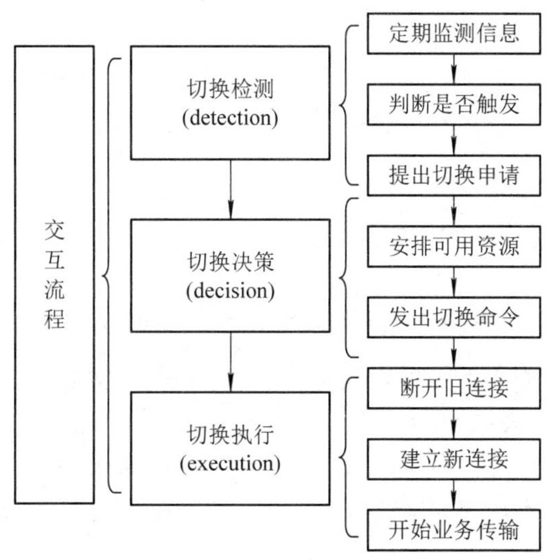

图 7-5　波束切换各阶段功能描述图

切换检测阶段指的是 RCST 和 NCC 对切换需求进行检测的阶段。此阶段 RCST 通过周期性地检测和收集移动终端的相关参数，来判断当前波束是否仍适合驻留，监测切换需求的产生。切换检测的参数一般包括 RCST 的地理位置、信道条件(如信噪比)等。RCST 在运动过程中周期性地通过控制信令将切换检测相关参数同步给 NCC，由 NCC 判断是否触发切换，或由 RCST 根据相关参数判断是否触发切换，再由 NCC 进行决策。

切换决策阶段为波束切换的核心阶段，决策是否切换及如何切换都依赖于有效的切换决策机制。在切换决策机制中，由 NCC 对检测阶段的切换需求进行分析，根据当前系统波束内的资源和负载状况来决定是否执行切换以及何时执行切换。切换决策是否及时和准确执行，将会影响 RCST 的切换时延和切换成功率。

切换执行阶段即 NCC 决定执行切换后，通过 NCC 与 RCST 之间的切换信令交互，进行旧连接断开与新连接建立的阶段。在这个阶段中，NCC 根据切换决策的结果发出切换信令，RCST 接收到 NCC 的切换命令后，断开与旧波束的连接，根据 NCC 分配的信道资源在新波束中进行登录，登录完成后开始在新波束中传输业务数据。

2. 波束切换信令交互优化技术

移动终端及卫星通信系统架构如图 7-6 所示，包括卫星、信关站子系统、网管子系统和移动终端子系统等部分。

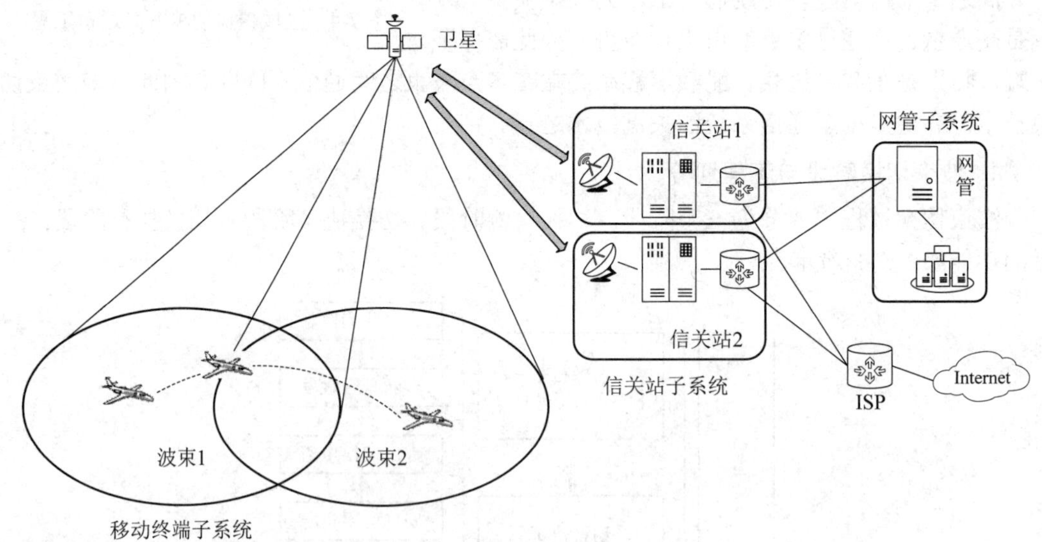

图 7-6　移动终端及卫星通信系统架构图

根据终端所在波束的不同，可以将切换分为四种：① 同一卫星同一信关站不同波束；② 同一卫星不同信关站不同波束；③ 不同卫星同一信关站不同波束(添加天线重新对星的流程)；④ 不同卫星不同信关站不同波束(添加天线重新对星的流程)。由于同一波束下网络段不受地理位置的限制，因此不同网络段之间的切换即为不同波束之间的切换。

图 7-7 为切换的整体流程，从 RCST 接近波束边缘开始，具体如下：

(1) 终端根据检测算法检测到切换需求(基于位置或信道条件等信息)，并向 NCC 发出切换请求和目标波束推荐等相关信息；

(2) NCC 收到切换请求和推荐信息，根据当前系统的资源利用等情况，基于特定切换算法进行切换决策；

(3) NCC 开始生成切换相关的信令信息，并准备进行前向业务的缓存；

(4) NCC 向 RCST 发送切换命令信息(包括在新波束中的资源分配等信息)；

(5) RCST 与源波束断开并在新波束中建立与前向和反向链路的连接；

(6) NCC 确认前向和反向子系统的切换步骤完成；

(7) 终端完成切换过程并开始使用新波束中的信道资源进行业务和信令传输。

结束后，终端与网关在新波束中继续业务传输。

综上，波束切换的过程主要是 RCST 与旧波束的断开以及与新波束重新建立连接的过程。若 RCST 以原本的登录流程进行新波束的接入，则会带来相对较长的切换时延。

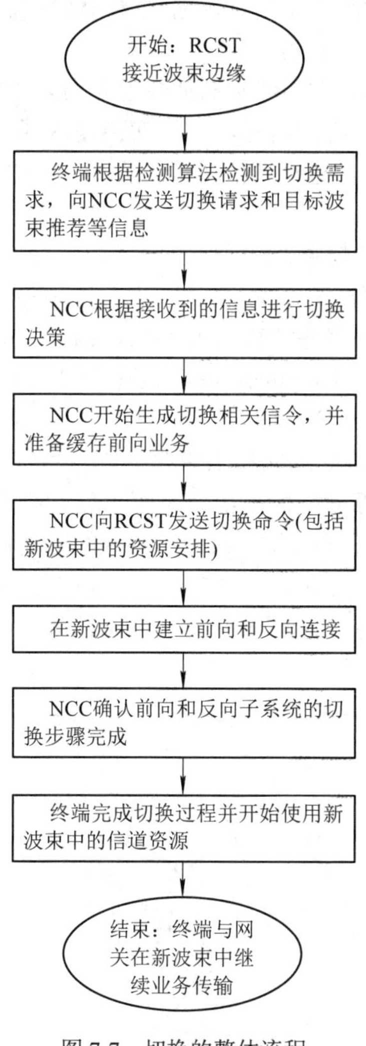

图 7-7　切换的整体流程

3. 终端位置触发的切换检测机制

GEO 卫星轨道与地球相对静止，引起波束切换的主要原因是用户的移动，其切换场景更加类似地面移动通信中的蜂窝小区切换，因此多数 GEO 卫星波束切换算法的研究会参考地面蜂窝小区切换算法。然而在地面蜂窝系统中，移动终端在不同位置的接收信号强度变化显著，路径损耗和阴影效应是其强度变化的主要原因。而在卫星通信系统中，移动终端从波束中心到边缘的接收信号强度变化相对不明显：GEO 卫星和地面距离 36 000 km，因此移动终端的移动距离相较 GEO 卫星和移动终端的距离微不足道，同一波束内不同终端位置的路径损耗之间的差别可以忽略，并且移动终端移动过程中天线增益的变化不明显。

在卫星通信系统中，切换不能只简单地考虑信号强度，应结合 GEO 多点波束卫星通信系统的特点进行研究。由于多数卫星通信系统的终端都具有 GPS 定位功能，并且在基于 DVB-RCS2 协议的卫星通信系统中，固定终端的 GPS 定位信息是登录(LB)与控制(CB)信令中的必要信息，因此进一步考虑系统信令传输对移动性管理功能的兼容性，可选择基于终端地理位置信息进行切换检测的机制。

若采用分布式的切换流程，即由终端周期性地对当前位置进行测量，并根据位置触发条件进行切换检测，若检测到切换需求，则将切换需求通过控制信令(CB)中的移动性管理描述符报告给主站，由主站来进行切换决策，若主站下达了切换命令，则进入切换执行阶段。

在基于地理位置的切换机制中，切换检测阶段由地理位置的计算结果触发切换需求。图 7-8 为终端在多点波束内移动的示意图，d_1～d_5 分别为终端在当前时刻与不同波束中心之间的距离，假设终端目前的服务波束为波束 2，则终端会周期性地根据当前位置计算 d_1～d_5，并与 d_2 进行比较。假设 urgency indicator(i)=d_i/d_2(i=1, 3, …, 5)的值为切换检测的判决参数，在终端周期性检测当前位置并计算得到某判决参数 urgency indicator(i)小于 1 时，终端将移动性管理描述符中的切换需求设为 1，并将目标波束等信息一同发给主站，主站则根据目标波束内的资源分配情况决定是否下发切换命令。若目标波束内暂无可用资源，则终端在检测到切换需求但未收到切换命令的时间内，仍周期性地向主站发送切换需求。当目标波束可分配资源时，终端收到切换命令并完成切换流程，若终端在波束重叠区时目标波束一直无资源，终端未完成切换流程就已经移出重叠区域并失去连接，切换失败。

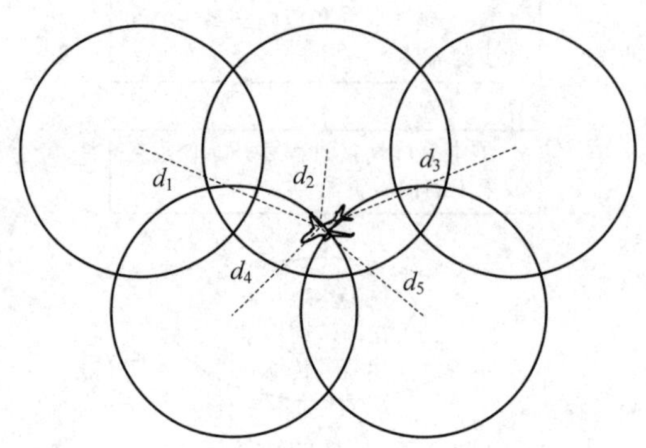

图 7-8　终端在多点波束内的移动示意图

4. 机载远端站波束切换技术

波束切换首先由机载终端发起，由机载终端定时获取当前位置信息并将位置信息发送给信关站，机载终端通过比对存储在其内部的 MAP 信息粗判定是否切换，如判断达到切换门限，则机载终端向信关站发送切换请求，信关站中的移动性管理设备(通常集成在网管内部)接收切换请求，其中集成了地图服务器且存储波束信息，该模块做出切换核准判定并做好下发切换指示的准备，同时网管通知网络控制单元为机载终端准备无线资源并通知移动性代理模块远端站位置已变更，移动性代理模块完成出境业务切换准备，当网控完成资源负载均衡后通知网管，网管发送切换指示，并携带将要切换的波束的频点、载波速率、入境超帧等信息。

机载远端站通常采用双调制解调通道设计。在波束重叠覆盖区，当机载远端站通过其中一个调制解调通道向待切换波束中登录时，其承载的业务保持在另一个调制解调通道上，该调制解调通道保持在旧波束中。

为了避免乒乓切换的情况并提高切换成功率，在波束模型中引入切换余量，即当前移动远端站所处波束的半径比实际情况设定的略大一些，具体扩展范围由波束范围内的实际 EIRP 值决定，如图 7-9 所示。

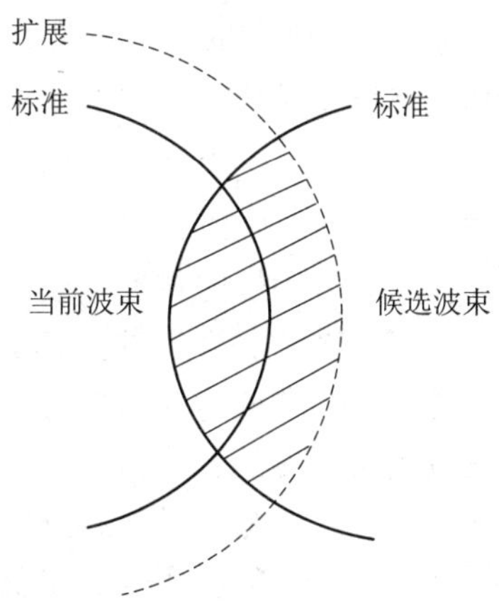

图 7-9　切换波束扩展示意图

5. 其他移动远端站波束切换技术

由于双调制解调通道解决方案对天线有双通道要求，因此在船载和车载应用场景中从成本上考虑可采用另一种解决方案，即移动远端站采用单通道解决方案。

单通道解决方案在切换触发方式、切换算法及切换流程方面与上面所述方法相同，不同点在于取消了移动远端站在切换时的登录过程，一般远端站的登录过程在 10 s 左右。远端站登录上线过程主要的一项工作是完成远端站和主站之间的频率和时间校准工作，使得远端站与主站达到同步的状态。如果取消远端站在切换时的登录过程，这就意味着需要在切换前后保证远端站可在一个信令的往返时间内完成时间的同步。因此在系统中(无论同地域部署的网元还是不同地域部署的网元)采用统一的绝对时间和相对时间标准，不同出境通道的 PCR 值(发往远端站的时间信息)将以同一时间源为基准，可使远端站在切换过程中实现较小的时间偏差，再通过一个同步信令实现时间同步精度校准，保证其在 500 ms 左右完成切换并达到在新波束下同步的状态(同信关站下波束切换，若为不同信关站下波束切换远端站同步时间将略长)，进而完成资源的申请及业务发送，业务中断时间将小于 1 s。在互联网业务应用场景中，该中断时间可保证用户基本无感知。

7.2.3 卫星抗雨衰技术

1. 出境链路优化

卫星通信由于通信频率较高，容易受到气象因素的影响，尤其在遇到雨雪雾天气时无线信号传输损耗比较大，信号传输质量低，对用户的使用造成影响，因此在进行系统设计时，需要对天气等不稳定因素进行考虑，并从多个方面进行研究。

1) 自适应编码调制选择

高通量通信系统基于 DVB-S2x 协议标准，通过高、低阶解调门限的差值，使用自适应编码调制技术对抗雨衰，给系统带来 20 dB 左右的可调余量。

出境自适应编码调制方式可根据链路情况任意选择，具体如下：

(1) 高阶编码调制方式对应的解调门限高，在天气晴朗时，链路情况较好，使用高阶编码调制方式，可提高带宽利用率；

(2) 低阶编码调制方式对应的解调门限较低，鲁棒性好，在下雨等恶劣天气时，使用低阶编码调制方式，可保证终远端站在恶劣的链路情况下维持服务畅通。

2) 上行功率控制

高通量卫星提供的系统信关站功率可以实时调整。上行功率自动控制功能是 VSAT 网络抵御雨衰影响、保证系统具有较高的可用性的重要手段。

信关站采用“信标接收机 + 上行功率控制器”的方式实现自动功率控制。上行功率控制器连接在调制器和功放之间，通过控制功放的输入信号电平来控制信关站的发射 EIRP，从而保证信关站发射载波到达卫星接收天线的通量谱密度基本保持不变。

当信关站出现降雨时，上行信号受到衰减。使用信标接收机接收信标信号，并输出 0～10 V 直流电来反映信标电平的变换，0～10 V 电压的变化反映了接收信标的电平，从而间接反映了上行雨衰的大小。上行功率控制器内部包含了一个电控衰减器，使用信标接收机接收的直流电压来控制衰减器的衰减量：如果直流电压降低，则自动减少上行功率控制器的衰减量；如果直流电压增高，则自动增加上行功率控制器的衰减量。

2. 入境链路优化

针对雨衰等恶劣天气造成的信号传输质量下降，入境链路通常采用如下补偿机制，信关站检测到远端站入境至信关站的信号信噪比降低之后，给远端站回馈链路调节信息：

(1) 信关站通过远端站的自动功率调整功能提高远端站的发射功率以补偿链路雨衰；

(2) 若检测此远端站功率余量(通过 P_{1dB} 自动测试功能进行测量)为 0 后仍未满足目标信噪比阈值，则通过 ACM 机制自动选择适合的低阶编码调制方式保证入境链路畅通；

(3) 若远端站编码调制方式降到最低时信号接收信噪比仍存在差距，则需要通过自适应信道速率选择降低远端站速率以适应链路变化；

(4) 当系统雨衰较大时，远端站降速调整无法找到更小速率的载波，此时系统将通过载波拆分技术将高速率载波拆分为多个低速率载波以便保障远端站的传输质量。

入境抗雨衰机制通过闭环机制连续发送远端站的 C/N 报告给信关站，信关站根据该反馈信息进行时隙分配和载波的修改，可以采用最恰当的发射功率、FEC 编码方式和符号速率以保证最高的吞吐量。入境链路优化技术包括以下四种。

1) 自动功率控制

远端站自动功率控制的目的是维持信关站的接收电平在一个标称值，同时需确保远端站的 BUC 功率维持在线性区。过高功率的使用可能会带来空间段的损失。自动功率控制的使用可以补偿实际功率传输过程中的长期变化，如静态损耗(线缆)、卫星位置偏移和老化、温度或频率引起的 BUC 增益变化等。

系统中的放大器有一个线性动态范围，在这个范围内，放大器的输出功率随输入功率线性增加。随着输入功率的继续增加，放大器进入非线性区，其输出功率不再随着输入功率的增加而线性增加，即其输出功率低于信号增益所预计的值。通常把增益下降到比线性增益低 1 dB 时的输出功率值定义为输出功率的 1 dB 压缩点，用 P_{1dB} 表示，如图 7-10 所示。

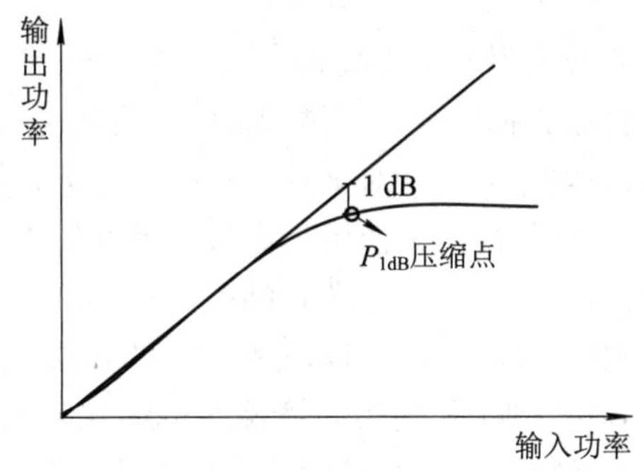

图 7-10　P_{1dB} 压缩点示意图

系统中 P_{1dB} 自动测试的目的是确保远端站的 BUC 功率维持在线性区，计算出远端站的最大发射功率，以防过高功率使用可能会带来的空间段的损失。P_{1dB} 自动测试功能主要用于初次安装时的远端站最大发射功率测试以及长期运行过程中由于静态损耗(线缆)、设备老化等原因造成的最大功率值变化的实时更新。系统中用户点击 P_{1dB} 测试后，远端站根据解调实时反馈的 E_s/N_0 值调整自身发射功率，将达到 P_{1dB} 压缩点时的功率值作为远端站的最大发射功率。

终端自动功率控制由系统自动调节，不需要人为干预，根据链路计算结果，终端功放配置留有余量，当入境链路有雨衰等恶劣影响时，终端入境给信关站的信号质量下降，信关站监测到信号质量变化后通过出境链路信息控制终端提高基带发射功率(不超过终端配置功放的能力范围)以补偿入境链路的衰减值。

2) 自适应编码调制选择

系统支持时隙级别的自适应编码调制技术，可以保证每个远端站根据信道情况在不同的时间使用最合适的调制编码方式。

3) 自适应信道速率选择

由上一节可知，ACM 技术可以保证每个远端站使用合适的符号速率。除了 ACM 技术外，当远端站有持续大流量的反向业务时，通过自适应信道速率选择技术，可以将远端站MF-TDMA共享载波变成SCPC独占载波，整个过程通过信令实时控制，远端站可同时支持MF-TDMA和SCPC体制，实时完成切换工作，整个过程由于出境载波没有变化，终端不会离线，业务不会中断。MF-TDMA载波可根据实际反向业务流量的大小调整成不同速率的SCPC载波，将相邻的多个MF-TDMA载波合并成一个大SCPC载波，能够以最大的传输效率和独占的稳定性满足用户大流量数据业务的传输需求。

7.2.4　卫星QoS保证机制

QoS(Quality of Service，服务质量)指一个网络能够利用各种基础技术，为指定的网络通信提供更好的服务，是网络的一种安全机制，是用来解决网络延迟和拥塞等问题的一种技术。

当网络发生拥塞的时候，所有的数据流都有可能被丢弃，为满足用户对不同应用、不同服务质量的要求，就需要网络能根据用户的要求分配和调度资源，对不同的数据流提供不同的服务质量，具体包括：

(1) 对实时性强且重要的数据报文优先处理；

(2) 对于实时性不强的普通数据报文，提供较低的处理优先级，网络拥塞时甚至丢弃。

QoS功能能够提供传输品质服务，针对某种类别的数据流，可以为它赋予某个级别的传输优先级，来标识它的相对重要性，并使用所提供的各种优先级转发策略、拥塞避免等机制为这些数据流提供特殊的传输服务。配置了QoS的网络环境，增加了网络性能的可预知性，并能够有效地分配网络带宽，更加合理地利用网络资源。

高通量卫星通信系统QoS机制主要包括出境链路QoS保障与入境链路QoS保障技术。出境/入境链路QoS保障技术又分为基于终端的优先级保障与基于业务的优先级保障。

1) 基于终端的优先级保障

系统可为不同终端配置不同的终端优先级，无论出境和入境终端优先级保障技术，均主要在系统网控软件中实现。对于出境终端优先级保障技术，主要是针对不同终端的传输数据进行加权优先级调度来实现；而对于入境终端优先级保障技术，主要是网控在对不同终端进行入境资源分配的过程中，按权重比例为不同优先级的终端分配不同比例的入境资源。

2) 基于业务的优先级保障

对于出境和入境的业务优先级保障技术，主要是通过在网控中和终端中配置不同属性的QoS业务转发队列来实现。

出境及入境支持多种QoS属性的业务转发队列，队列转发属性可按严格优先级调度和按权重调度两种方式进行配置。

严格优先级调度：即按照严格的优先等级进行业务调度发送，该调度方式可能出现低优先级业务“饿死”的情况，但会保证高优先级业务优先获得资源；

权重调度：按权重调度即根据用户配置的权重比例为不同业务分配带宽进行传输，会综合考虑每种业务的传输需求，按比例分配带宽。

用户和业务都包含数个优先级，可为业务的QoS保障提供更高的灵活性。为了说明分配的信道资源对终端业务的影响以及 QoS 功能在业务中是如何生效的，下面分别从出境和入境两方面举例说明。

1. 出境 QoS

假设出境信道资源带宽为 10 Mb/s，终端 A 优先级最高(权重为 9)，终端 B 优先级为中(权重为 4)。

根据终端优先级可以算出：

(1) 终端 A 带宽资源：10 × (9/(9 + 4))≈6.9 Mb/s。

(2) 终端 B 带宽资源：10 × (4/(9 + 4))≈3.1 Mb/s。

假设终端 A 下有业务 1、业务 2、业务 3 三种业务，优先级分别是最高(权重为 8)、高(权重为 4)、低(权重为 1)。

根据业务优先级可以算出：

(1) 业务 1 带宽资源：6.9 × (8/(8 + 4 + 1))≈4.25 Mb/s。

(2) 业务 2 带宽资源：6.9 × (4/(8 + 4 + 1))≈2.12 Mb/s。

(3) 业务 3 带宽资源：6.9 × (1/(8 + 4 + 1))≈0.53 Mb/s。

如果业务 1、2、3 所分带宽能够满足业务所需，多业务的总带宽需求小于载波信道带宽，则业务 1、2、3 传输正常，且无任何限速。反之，则认为带宽资源不足，将产生竞争，导致限速。

2. 入境 QoS

假设入境信道资源带宽为 10 Mb/s，终端 A 优先级最高(权重为 9)，终端 B 优先级为中(权重为 4)。

1) 优先级

根据终端优先级可以算出：

(1) 终端 A 带宽资源：10 × (9/(9 + 4))≈6.9 Mb/s。

(2) 终端 B 带宽资源：10 × (4/(9 + 4))≈3.1 Mb/s。

假设终端 A 下有业务 1、业务 2、业务 3 三种业务，优先级分别是最高(权重为 16)、高(权重为 8)、低(权重为 0)。

业务 1 需要 3 Mb/s 带宽，业务 2 需要 3 Mb/s 带宽，业务 3 需要 2 Mb/s 带宽。终端 A 下三种业务总共需要 8 Mb/s 带宽。

入境 QoS 高优先级业务是绝对保障的，根据业务优先级可以得出：

(1) 业务 1 带宽资源：3 Mb/s。

(2) 业务 2 带宽资源：3 Mb/s。

(3) 业务 3 带宽资源：0.9 Mb/s。

业务 1 和业务 2 不会产生限速，而业务 3 因为优先级低会产生限速。

2) 带宽权重

假设终端 B 下有业务 1、业务 2 两种业务，优先级相同，业务 1 带宽权重为 4，业务 2 带宽权重为 1。

根据带宽权重可以算出：

(1) 业务 1 带宽资源：3.1 × (4/(4 + 1)) = 2.48 Mb/s。

(2) 业务 2 带宽资源：3.1 × (1/(4 + 1)) = 0.62 Mb/s。

如果业务 1、2 所分带宽能够满足业务所需，多业务的总带宽需求小于载波信道带宽，则业务 1、2 传输正常，且无任何限速。反之，则认为带宽资源不足，将产生竞争，导致限速。

7.2.5　卫星网络管理技术

卫星的网络管理系统(Network Management System，NMS)主要负责对全网的卫星资源进行统一管理和调度，对卫星通信网络中所有设备进行监视和管理，对终端设备进行控制及资源分配。NMS 能够实现网络配置管理、监控管理、故障管理、性能管理、系统管理、用户管理等功能。NMS 基于 Web 应用模式，通过标准的北向接口(主要包含告警、流量等相关接口)为业务运营支撑系统(BSS/OSS)提供信息服务，为系统维护提供支撑。

NMS 支持用户对终端站资源流量的管理及配置。NMS 对多个信关站以及全网所有终端采用统一的管理接口，支持多用户操作。

卫星的网络管理系统的主要功能包括：

(1) 支持系统内设备和终端监控管理功能，提供灵活的网络监控功能，具备全面的网络属性信息显示界面，可以直观地将网络中设备、终端告警以不同颜色和统计信息实时展示在界面上。同时向用户提供实时的业务流量、网络单元利用率、带宽利用率、系统资源的展示，可以方便管理者监控管理整个卫星网络。

(2) 标准的 Web 接口使连接到安全管理网络中的任何一台 PC 可接入访问。

(3) GIS 功能可以方便用户查看终端相关信息。用户可以根据自身需求，过滤不相关信息，方便信息定位。

(4) 结合业务运营支撑系统(BSS/OSS)，提供高质量的服务管理及网络诊断功能，为用户提供方便灵活的服务。

(5) 系统依据每个用户的资源权限以及所分配的终端资源进行资源监控、终端配置、操作与控制权限配置。

1. 系统组成

网络管理系统(NMS)采用分层、模块化的灵活架构设计，通常能够支持百万级用户终端，上百个网络节点，服务于多个用户波束，可覆盖多个信关站。利用该架构设计的 NMS 能够满足用户当前的需求，并为系统留有充分的扩展空间和信息接口，易于扩展。

网络管理系统主要由网络管理软件、网元管理软件和数据库三部分组成。

网络管理软件是一个 Web 应用程序，主要为用户提供统一的界面访问服务，用户对系统中的主要操作全部通过网络管理软件进行，同时网络管理软件也负责北向接口处理。

网元管理软件主要负责信关站与远端站的接口管理，网络管理软件通过 SOAP 接口完成调用，下发对信关站和远端站的控制命令至网元管理软件，网元管理软件通过网络协议 SNMP、UDP 等实现对信关站和远端站设备的管理。

数据库(DB)主要用于保存系统的持久化数据，如资源数据、配置数据、性能数据等。通过数据库、网络管理软件与网元管理软件可以实现数据的共享。

网络管理系统利用容器虚拟化等技术，对系统的硬件资源进行虚拟化管理，将系统中的应用按业务进行拆分，并实现分布式容器化部署，有效地提高资源的利用率，隔离不同应用之间的资源，降低应用之间的影响。

2. 系统功能

网络管理系统负责对信关站的所有设备进行监视和管理，对全网的卫星资源进行统管理和调度，对信关站内设备进行控制及资源分配，监控管理系统收集到的所有中心站设备的告警信息、故障信息等所有运行状态，同时负责向运营支撑系统同步告警、性能等信息，为维护提供支撑。

网络管理系统实现的功能包括配置管理、终端管理、监控管理、告警管理、流量统计、用户管理。

1) 配置管理

网络管理系统支持按分层结构的方式进行资源配置管理。

(1) 网络层。

网络层的网络配置为树形根节点。

(2) 信关站层。

信关站层为基带设备的物理位置所在地。信关站参数由基带设备所在地的具体参数来定义。信关站参数包括基本参数、网关信息和出境 QoS。基本参数包括信关站名称、主备开关、主备 DSP IP、信关站经度和纬度等。当信关站下的基带设备出现故障时，只有主备开关打开时，才会触发主备切换，维持基带系统的正常运行。网关信息必须根据初始网络划分的 IP 资源进行配置。出境 QoS 是对出境业务进行优先级分级，实际业务通信中会根据业务优先级进行排序传输。

在信关站部署的网络设备属于信关站层设备。用户可以在这一层添加下列网络设备：核心交换机、RMC、AUM 服务器、负载服务器、数据库服务器、网管服务器等。

(3) 卫星层。

卫星层基本参数包括卫星名称、卫星经度等。

(4) 波束层。

卫星网络资源可以分为多个卫星波束。一个波束是具备唯一特性的卫星宽带路径。每一个波束可以包括多个网络段。波束层参数配置包括名称、上行链路极化方式、下行链路极化方式、出境资源配置和入境资源配置。出境资源配置包括波段(Ka、Ku 和 C)、出境链路起始频率、出境链路截止频率和出境转发器频偏。入境资源配置包括波段(Ka、Ku 和 C)、入境链路起始频率、入境链路截止频率和入境转发器频偏。

(5) 网段层。

网段是最小的网络单元。网段和一个或者多个管理组关联，不同管理组的终端可以使用同一个网段资源。

2) 终端管理

终端管理组分为两种类型：TDMA 和 SCPC，组下终端都是同一类型的终端。管理组可以对一组终端按资源进行分配，可以将一个管理组分配给一个 VNO 用于资源计划管理。终端管理可以实现对终端站的增、删、改、查询、远程配置、升级等功能。

3) 监控管理

网络管理系统会实时获取并存储终端的流量信息，通过页面可以实时显示终端速率、信噪比等其他相关信息。网络管理系统存储、记录数据并推送到运营服务器，使运营服务器可以根据用户实际带宽的使用情况进行计费。

监控管理支持如下功能：

(1) 实时监视信关站运行状态，监视统计出境和入境链路的吞吐量、卫星流量丢包数、卫星出境和入境总流量(IP 包数、TCP 包数、UDP 包数、组播包数等)、出境和入境 MODCOD 包数及消耗时间、出境网络段负载状态、入境网络段负载状态。

(2) 实时监控全网、信关站的出境和入境的吞吐量和网络资源利用率。

(3) 实时监控显示在线远端站数量及当前告警等统计信息。

(4) 实时监控远端站的运行状态、链路状态和载波状态，如 E_s/N_0、C/N、MODCOD、载波利用率、发射功率、频偏等卫星链路状态参数。

(5) 流量管理支持远端站实时流量的显示和筛选、历史流量的查询和导出，并提供相应的北向接口供第三方系统调用。

4) 告警管理

告警管理提供告警显示界面，用于显示当前告警信息的实时状态，便于网络的快速诊断。

与此同时，告警管理能够提供直观的告警列表，可以方便快捷地实现告警信息全生命周期定位追踪，具体信息包括告警状态、告警信息确认以及用户注释等。这可以有效地提高故障排除率以及减少系统停机时间。

告警管理支持功能包括如下几项：

(1) 支持实时故障监测与上报，并记录详细的故障信息以帮助用户快速定位故障位置，排除故障。

(2) 支持多种告警通知机制，包括文本框提示、声音提示、邮件通知等。

(3) 支持故障的实时统计、历史故障信息导出、故障统计报表打印功能。

(4) 支持相关的北向接口供第三方系统接收实时告警和查询设备或远端站的历史告警。

5) 流量统计

NMS 会实时采集终端的流量数据，并按周期存储在数据库中，供运维人员通过网管界面进行按历史和实时两种方式进行查询。网管系统还可以通过北向接口，周期性上报流量数据至 BOSS 系统，供系统运营时使用。

网络管理系统可根据流量策略规则对终端的流量使用情况进行匹配管理，例如：当终端使用流量超过 10 Gb 阈值时，可通知小站降低 MIR 最高限速；当终端流量超过 20 Gb 阈值时，可以通知终端停止其通信业务。此外，网管统计的终端数据流量可将信令和业务部分区分，从物理层统计实际发生的业务流量，更加准确。

6) 用户管理

为方便用户授权管理，网管系统的高级别角色权限包括预定义和用户自定义两种。角色属性包括访问控制、定义网络资源访问区域和程度。系统提供了便捷的管理员角色定义，限制用户的网络部分(资源域)和具体的操作权限。主机的网络运营商(Host Network Operator，HNO)也可以给虚拟电信运营商(VNO)特定的网络访问权限。HNO 连同其 VNO

可以同时访问基带网管子系统，从而获得与自己权限相符的角色。

7.3 高通量应急卫星通信系统

传统应急卫星通信系统传输速率较低，且终端天线口径较大，集成度低，灵活性较差。利用高通量应急卫星通信技术，可高效快捷地建立传输链路，实现数据、视频等监管信息实时远程交互，实现数据高速回传以及指令的快速下发。

参 考 文 献

[1] 汪春霆，张俊祥，潘申富，等. 卫星通信系统. 北京：国防工业出版社，2012.
[2] 夏克文. 卫星通信. 西安：西安电子科技大学出版社，2015.
[3] 续欣，刘爱军，汤凯，等. 卫星通信网络. 北京：电子工业出版社，2019.
[4] 王桁，郭道省. 卫星通信基础. 北京：国防工业出版社，2021.
[5] 姚军，李白萍. 微波与卫星通信. 西安：西安电子科技大学出版社，2017.
[6] 雒明世，冯建利. 卫星通信. 北京：清华大学出版社，2014.
[7] 潘申富，等. 宽带卫星通信技术. 北京：国防工业出版社，2015.
[8] 李晖，王萍，陈敏. 卫星通信与卫星网络. 西安：西安电子科技大学出版社，2018.